歯車

Introduction to
Gear Cutting

車

加工入門

石川 雅之 著

まえがき

　「運命の歯車が狂う」，「組織の歯車になる」，「あの人とは歯車がかみ合わない」など，歯車に関する慣用句は数多い．機械要素の中でも，それだけ私たちの生活に広く深く溶け込んでいる証拠だろう．歯車は機械要素として非常に重要な役割を担っており，幅広い分野で使われている．

　しかし，いざ歯車の加工について学ぼうとすると，現場の実戦に適した解説書がなかなかないのが実情である．ごく初心者向けの本は出回っているが，その上はいきなり難解な専門書になってしまう．そこには思わず腰が引けてしまいそうな理論や数式が並んでいる．歯切となるとさらに特殊な領域になるので，敷居が高いという人が多いはずである．

　この本ではもっとも身近な存在であるインボリュート歯車に的を絞った．初級を卒業して中級を目指す3年目程度の読者に向け，基礎的な理論と加工のポイントをあくまで現場の目線にこだわって解説した．特に若かった当時の筆者が，わからなくて苦労したことに重点を置いた．その道をきわめた専門家諸氏の目には稚拙に映ったとしても，工作機械メーカーでも歯切工具メーカーでもない一介の現場技術者が，この本をまとめる意義はそこにあると考えている．

　実戦に長けていても，正しい理論が身についていなければ独りよがりになって応用が利かない．逆に理論だけの頭でっかちでは，現場で通用しない．理屈と実戦が伴っていなければ，手も足も出ないのである．そのためには切削の病理学を身につけ，臨床経験を積んでそれをみがく以外に方法はない．

　技術者がもっとも大事にするべきことは「現場的なことは理論的に，理論的なことは現場的に」という平衡感覚である．それを意識して動けば，ちょうどよい塩梅になる．そういうわけで，執筆にあたっては現場あるいは理論の一方にだけ肩入れすることがないように配慮した．

　ささやかな経験，豊富な文献，かなりの偏見によって何とか書きあげることができた．これから現場で歯車の製作に携わろうとする読者にとって，この本がわずかでも助けになり，仕事が面白くなるように祈りたい．

2022 年 4 月 26 日　石川雅之

　執筆にあたり，次の企業の皆様に多大なるご支援，アドバイスをいただきました．また著者近影の撮影にあたっては，株式会社エストレージ殿のご厚意にあずかりました．心より感謝申し上げます．

　　九州精密工業株式会社
　　株式会社 Cominix
　　株式会社タンガロイ
　　東洋精機工業株式会社
　　日本電産マシンツール株式会社
　　株式会社不二越
　　牧野フライス精機株式会社
　　三菱マテリアル株式会社
　　ユシロ化学工業株式会社
　　（企業名五十音順）

　また全編を通じて，次の文献を参考にさせていただきました．心より感謝申し上げます．

　・小原歯車工業株式会社　技術資料
　・小原歯車工業株式会社　歯車の手引き
　・協育歯車工業株式会社　技術資料
　・歯車　ジャパンマシニスト社
　・三菱マテリアル株式会社　技術資料(C008J-H)
　・円筒歯車の製作　株式会社大河出版
　・歯車の精度と性能　株式会社大河出版

目 次

第7章　ブローチ加工 195

第1章　歯車概論

歯車の基礎理論と加工の実際を学ぶ前に歯車の歴史や役割を考えておく必要があるだろう．
ここではそれらを含めて歯車全体を俯瞰する．

1.1　歯車の歴史

　人類文明の発展に欠かせない役割を果たしてきた歯車であるが，黎明期のようすは明らかになっていない部分が多い．本項では歯車とその加工法が進歩してきた歴史について考えてみる．

　表1は歯車や加工法の進歩をまとめたものである．日本人がちょん髷に刀で歩いていた時代に，欧州ではサイクロイドやインボリュートが論じられていたのだから，いまさらながら天と地ほどの差があったことを思い知らされる．そのマイナス地点からスタートした日本が，やがて生産技術で世界のトップクラスに躍り出たことは周知のとおり．短期間でそこに到達した先達が注いだ血の滲むような努力や創意工夫は大いに誇るべきだろう．

1.1.1　歯車の起源と進化

　歯車が考案された時期は不明である．最古の記録として知られているのは紀元前350年頃，ギリシア時代のことのようである．アリ

表1　歯車の技術史

年代	できごと
BC350頃	アリストテレスが回転運動を伝える青銅製，鉄製の歯車について記述．
BC250頃	アルキメデスがウォームギヤを使用した巻上げ機を考案．
BC1世紀頃	ウィトルウィウスが直交軸歯車を持つ水力製粉機を考案．
7世紀頃	時計に歯車が使われる．
1092年	蘇頌(そしょう＝北宋の科学者)が世界初の天文時計「水運儀象台」を完成．
15世紀後半	レオナルド・ダ・ヴィンチが歯車機構のスケッチを遺す．
1540年	トリアーノ(Juanelo Turriano:1500〜1585/イタリア)の歯切機(最古の歯切盤)．
1551年	ザビエルが大内義隆に歯車機構を使用した機械式時計を献上．
1598年	尾張藩士・津田助左衛門が時計を製作(日本最古の歯車)．
1674年	デンマークの天文学者レーマー(Ole Christensen Rømer)が歯車の等速運動にエピサイクロイド歯形が適していることを提唱．
1694年	フランスの幾何学者ラ・イール(Philippe de La Hire)がエピサイクロイドの特殊な歯形曲線としてインボリュート歯車に触れた．
1733年	フランスの数学者，技術者カミュー(Charles Étienne Louis Camus)は，時計歯車の歯形について研究し1733年にカミュの定理を発表したが，歯形のかみ合いに関する基本原理である．
1744年	オイラーがクロソイド曲線(オイラー螺旋またはコルニュ螺旋)を考案．
1765年	オイラーがインボリュート曲線の長所を理論化．
1775年	若井源大衛門がからくり人形に木製歯車を使用した盃運び人形を製作．
1796年	細川(半蔵)頼直が，からくりの製作方法などを「機巧図彙(からくりずい)」として刊行．
1856年	クリスチャン・シーレ(Christian Schiele:英国)がホブ切りの基本特許を申請．
1887年	ジョージ・B・グラント(George B. Grant)がホブ盤の特許を米国で申請．
1898年	オズワルド・フォルストがブローチ盤を開発．
1900年	ヘルマン・ファウター(Herman Pfauter)が差動歯車装置を持つ，はすば歯車の歯切が容易な汎用ホブ盤を発表し，ホブ盤による円筒歯車の歯切り法が確立しインボリュート歯形が広く普及した．
1910年	ウィルヘルム・ピトラー(Wilhelm von Pittler)がスカイビング歯切り法の特許を取得．
1918年	国産初の40インチホブ盤(樫藤鉄工所)を試作．
1928年	ギヤシェービング加工を確立(Pratt & Whitney社)．
1934年	不二越が歯切り工具(ホブ)の国産化を開始．
1938年	国産初のキープローチ(園池製作所)．
1939年	国産初のスプラインブローチ(園池製作所)，国産初のブローチ盤(不二越)．
1940年	国産初の歯車形削り盤(唐津鉄工所)．
1945年	連続創成式歯車研削盤(ライスハウエル社)
1955年	国産初のギヤシェービング盤(神崎高級工機)
1966年	国産初の歯車研削盤(三菱重工)
1970年頃	欧州でギヤスカイビング加工機が開発・製造される．
1977年	連続創成式歯車研削盤の電子同期化(ライスハウエル社)
1977年	コーティングホブ(不二越)
1980年	国産初のNCホブ盤(三菱重工)
1982年	工作機械生産額で日本が世界一に．
1986年	連続シフトによる連続創成式歯車研削盤(ライスハウエル社)
1997年	世界初のドライカット歯車加工システム(三菱重工)
2009年	量産対応用内歯車研削盤(三菱重工)
2012年	日本国際工作機械見本市(JIMTOF)でギヤスカイビングが脚光を浴びる．

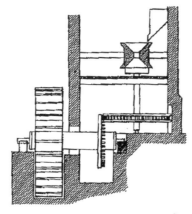

図1　アルキメデスのウォームギヤ巻上げ機 [1]　　　図2　ウィトルウィウスの水力製粉機 [2]

た，古代ローマの建築家ウィトルウィウス（紀元前1世紀頃）が，その著書の中で水力製粉機（図2）を示している．これは最初の動力伝達用歯車として知られている．

7世紀になると歯車は時計の構成部品として使われはじめ，より精巧なものになっていった．15世紀には天体観測に機械式時計が使われている．

稀代の芸術家であり科学者であるレオナルド・ダ・ヴィンチ（1452-1519）が現れたのは15世紀後半．多種多様な分野で才能を発揮したことで知られるが，歯車の技術史においても業績を遺している．図3はダ・ヴィンチのスケッチである．ねじ歯車，かさ歯車，ウォームギヤ，フェイスギヤ，ハイポイドギヤの原型が描かれている．

文明の発達とともに時間の正確さが求められるようになった．そのニーズに呼応するように，17世紀には本格的な歯形理論の研究が始まり，サイクロイド歯形が盛んに論じられた．

1674年，デンマークの天文学者オーレ・クリステンセン・レーマー（1644-1710）が歯車の等速運動にエピサイクロイド歯形が適していることを提唱した．レーマーは木製の衛星による食の周期が変動することに着目し，初めて光速を定量的に測定したことでも知られている．1694年にはフランスの天文学者フィリップ・ド・ラ・イール（1640-1718）がエピサイクロイド論と題した講演をおこなっている．

ストテレス（B.C.384-322）が遺した「機械の問題」に楔，ころ，車輪，滑車などの機械要素とともに，青銅や鉄でできた歯車が挙げられている．これが歯車を技術として捉えた最古の著作物であるというのが定説である．これは当時すでに金属製の歯車が使用されていたことを意味する．

アリストテレスから遅れること100年ほど，同じギリシアのアルキメデス（B.C.287?-212）がウォームギヤを使用した巻上げ機の姿を書き記している（図1）．ま

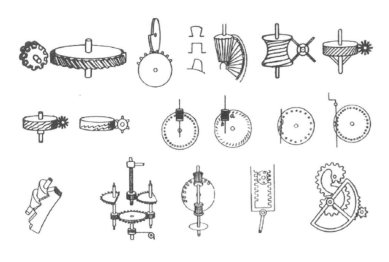

図3　レオナルド・ダ・ヴィンチのスケッチ [3]

シャルル・エティエンヌ・ルイ・カミュ (1699-1768) は時計用歯車の歯形を研究し，一対の歯車の任意の接触点における共通法線はピッチ点（中心距離を速比＝角速度の逆比で内分する点）を通るという「カミュの定理」を発表した．

それらを経てスイスの数学者レオンハルト・オイラー (1707-1783) によって考案されたインボリュート歯形は，

図4 レオンハルト・オイラーの肖像が描かれた切手
（旧ソ連：1957年）

図5 水車を利用した精米場の歯車
（東京都三鷹市 著者撮影）

産業革命の波に乗って機械技術の進歩に大きく貢献した．オイラーは数学の分野で多大な業績をあげていることで知られている．図4はその業績を称えてロシアの切手に描かれた肖像である．当時のインボリュート歯形はエピサイクロイド歯形に先行を許していた．しかし，中心距離の誤差に関わらず正確なかみ合いが保たれる長所に加えて，その後の創成歯切法の開発によって歯車の主流を占めるようになり，現在に至っている．

急速な発展を遂げた欧州に対し，日本の技術は江戸時代の鎖国政策もあって大きく後れを取った．1549年，スペインの宣教師でイエズス会創設者のひとりとして知られるフランシスコ・ザビエル (1506-1552) が周防（現在の山口県）の戦国大名・大内義隆 (1507-1551) に献上した機械式時計が国内初の本格的な歯車機構とされている．

図5は1808年に製作された精米製粉場にある水車を利用した製米装置の一部である．1965年まで現役で稼働していたものである．現在は東京・三鷹市によって管理され，一般に公開されている．日本機械学会に認定されている機械遺産の中で最古のものである．

円板の外周上に四角い板が植え込まれており，これが歯車の歯の役目をしている．近代的な歯車理論からはかけ離れているが，長年の使用によって摩耗した歯面は自然に理想の曲線に近くなっており，結果的に正しい歯形であることを物語っていることが興味深い．クラッチ機構がついており，水車の回転を止めずに段取りができるようになっている．約6時間で19俵を精米できるという，当時としては驚異的な生産能力を誇る．ほぼ同時期に欧州で進化していた歯車理論とは無縁だった江戸時代につくられたものとは思えないほど，緻密かつ精巧なシステムであり，一見の価値がある．

1.1.2　加工法 ～ 進歩の足跡

記録に残る最古の歯切盤はイタリアのジャネロ・トリアーノ (1500-1585) が天球儀に使う歯車を加工するために試作したものと伝えられている．種子島に鉄砲が伝わったのが1543年であるから，ほぼ同時期である．

17世紀には歯形理論についての探究が盛んになった．19世紀に入って1856年にドイツのクリスチャン・シーレが，ホブ切りの基本特許を申請したのを皮切りに，加工法の研究が加速した．1887年，ジョージ・B・グラントがホブ盤の特許を申請し，歯車を連続的に創成する道が拓かれたのである．

1897年にはファウター社の創設者として知られるヘルマン・ファウター (1854-1914) が現在のホブ盤の構造を完成させた．翌1898年にはオズワルド・フォルストがブローチ盤を開発している．

21世紀に入って日の目を見るようになったギヤスカイビング法がウィルヘルム・ピトラーによって出現したのは思いのほか早く，1910年のことである．

出遅れた日本が工作機械や切削工具の国産化に乗り出したのは，大正後期のこと．1918年には創業間もない樫藤鉄工所がホブ盤の開発に成功．これが国産初のホブ盤とされている．1920年代にはシェービング盤が輸入され，歯車の生産が徐々に増えていった．1930年代にはホブ，キーブローチ，スプラインブローチなどの切削工具に加えて，ブローチ盤の国産化もおこなわれた．政府の特命を受けた唐津鉄工所によって国産初の歯車形削り盤が開発されたのも，戦時中のことである．いずれもその後の飛躍的な発展の基礎になった出来事である．

太平洋戦争で壊滅的なダメージを負った日本は1945年8月に敗戦を迎え，GHQ（連合国軍最高司令官総司令部）の管理下に入った．GHQから自動車の生産を許されたのは1949年．戦中から戦後にかけて中断していた欧米の論文・専門誌・カタログなどが自由に手に入るようになった．高度な技術の情報に飢えていた日本の技術者は水を得た魚のように活躍の場を生かし，ここから本格的な復興への道が始まるのである．

大量の歯車を必要とする自動車の生産台数が増加するのに呼応するように，その生産技術も飛躍的に進歩した．神崎高級工機製作所によってシェービング盤が国産化されたのは1955年のことである．不断の努力で技術力を磨き抜いた日本勢は自前の工作機械，切削

工具，計測機器，切削油剤を急速に進歩させ，高度経済成長の強力な原動力となった．

1970年頃には欧州でギヤスカイビング加工機が開発されている．日本で製品の多様化を見込んで複合加工機の開発が始まったのも70年代後半のことである．それと時を同じくして，ホブを中心にコーティングされた切削工具の普及が始まり，工具寿命の延長に貢献した．

1980年になると，国内初とされるNCホブ盤が世に出るようになり，歯切の分野でも本格的なNC化の時代が到来した．日本の工作機械の生産金額がアメリカを抜いて世界のトップに躍り出たのは，ほぼ同時期の1982年のことである．

再び自動車産業に目を転じれば，MT車（マニュアルトランスミッション搭載車）の販売台数をAT車（オートマチックトランスミッション搭載車）が上回ったのが1980年代の中盤．それを機にAT車の比率が一気に増えて，現在に至っている（図6）．そのニーズに応じるように，内歯車の精度や生産性の向上にも力が入るようになった．ATに使用される遊星減速機の静粛性を高めるために，内歯車の歯面を仕上げる世界初のインターナルシェービングマシンが開発されている．それを追って，量産型の内歯車研削盤も世に出ている．

それと並走し，環境問題への関心も高まっていった．従来は不水溶性切削油剤の独壇場だった歯切の分野でも，水溶性切削油剤やドライ加工の採用が見られるようになっている．

21世紀に入ると，さらに高度な生産性を求める機運が高まりを見せた．5軸マシニングセンタや旋盤をベースとした複合加工機の開発が本格化した．2010年代に入るとそれがさらに加速し，歯車加工にも複合加工機が応用されるようになった．

図7は複合加工機によって歯車加工工程を集約した例である．単能機を渡り歩いて生産する昔ながらの工程では，加工・測定・搬送・払出しなどに人の手が必要になる．人が介在する作業には付加価値を生まないものが多く，それによってケアレスミスも多くなる．

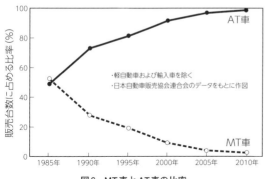

図6　MT車とAT車の比率

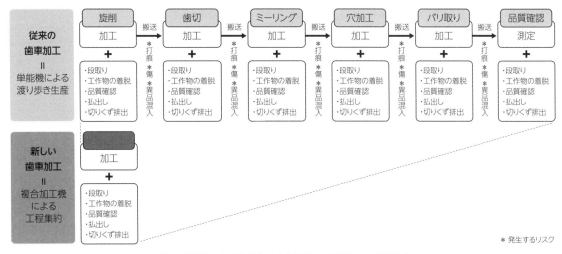

図7　単能機による渡り歩き生産と複合加工機による工程集約

そこでブランク材加工から歯切に止まらず，後加工，機内計測，補正追加工に及ぶ全加工を1台で完結できれば，いわゆるタッチレス生産に近づき，無駄のない生産が実現できる．工程集約は加工精度の向上と生産リードタイムの大幅な短縮に寄与している．

1.1.3　これからのあるべき姿

　ここでは過去の歴史を紐解いた．日本は欧米の後塵を拝したものの，大正時代から欧米の進んだ技術を徹底的に研究して工作機械や切削工具の国産化に取り組んだ．戦後には細やかな発想によってそれらを発展させ，日本を世界有数の生産技術大国に押し上げた．

　資源の乏しい日本は加工貿易を得意として急成長したが，それは生産技術の領域においても当てはまる．発端は海外から導入した技術であっても，独自の発想でそこに大きな付加価値を加えて逆輸出し，それが日本の技術として高く評価されている．その積み重ねの中から独自の技術も生まれてきた．

　他者の技術をそのまま持ってくるだけなら猿真似．あるべき姿を描き，市場に合うように工夫を重ねることによってアレンジし，付加価値を持たせて使いこな

せば，それは堂々たる技術力である．紙一重のようで，その差は非常に大きい．

　労働生産人口の減少が叫ばれて久しい．未熟練者や外国人労働者の手を借りなければ産業が成り立たない状況が各分野で加速している．歯車に限らず，製造現場に求められるものは，どのような状況でも安定した生産が可能な仕組みを作ること．段取りや工具交換を容易にし，誰がやっても安定した品質が得られる生産の仕組みである．また環境問題に配慮し，スマートな生産ができるようにすることも，限られた人材を製造現場に招き入れるためには欠かせない技術である．

引用文献
1）・2）　円筒歯車の設計（歯車の設計・製作①）　大河出版　p.2
3）　歯車のハタラキ　大河出版　p.7

参考文献
・江戸時代の「機巧」技術に関する実証的研究　鈴木一義　1988
・切削油技術研究会創立50周年記念誌　2004
・各社公式サイト（50音順）
　　㈱カシフジ
　　㈱唐津プレシジョン
　　㈱神崎高級工機製作所
　　日本電産マシンツール㈱
　　㈱不二越

表1　動力を伝達する機械要素と機能

	動力伝達の要素				方向の変換					質の変換	
	かみ合い	摩擦	はめあい	その他	回転運動 ↔ 回転運動			直線運動 ↔ 直線運動	回転運動 ↔ 直線運動	等速変換	不等速変換
					平行軸	交差軸	食い違い軸				
歯車	○				○	○	○			○	○
スプロケットとチェーン	○				○					○	─
キー			○		─					─	─
スプライン			○							─	─
セレーション			○							─	─
摩擦車		○			○	○				○	○
プーリとベルト	○	○			○						
クラッチ		○			○						
リンク機構				○	○			○	○		
カム		○			○	○		○	○		○

1.2　動力の伝達

　自動車，航空機，工作機械，搬送設備などありとあらゆる機械装置を動かしているのは動力の伝達機構である．大物から小物に至るまで，動くものはすべてにおいて伝達機構抜きでは語れない．

　ここでは本書の主題である歯車に入るための導入編として，他の伝達機構を含めて全体を整理する．表1は動力を伝達する機械要素と機能をまとめたものである．

1.2.1　運動の変換

　動力を伝達するときに行なわれている運動の変換には，方向の変換と質の変換がある．

(1) 運動の方向の変換

　力を伝える方向の変換を意味する．回転運動と直線運動が基本である．これらを組み合わせることによって正転，逆転，上下，左右，斜めへの変換が行なわれる．

　a：回転運動から回転運動への変換

　もっとも一般的な形態であり，特に多くの歯車の機能は，回転運動を別の回転運動に変換するものである．平行軸，交差軸，食い違い軸による変換がある．歯車やスプロケットの歯数，摩擦車の外径の差によって変速が可能である．チェーンやベルトのかけ方によって，伝達する方向を自由自在に変えることもできる．

　自動車用ワイパーの作動原理は，図1に示すようなリンク機構によって回転運動を回転運動（円弧）に変換したものである．

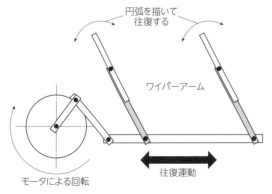

図1　自動車用ワイパーの作動原理

図2　万力

b：直線運動から直線運動への変換

直線運動を他の直線運動に変換するものである．リンク機構を使用したものが多い．工場の生産設備や身近な生活用品などに多彩な応用例がある．

c：回転運動と直線運動との間の変換

これには2方向の変換がある．

まず回転運動から直線運動に変換している機構の例としては，万力（バイス）がわかりやすいだろう（図2）．回転させて締め込むボルトから生み出される軸力によって口金で工作物を挟んで固定する工具である．

逆方向の変換例として，直線運動を回転運動に変換して動力を得る機構もある．その代表例には自動車用エンジンがある．図3に示すように，コンロッドを介してピストンの直線運動（往復運動）をクランクシャフトの回転運動に変換する．

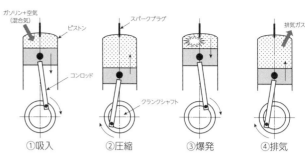

図3　コンロッドの機能（4サイクル　ガソリンエンジン）

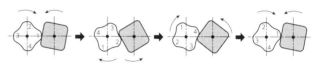

図4　摩擦車による不等速変換

(2) 運動の質の変換

a：等速変換

多くの伝達は等速変換である．回転速度やトルクは歯数比などによって増減するが，運動そのものは等速のまま変換される．

b：不等速変換

印刷機械や包装機械などのように，伝達には不等速変換が必要な場面もある．その機能を果たすのが非円形歯車である．歯車の動力伝達とカムの不等速運動という二つの機能を併せ持つ．図4に非円形摩擦車の一例を示す．これに歯をつけたものが非円形歯車であり，用途に応じていろいろな形状が考えられる．

得も言われぬ不思議な動きに見えるが，原理や機能は単純であり，比較的コンパクトにできるという長所がある．一対の歯車の中心距離は不変である．そのかわりに個々のピッチ円半径が常時変化している．通常の歯車であれば，歯数比が変化するのと同じことである．これにより駆動歯車の回転速度が一定であっても，被動歯車の回転速度がピッチ円径の比によって変化する．ピッチ円径の比によって回転速度の変動パターンを自由に設計することができる．

非円形歯車の一例として楕円歯車（図5）がある．不等速回転の伝達機構であり，歯車の機構とカムの不等速運動をあわせ持つ．コンパクトな形状で任意の不等速伝達が可能であるという長所を持っている．

代表的な用途としては田植機が知られている．田植機の爪は苗を傷めないように田んぼにゆっくりと挿し，その後は素早く元の位置に戻る必要がある．そうしないと，苗をうまく植えられないのだ．そのスローモーションとクイックモーションとを交互に生み出す機構に楕円歯車が使われている．

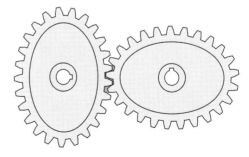

図5　非円形歯車

1.2.2 伝達するための機械要素

動力を伝達する機械要素には多くの種類があり，ありとあらゆる機械や装置に応用されている．厳密に分類することは困難であるが，ここでは代表的な機械要素の特徴について触れる．

(1) 歯車

歯車は回転運動を伝える機能を持ち，動力伝達の機構はかみ合いである．本書の主題であるので，本項では省略する．おおむね回転運動を他の回転運動に伝えるはたらきをするが，ラック＆ピニオン（第1章1.3.1）は例外であり，直線運動と回転運動との間の変換を行なう．

(2) スプロケットとチェーン（図6）

スプロケットはチェーンとの組み合わせで使用される．軸の回転をチェーンに伝えたり，逆にチェーンの無限軌道の動きを軸の回転に変換する機能を持つ．中央の穴にはキー溝があり，回転軸に挿入したキーによって動力の受け渡しをおこなう．

歯数が異なるスプロケットをチェーンと組み合わせることによって変速したり，チェーンをかける方向を変えることによって伝達の方向を変えるなどの多種多様な用途がある．代表的なものには自転車，オートバイがあるが，柔軟な機能が重宝されて工場の生産設備に多く使用されている．

図6　スプロケットとチェーン

(3) キー

軸と他の機械要素（歯車やスプロケットなど）を締結させる機能を持つ．キー溝にキーを差し込んで動力を伝えるものである（図7）．構造が単純なので，あらゆる機械や装置に広く使用されている．動力伝達や高速回転などの重荷重用に使用される沈みキー，軽荷重用に使用される半月キーなどがある（表2）．

適用する軸径とキーの寸法との関係は JIS B 1301 で決められているので，軸径に応じて選べばよい．キーの長さはボス側の長さに制約されることが多い．

(4) スプライン

外歯を持つ円筒軸と内歯を持つ部品を嵌合させることによって動力を伝達する機能を持つ．軸と穴を固定して使用するもの，軸方向に摺動して使用するものに大別される．多くの歯による締結であるため，キーよりも高負荷に耐え，求心性にすぐれているのが長所である．角形スプラインとインボリュートスプラインが使用されている．

一般に使用されているスプラインには，角形スプライン，インボリュートスプライン，ボールスプラインなどがある（表3）．スプラインでは強度とともに求心性が重要である．そのため，どの部位で心をとるかがポイントになる．中心合わせの方法には小径合わせ，歯面合わせがある．

a：角形スプライン

歯形は平行であり，軸の外周に複数のキーを等ピッチで配置したものと考えることができる．自動車用変速機（トランスミッション）のインプットシャフトとクラッチディスクの締結に使用されている．製作や精度測定の容易性の面で劣る．

JIS B 1601 により，溝数は 6，8，10の3種類が規定されている．また，中心合わせの方法は小径合わせと規定されており，外歯の歯底径精度を

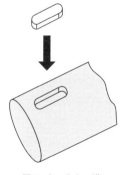

図7　キーとキー溝

確保することがポイントになる．後工程で外歯の歯底に仕上げを入れるため，突起部付きホブで逃げを設ける方法もとられている．

b：インボリュートスプライン

外歯，内歯ともに歯形がインボリュートになっている．かみ合ってお互いが回転する歯車に対し，スプラインは嵌合して動力を伝達するだけであり，相対的に回転することはないという違いがある．内歯の加工にはブローチ，あるいは歯車形削り，スカイビングが選択肢に入る．外歯は一般的にホブ切りや転造による加工が主流であるが，スカイビングによる加工も増えている．角形スプラインに比べ，以下の長所がある．

・製造と精度確認が容易である．
・歯元が厚くなるので，強度にすぐれている．

c：ボールスプライン

軸方向の摺動を伴うユニットのうち，特に低負荷で滑らかな動きが求められる場合に使用されるのがボールスプライン（図8）である．スプラインの歯溝にボール（鋼球）を入れ，転がり摩擦とすることによって摺動抵抗を大幅に低減するものである．

自動車用として広く普及している無段変速機（CVT）にボールスプラインが使用されている．駆動

力の伝達と軸方向の摺動という両方の機能を受け持っているのがボールスプラインである．

（5）セレーション

セレーション serration は「鋸歯状」という意味を持つ英語である．スプラインに対して歯の高さを低くし，歯数を多くしたものである．スプラインには軸方向に動く機能を持つ滑動タイプがあるが，セレーショ

表2　キーの分類

分類	沈みキー		半月キー
	平行キー	勾配キー（頭付き）	
形状			
用途	重荷重用	重荷重用	軽荷重用
特徴	もっとも一般的．大きい動力の伝達や高速回転に適している．	勾配があるので，抜けにくい．	円弧状のキー溝に挿入．半月キーが傾くので，取り付け，取り外しが容易．ボスに合わせて挿入する．テーパ軸に使用される．

表3　スプラインの種類

	角形スプライン	インボリュートスプライン	ボールスプライン
形状			鋼球およびボール溝
JIS規格	JIS B 1601	JIS B 1603	JIS B 1193
用途	固定あるいは滑動	固定あるいは滑動	滑動
中心合わせ	小径合わせ	歯面合わせ	***
			***

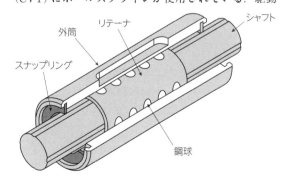

図8　ボールスプライン

スナップリング　外筒　リテーナ　シャフト　鋼球

表4　セレーションの種類

種類	三角山セレーション	インボリュートセレーション
形状		
用途	固定	固定
特徴	・歯形は直線	・歯形はインボリュート曲線 ・圧力角45°

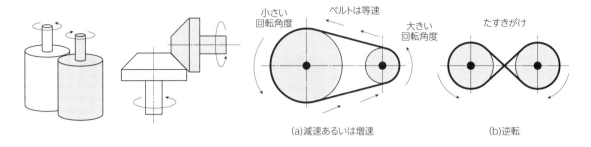

図9　摩擦車

(a)減速あるいは増速　　　　　(b)逆転

図10　プーリとベルト

ンは固定タイプのみである．軸とボスに遊びがなく，半永久的結合である．三角山セレーションとインボリュートセレーションがある（表4）．

　ちなみにスペイン語でセラード serrado はやはり「鋸歯状」．カタルーニャで眺められる Montserrat は日本流なら鋸山である．

　a：三角山セレーション

　軸（シャフト）と穴（ボス）に三角山の歯を多数設けてトルクを伝えるものである．歯元の厚さが大きく，回転方向の遊びが抑えられている．これにより，比較的高いトルクを伝えることができ，求心性にもすぐれている．

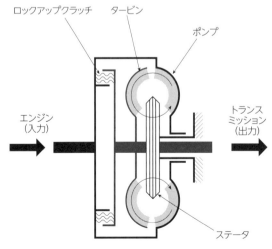

図11　トルクコンバータの仕組み

　シャフトに遊びがない状態でボスが取付けられているので，スプライン軸のように軸方向に自由に動かすことはできない．歯の高さが低いため，小径軸によるトルク伝達に向いており，自動車用のハンドルの取付け部などに使用されている．

　b：インボリュートセレーション

　歯形がインボリュートになっている．圧力角が45°であり，ずんぐりした形をしているのが特徴．歯元強度があり，歯の高さが低いのでボス側の肉厚を確保しにくい小径軸に向いている．三角山セレーションと同様で，回転軸とボス部品（穴）との締結のみに使用され，軸方向に自由に動かすことはできない．

(6) 摩擦車

　摩擦車は摩擦を利用して動力を伝達する（図9）．直径が異なる一対の摩擦車によって，歯車と同様に変速し，回転を変えることができる．滑りによって伝達効率が下がるので，高負荷の動力伝達や正確な変速が求められる場合には不向きである．その反面，振動が少ないので，低速回転では利用価値がある．等速変換が多いが，図4に示すように外郭形状を工夫することによって不等速運動への変換も可能である．

(7) プーリとベルト

　平行な2軸を持つプーリ（滑車）にベルトをかけて駆動するものである（図10）．高速回転にもすぐれてい

1

歯車概論

る．ベルトコンベア，コンプレッサ，自動車用エンジン，ポンプ，発電機などに使用されている．摩擦によって動力を伝達するもの，歯形のかみ合いによるものがある．後者はエンジンのタイミングベルトが知られている．プーリ自体に溝が設けられているものもある．

表5 乾式クラッチの仕組み

	動力が遮断されている状態	動力がつながっている状態
クラッチ操作		
クラッチの状態	原動機　クラッチが切れる　変速機　回らない	原動機　クラッチがつながる　変速機　回る

⑻ クラッチ

クラッチは動力を伝達したり，遮断する装置で，湿式と乾式がある．

AT（オートマチック・トランスミッション）に使用されているトルクコンバータ（**図11**）は湿式の代表である．流体を利用して，エンジンの回転を変速機（トランスミッション）に伝えるものである．容器内に多数の羽根車があり，ATF（オートマチック・トランスミッション・フルード）の粘性を利用してエンジン側の羽根車の回転を変速機側の羽根車に伝える．

一方，MT（マニュアル・トランスミッション）に使用されているクラッチ（**表5**）は一般的に乾式である．クラッチペダルを踏むと動力が遮断される．逆にクラッチペダルを離すと，原動機の駆動力が変速機に伝わる．流体を介していないので，湿式に比べて構造が単純で，伝達効率が高い．

⑼ リンク機構（図12）

リンクはジョイントと呼ばれる部位を支点として自由に可動する．さまざまな形があり，蝶番，産業用ロボット，電車のパンタグラフなどに使用されている．自動車用ワイパーもリンク機構を応用したものである．

⑽ カム

カムは回転運動，上下運動，水平運動などの間で相互に方向を変換する機能を持つ機械要素である．用途の例を**図13**に示す．複雑な動きを円滑におこなうことができるという長所があり，高速運動にも使用可能である．代表的な用途としては，エンジンの吸排気弁の開閉に使用されるカムシャフトがある．

参考文献
・高速田植機の開発研究
（農業機械化研究所報告　第24号　1989年12月）

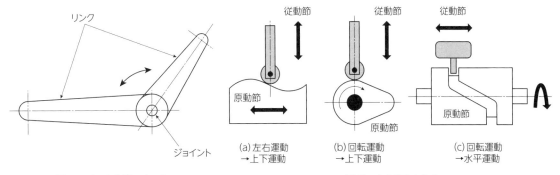

図12　リンクとジョイント

(a)左右運動
→上下運動

(b)回転運動
→上下運動

(c)回転運動
→水平運動

図13　カムのはたらき

17

1.3 いろいろな歯車

1.3.1 軸による分類

　動力を伝達する方向によって歯車を分類すると，平行軸，交差軸，食い違い軸の3種類になる．

⑴ 平行軸

　回転軸が平行になっているものであり，もっとも広く使われている．平行軸で使用される歯車には平歯車，はすば歯車，やまば歯車，内歯車，ラック＆ピニオンがある（表1）．

　a：平歯車

　回転軸に対して歯すじが平行になっている．形状が単純で製作が比較的容易であるため，動力伝達用としてもっとも広く使われている．

　軸方向の力（スラスト力）がかからないことが特徴である．したがって，歯車装置の構造を簡素化でき，安価に抑えられるという長所がある．その反面，はすば歯車に比べて歯切や歯面の仕上げ加工の際に歯形精度の確保がむずかしくなるのが難点である．

　b：はすば歯車

　歯すじがつるまき線状になっている歯車である．歯すじは単に傾いているのではなく，ねじれている．図1に示すように，歯底付近と外周付近でのねじれ角が異なることを考えれば，単なる傾きではなくねじれであることが理解しやすい．外周に近づくにつれてねじれ角が大きくなっていることに着目してほしい．

　平歯車と比べて歯当たりが分散されてかみ合いが滑らかになるので，静粛性にすぐれている．その反面，ねじれているためにスラスト力が働くのが難点である．したがって，歯車を組み込んだ歯車箱（ギヤボックス）を設計するときにはスラスト力への対応を考慮する必要がある．

　c：やまば歯車

　円筒歯車の仲間であり，左右両ねじれのはすば歯車を組み合わせ，スラスト力を打ち消し合うようになっている．平歯車やはすば歯車と同様に，平行軸間の動力伝達を行なう．

　d：内歯車（インターナルギヤ）

　円筒の内側に歯がある歯車であり，必ず外歯車（外周に歯がある歯車）との組み合わせで使用される．必ず内歯車の方が歯数が大きくなる．コンパクトで減速比が大きい遊星歯車装置などに使用される．外歯車どうしではお互いに逆回転になるが，内歯車と外歯車のかみ合いでは回転が同方向になる．歯の干渉が発生するため，内歯車と外歯車の歯数の差に制約がある．したがって，設計・製作の両面で注意が必要である．

　e：ラック＆ピニオン

　ラックは相手歯車の直径が無限大になったものと考えることができる．平行軸に分類されるが，回転運動

表1　平行軸

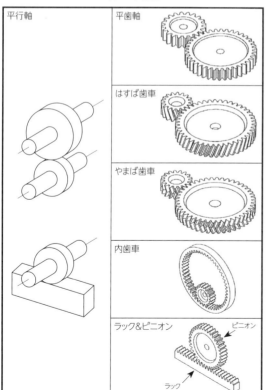

平行軸	平歯車
	はすば歯車
	やまば歯車
	内歯車
	ラック＆ピニオン（ピニオン／ラック）

を直線運動（あるいはその逆方向）に変換する機能を持っている.

図1　はすば歯車（左ねじれ）

(2) 交差軸

回転軸が並行ではなく, 相互に交わっている. これによって伝達の方向を変えることができる. 交差角は90°が一般的である. 使用される主な歯車はすぐばかさ歯車, まがりばかさ歯車である. いずれも傘のような形状（円錐形状）をしている（**表2**）.

a：すぐばかさ歯車

歯すじがピッチ円錐の母線と一致している. スラスト力が小さいため, 軸受けの構造を簡素化できるという利点がある. したがって, 交差軸用としてはもっとも一般的である.

b：まがりばかさ歯車

歯すじがつるまき線状で, ねじれ角を持ったかさ歯車の一種である. すぐばかさ歯車よりもかみ合い率が高くなるので, 静粛性にすぐれる. 一対のまがりばかさ歯車は互いに逆ねじれとなる.

(3) 食い違い軸

回転軸が交わらず, 平行でない部位の動力伝達に使用される. ウォームギヤ, ねじ歯車が該当する（**表3**）.

a：ウォームギヤ

食い違い軸間で, かみ合うウォームとウォームホイールからなる歯車の一対をウォームギヤという. 常にウォームが入力側, ウォームホイールが出力側になる.

ウォームは円柱上に螺旋状の歯を持っている. 一見するとねじに見えるが, 歯車である. また, ウォームホイールはウォームの歯すじに合わせて, 円弧状に歯を切った歯車である. 大きな減速比を得られるという

表2　交差軸

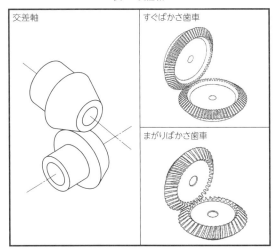

交差軸	すぐばかさ歯車
	まがりばかさ歯車

表3　食い違い軸

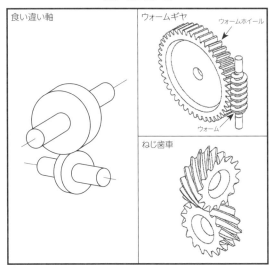

食い違い軸	ウォームギヤ（ウォームホイール, ウォーム）
	ねじ歯車

利点があるが, 伝達効率は低い. 通常の歯車が転がり接触をするのに対し, ウォームギヤは滑り接触になっているので, 静粛性にすぐれている. その反面, 発熱が大きくなり, 大きな力の伝達には適さない.

b：ねじ歯車

はすば歯車どうしあるいは, はすば歯車と平歯車を, 回転軸を違えてかみ合わせたものである. 静粛性にすぐれるが, 軽負荷での使用に限定される.

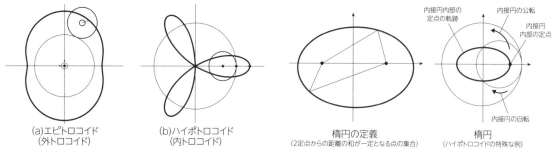

(a)エピトロコイド
(外トロコイド)

(b)ハイポトロコイド
(内トロコイド)

図2　トロコイド

楕円の定義
(2定点からの距離の和が一定となる点の集合)

楕円
(ハイポトロコイドの特殊な例)

図3　楕円

1.3.2　いろいろな歯形

　本書の主題はインボリュートであるが，昔からいろいろな歯形が考案されており，それぞれに特色がある．他の歯形を含めて全体を俯瞰することにより，なぜインボリュートがもっとも広く普及しているのかが見えてくる．

(1)インボリュート

　円筒に巻きつけられた糸を緩まないように解いていくとき，糸の先端が描く軌跡がインボリュート曲線である．もっとも広く使われており，歯車の代名詞というべき歯形である．この本の主題であり，詳細は第2章で説明する．

　中心距離に誤差が生じても，正しいかみ合いが維持されるという長所がある．また，一定の角速度比が得られるので，スムーズに回転することができる．形状が単純で，製作や測定が容易であることも普及してい

る理由である．

(2)トロコイド

　基準となる円に接した円を曲線に沿って滑らないように転がしたときに，その円の内部あるいは外部の定点が描く軌跡をトロコイド曲線（図2）という．その円に外接して転がる場合の軌跡をエピトロコイド（外トロコイド），内接して転がる場合の軌跡をハイポトロコイド（内トロコイド）という．

　数学で学ぶ楕円の定義は「2定点からの距離の和が一定となる点の集合」であるが，実はハイポトロコイドの特殊な例であることが知られている（図3）．

　トロコイドがどういうところで使われているかというと，たとえばロータリエンジン（図4）．ロータハウジングの内部を回転するロータが吸排気のバルブの役割をしているため，構成部品が少なく，コンパクトなエンジンになることで知られている．ロータハウジングは不思議な曲線を示しているが，実はここにエピト

図4　ロータリエンジン

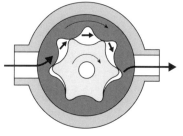

図5　内接ギヤポンプ

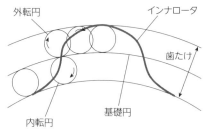

図6　サイクロイド曲線

ロコイドが使われている.

　また，トロコイド曲線を歯形とする内歯車（アウタロータ）と外歯車（インナロータ）を組み合わせることにより，内接ギヤポンプ（図5）として活用されている. 外歯車に比べて内歯車の歯数が少ないので，かみ合う歯が順次移動していく. それに伴い，空間に閉じ込められた流体が順次，隣の空間に運ばれる. これが内接ギヤポンプの原理である. 転がり接触のうえ，両歯車の相対速度が小さいので，摩耗が少ないという長所がある.

表4　トロコイド，サイクロイド，インボリュート

	トロコイド	サイクロイド	インボリュート
事例	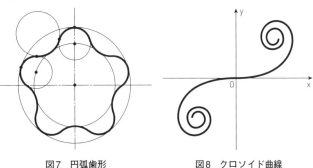		
描き方	円をある曲線（円や直線はその特殊な場合）に沿って滑らないように転がす.	一般に定直線に沿って，円を滑らずに転がす.	定円に接する直線を滑らないように転がす.
軌跡を描く点	円の内部または外部の定点の軌跡	円の上にある点の軌跡	転がる直線上の定点の軌跡（その法線が常に定円に接する曲線になる）
特徴	***	トロコイドの一種（定点を円周上に置けばサイクロイドになる）	サイクロイドの特異な例（転がる定円の直径を無限大にすればインボリュートになる）

(3) サイクロイド

　基準となる円に接した円を曲線に沿って滑らないように転がしたときに，その円周上の定点が描く軌跡をサイクロイド曲線（図6）という. トロコイドと混同されるが，トロコイドが転がる円の外部あるいは内部の定点が描く軌跡であるのに対し，サイクロイドは転がる円の円周上の定点が描く軌跡であることが両者の違いである. したがって，サイクロイドはトロコイドの特殊な例と考えることができる.

　実はインボリュートもサイクロイドの一部である. 基礎円に外接する円の直径を無限大にしたとき，その上にある定点の軌跡は円筒に巻きついた糸の先端が描く軌跡にほかならないのだ. このように考えれば，サイクロイドも身近に感じられるだろう.

　基準円に外接して転がる場合の軌跡をエピサイクロイド（外サイクロイド），内接して転がる場合の軌跡をハイポサイクロイド（内サイクロイド）という.

　歯先にエピサイクロイド，歯元にハイポサイクロイドを歯形として用いると，かみ合いが滑らかになって摩耗が均一になるという長所がある. この歯形は時計などの精密機器に

使われている. ただし，インボリュート歯形に比べると製作や品質保証の難易度が高いので，普及度の点ではインボリュートには及ばない.

　トロコイドとサイクロイドは紛らわしいので，表4にインボリュートを含めて要点を整理した.

(4) 円弧歯形

　円弧形状の歯形を採用した歯車である（図7）. 歯形となる円弧の中心がピッチ円上にある. かみ合いは凸面と凹面との接触になる. 凸面どうしで接触するインボリュート歯形に比べて面圧強度が大きいため，負荷能力が高い. その一方で，中心距離の誤差が敏感に運転に影響してしまうことが難点である.

(5) クロソイド歯形

　クロソイド曲線（図8）はコルヌ螺旋あるいはオイラー螺旋とも呼ばれる. 曲線の長さに比例して曲率が一定の割合で増大するという面白い性質がある.

図7　円弧歯形　　　　図8　クロソイド曲線

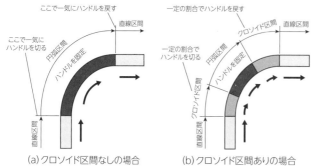

図9　クロソイド曲線の応用例(高速道路のカーブ)

クロソイド曲線というのは一般には耳慣れないが，実は非常に身近なところで活用されている．高速道路，鉄道，ジェットコースターなどの緩和曲線として使われているのだ．

その仕組みを**図9**に示す高速道路のカーブで説明する．a)はカーブ地点が直線区間と円弧区間だけでつながれている場合である．つまり直線からいきなり円弧に入るわけである．この場合，直線区間から円弧の区間に入った途端に，コーナの円弧の大きさに合わせるために，急ハンドルを切らなければならない．特に急カーブになるほど危険が増すのだ．

そこでb)のように直線区間と円弧区間とのつなぎとして，カーブ地点の入口と出口の両方にクロソイド曲線でできた区間を設けるのである．クロソイド曲線は長さに比例して曲率が大きくなる(進むほどカーブが急になる)という性質があるので，直線区間からクロソイド区間に入ったら，一定の割合でハンドルを切り，円弧区間に入ったらハンドルを固定すればよい．

円弧区間を抜けて再びクロソイド区間に入ったら，今度は一定の割合でハンドルを戻し，直線区間に抜ければよい．これにより，急ハンドルを切らずに滑らかなハンドル操作で安全にカーブ区間を通過できるように設計されているのだ．この一定の割合でハンドルを操作すればよいということが安全性を高めているのである．鉄道やジェットコースターも同様である．

数学が実社会で何の役に立つのかわからないということが数学嫌いの学生の言い分として聞かれる．しかし，そうではない．役に立たない学問であれば，はるか昔に廃れているはず．こういうところに学問が生かされているのであり，そこに思いが至るか否かで興味や理解の度合い，ひいては人生観までもが大きく変わるのだ．

実はこのクロソイド曲線を歯形に応用した歯車がある．コルヌ歯車(**図10**)と呼ばれるものである．インボリュート歯車の短所は小歯数の場合に工具によって歯元がえぐられる切下げ(アンダカット)が発生することである．それに対し，コルヌ歯車は切下げを抑えられるので，歯元強度が上がるうえに小歯数化が可能になる．そのため，装置を小型軽量化できるという長所がある．

凸面どうしの接触になるインボリュート歯形に対し，クロソイド歯形は凸面と凹面によるかみ合いになる．したがって，摩耗が少ないという長所がある．この点はサイクロイド歯形と同じである．また，小さいバックラッシで円滑な回転が実現できるので，注目されている．

その一方で，中心距離が大きくなると，ノイズレベルが急激に増加することが報告されている[2]．したがって，インボリュート歯車に比べて，高い組み付け精度が求められる．

参考文献
1) 宮奥エンジニアリング技術資料
2) 広島県立総合技術研究所東部工業具術センター研究報告　No.28 (2015)技術ノート

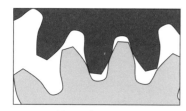

(a)インボリュート歯車

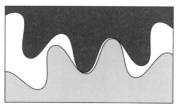

(b)コルヌ歯車

図10　クロソイド曲線を歯形にしたコルヌ歯車[1]

1.4 歯車の役割

歯車のもっとも重要な役割は動力を伝達することであるが，内接ギヤポンプのように流体を運ぶ役割も担っている．用途に応じ，これらを応用した装置があらゆる分野で使われている．ここでは歯車の役割について述べる．

1.4.1 回転速度を変える

互いの歯数の違いによって回転速度を変える役割である．減速あるいは増速の両方があり，変速と総称される．

図1は小歯数 z_1 の駆動歯車（相手を回す歯車）で大歯数 z_2 の被動歯車（回される歯車）を回すようすを示している．なぜ歯数が異なる一対の歯車で変速できるのだろうか．そのメカニズムを考えてみよう．あらためて問われると答えに窮するが，順を追って紐解けば大丈夫．

一対の歯車がかみ合っているとき，回転によってかみ合った歯の総数は等しい．なぜならばピッチが等しいからである．1分間にかみ合った歯の総数は歯数と毎分の回転速度の積になる．これが一対の歯車で等しいので，式(1)が成り立つ．この式から，被動歯車の回転速度は歯数に反比例して変化することが証明できる．これが変速のメカニズムである．

$$z_1 \times N_1 = z_2 \times N_2 \qquad (1)$$

視点を変えて，回転角度で考えればさらにわかりやすいだろう．小歯数の駆動歯車で大歯数の被動歯車を回す場合，回転する角度は大歯数の方が小さくなる．したがって，この場合では大歯数の被動歯車は減速されるのである．

式(2)で求められる駆動歯車の歯数 z_1 と被動歯車の歯数 z_2 との比 A が歯車比である．ギヤ比（キヤレシオ），変速比，減速比ともいう．

$$A = \frac{z_2}{z_1} \qquad (2)$$

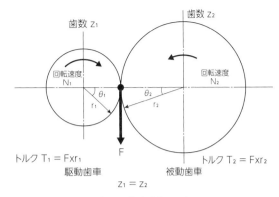

図1 回転速度とトルク

これは被動歯車を1回転させるために必要な駆動歯車の回転速度を意味している．たとえば歯車比が2.0の場合，被動歯車を1回転させるためには駆動歯車を2回転させる必要がある．逆の表現をすれば，駆動歯車が1回転する間に被動歯車は1/2回転するということである．したがって，歯車比が大きいほど減速の度合いが大きくなることを意味している．

1.4.2 トルクを変える

回転速度が変わることにより，トルクも変わる．そのメカニズムを再び図1で考えてみる．

駆動歯車，被動歯車によって発生する力Fは，どちらから見ても等しい．トルクは回転半径と力との積なので，それぞれ式(3)および式(4)で表される．

$$T_1 = F \times r_1 \qquad (3)$$
$$T_2 = F \times r_2 \qquad (4)$$

したがって，式(5)が成り立つので，回転半径に反比例してトルクが変化することがわかる．

$$\frac{T_1}{r_1} = \frac{T_2}{r_2} \qquad (5)$$

つまり小歯数の駆動歯車で大歯数の被動歯車を回す場合，回転速度は減るが，逆にトルクは増すのである．これが歯数の違いによってトルクが変化する理由である．

表1 変速比によってトルクが変化するメカニズム

変速比(歯車比)	1より大		1より小	
歯　数	駆動歯車 < 被動歯車		駆動歯車 > 被動歯車	
回転速度の変化	減　速		増　大	
トルクの変化	増　大		減　少	
回転角の比較				
回転速度が変化するメカニズム	同じ枚数の歯がかみ合って回る被動歯車の回転角が小さくなる 駆動歯車(大歯数)よりも被動歯車(小歯数)の方が1回転するのに必要な時間が長くなる 被動歯車が減速される		同じ枚数の歯がかみ合って回る被動歯車の回転角が大きくなる 駆動歯車(大歯数)よりも被動歯車(小歯数)の方が1回転するのに必要な時間が短くなる 被動歯車が増速される	
トルクが変化するメカニズム				

　ここまで変速比と回転速度，トルクの関係を説明した．しかし，いくら数式で納得したつもりでも，理解できていないことが多い．この本の最大の目的は，メカニズムをイメージとして取り込んで理屈を理解することである．それらの関係を視覚的に整理した表1によって考えてみよう．

　ピッチが同じなので，たとえば駆動歯車が歯5枚分回転すれば，被動歯車も同じ5枚分回転する．小歯数で大歯数を回す場合は被動歯車の方が回転角が小さいため，減速される．歯数の大小が逆になれば増速されることは，同様に考えればよい．

　それではトルクはどうだろうか．それはシーソーの図を考えれば理解しやすいだろう．小歯数で大歯数を回す場合には，てこの原理によって小さいトルクで大きいトルクを生み出すことができる．そのため，トルクが増大するのである．ここで，小歯数の方が支点からの距離が短くなるのではないかとシーソーの図に違和感を持つかも知れない．しかし，この図は回転角の大小を表すものであり，半径の違いを意味するものではない．大歯数で小歯数を回す場合も，同様に考えてほしい．

　図2は内燃機関とモータのトルク特性の違いを示している．これからわかるように，内燃機関が高いトルクを生み出す最適な回転速度の領域(トルクバンド)は非常に狭い．したがって，自動車がスムーズに走るためには，回転速度に応じて適正なトルクに変換する必要がある．

　自動車に使用される手動変速機(マニュアルトランス

ミッション)は歯車の組み合わせによってエンジンの回転速度を変速し，常に状況に合った適正なトルクを生み出すためのユニットである．そこには変速に伴うショックが避けられない．

一方，EV(電気自動車)に搭載されているモータは常に回転速度に応じた最適なトルクを生み出せるという長所がある．回転速度によるトルクの変化もスムーズである．モータが生み出すトルクカーブが理想のトルクといわれる理由はそこにあるのだ．

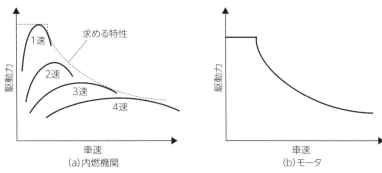

図2　内燃機関とモータのトルク特性

1.4.3　変速によって馬力はどうなるか

変速によってトルクが変化することは理解できたと思う．それでは馬力はどうなるだろうか．

そもそも1馬力とは「75kgの物体を1秒間に1m持ち上げる仕事率」ということである．わかったようなわからないような定義であるが，こういうときは身近な例に置き換えて考えてみるのがよい．これをいい換えると，「75kgの物体を1時間に3600m持ち上げる仕事率」となる．もっとわかりやすく表すと，「体重75kgの大人を背負って，下界から富士山(3776m＝ざっくり3600m)の頂上まで1時間で登る仕事率」に近いといえるだろう．これならイメージしやすいはず．これを考えれば，1馬力というのは結構すごい仕事率であることがわかる．余談であるが，原付バイク(排気量49cc)はほぼ7馬力前後である．前述の例を考えれば，原付バイクは小さくても結構な出力であることが実感として掴めるはずである．

寄り道したので，この辺で本題に戻る．馬力は単位を無視すれば，次のような関係が成り立つ．

馬力＝トルク×回転速度

変速によってトルクが上がっても，回転速度が下がるので，結局馬力は変わらないことになる．

1.4.4　回転の方向を変える

図3に示すように，駆動歯車(ドライブギヤ)と被動歯車(ドリブンギヤ)との間に中間歯車(アイドラギヤ)を追加することにより，回転方向を変えることができる．

新入社員から「車がバックするときはクランクシャフトが逆回転するのですか？」という質問を受けたことがあるが，そうではない．たとえば自動車に搭載されているマニュアルトランスミッションにはリバースアイドラギヤが1枚組み込まれており，リバース(後退段)にシフトして歯車を1枚追加することによって車を後退させることができるのである．

実は中間歯車(歯数z_3)は変速に関与せず，変速比は駆動歯車(歯数z_1)と被動歯車(歯数z_2)の比だけで決まるのだ．それは歯車比Aを求める式(6)を考えれば理解できるだろう．

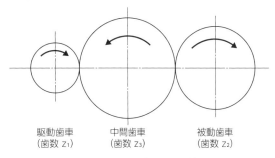

駆動歯車　　　中間歯車　　　被動歯車
(歯数z_1)　　(歯数z_3)　　(歯数z_2)

図3　アイドラギヤによる逆転

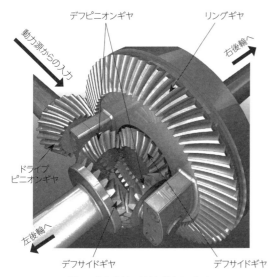

デフピニオンギヤ　　　　リングギヤ

動力源からの入力

右後輪へ

ドライブ
ピニオンギヤ

左後輪へ

デフサイドギヤ　　　　　　デフサイドギヤ

図4　動力分割の例（自動車用デフ）

$$A = \frac{z_3}{z_1} \times \frac{z_2}{z_3} \qquad (6)$$

分子・分母にある z_3 は打ち消され，z_1 と z_2 だけが残る．つまり中間歯車は回転の方向を変えて駆動力を伝える仕事しかせず，何枚あろうと変速には一切関与しないことがわかる．つまり変速の仕事はせず，遊んでいるのだ．アイドラギヤと呼ばれるのはそのためである．余談であるが，idle とは「仕事をしない，遊んでいる」という意味である．ちなみにタレントや歌手を指すアイドルは idol なので，まったく別の単語である．

1.4.5　回転する軸の方向を変える

交差軸や食い違い軸を利用し，回転軸の向きを変える機能である（第1章 1.3.1）．

1.4.6　動力を分割する

代表的なものとして，図4に示す自動車用ディファレンシャルギヤ（いわゆるデフ）がある．変速機から出た動力がドライブピニオンギヤによってデフのリングギヤで直角方向に変換される．その動力が2個ずつ一対のピニオンギヤとサイドギヤで左右後輪の回転差を生み出す．これによって自動車はスムーズにカーブできるのである．

1.4.7　流体を移動させる

代表的なものとして，トロコイドポンプがある（第1章 1.3.2（2））．歯の動きによって流体を移動させてポンプの働きをするものである．

また，図5のように，流体を満たしたケース内で一対の楕円歯車をかみ合わせた容積式流量計もある．①の状態では上側の歯車Aとケースとの間にできる三日月状のすきまAに流体が溜まっている．楕円歯車が回転し，②を経て③の状態に移ったとき，すきまAの分の流体が押し出され，今度は下側のすきまBに流体が溜まる．これを繰り返しながら，1回転あたりに三日月状のすきま容積の4倍の流体がどんどん押し出される．三日月状のすきまの容積と楕円歯車の回転速度がわかれば，単位時間あたりの流量がわかる．これが測定原理である．

参考文献
・㈱オーバル　技術情報　オーバル流量計の計測原理
https://www.oval.co.jp/techinfo/keisoku/pd.html（閲覧：2021.3.31）

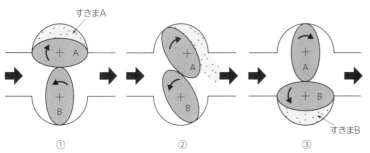

すきまA

① ② ③

すきまB

図5　楕円歯車を利用した容積流量計

第2章 インボリュート歯車の基礎知識

数ある歯形の中でもっとも広く使われているインボリュートにも短所はある．凸面接触による
かみ合いなので，接触点の応力が高くなる．また歯数が少ない場合には切下げ（アンダカット）
が発生し，強度が低下してしまうのだ．

しかし，広く使われているからには合理的な理由がある．短所を補ってなお余るほどの長所を
備えているのである．その長所を知ることは，インボリュートの仕組みを理解することにつな
がる．少しだけ図形や三角関数の知識が必要ではあるが，それは避けて通れない道．ここを踏
ん張って乗り越えれば，一気に視界が開けるだろう．ここでは難解な数式をできるだけ排除し，
中学校レベルの基本的な数学の知識でかみ砕いて説明する．

2.1 インボリュートとは何か

2.1.1 インボリュートでなかったらどうなるのか

　まったくの素人さんに歯車の絵を描いてもらうとど
うなるだろうか．おそらく長方形，三角形，台形，円
形のように思い思いの歯形がならぶはず．たとえ偶然
であっても曲線の一部を切り取って歯形を描く人がい
るとしたら，ちょっとした工学的センスがあると考え
ていい．インボリュートが普及している理由を理解す
るためには，インボリュートでなかったらどうなるか
から考えるのが早い．

(1) 歯形が長方形だとどうなる？

　図1は長方形の一部を切り取って歯形にした歯車
を示している．a)のように歯と歯溝のす
きまが小さいと，相手の歯に干渉してし
まう．これでは歯車として成立しない．
　それではb)のように歯を薄くして，
干渉しないように，すきまを大きくした
ら，どうなるだろうか．この場合は最初
に駆動歯車（相手を回す歯車）の歯面A

が当たり，次に歯面全体Bで当たり，最後に歯先C
が当たって離脱する．

　駆動歯車の角速度をω，中心からかみ合い点までの
距離をrとすると，かみ合い点の周速度vとの間には
式(1)のような関係がある．

$$v = r\omega \qquad (1)$$

　これはrが変化すれば，かみ合い点の周速度も変化
することを意味している．駆動歯車の回転中心からか
み合い点A,B,Cまでの距離はすべて異なる．したがっ
て，被動歯車（相手に回される歯車）が力を受ける点と
その回転中心との距離も変化することになる．した
がって，駆動歯車が一定の角速度で回転したとしても，
被動歯車の回転速度が変化する．つまりガクガクとぎ
こちない回転になってしまうのだ．歯が力を伝える方
向が時々刻々変化することも歯車としては都合が悪い．

(a)すきまが小さい場合　　　(b)すきまが大きい場合

図1　直線歯形のかみ合い

図2　五円硬貨に描かれた歯車

(2) 歯形が台形だと どうなる？

　五円硬貨（**図2**）には稲穂と水と歯車が描かれているが，それを意識して使っている人は少ないだろう．この歯車をよく見ると，台形の一部を切り取って歯形にしていることがわかる．長方形でダメならば，五円硬貨のように台形にしたらどうだろうか．

　図3は台形の一部を切り取って歯形にした歯車のかみ合いを示している．たしかに長方形の場合に比べれば干渉は発生しにくく，幾分マシな感じはする．しかし，所詮は直線歯形．歯車としては致命的な欠点があるのだ．その理由を考えてみよう．

　駆動歯車の歯面が被動歯車の歯先aに接触するところから両者のかみ合いが始まる．そして，b→c（面当たり）→d→eという具合に移動する．このとき，駆動歯車の回転中心から接触点（かみ合い点）までの距離は変化する．したがって，駆動歯車が一定の角速度で回転しても，式(1)から被動歯車の回転速度が時々刻々変化してしまうことがわかる．これは長方形の場合と同じである．長方形に比べて歯先干渉のリスクは小さいが，不都合であることに変わりはないのだ．

2.1.2　インボリュートの重要二大定理

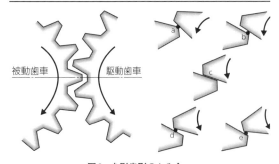

被動歯車　　駆動歯車

図3　台形歯形のかみ合い

回っている歯車を見ると，複雑怪奇な動きをしているかのように見える．どこからどうやって考えればよいのか，途方に暮れてしまうだろう．

　実はインボリュートのかみ合いには，押えておくべき重要二大定理がある．それが**図4**である．理解が進むにつれて，すべてが比較的単純明快な定理に基づいて動いていることに気づくだろう．それは物理の法則に則って整然と一定の軌道を描く天体の動きを彷彿させ，神秘的なものを感じることがある．

　専門書には難解な数式が氾濫しているが，それに気圧されてはならない．そこにドアはない．理屈や動きが意味するものを読み解き，そこにある原理原則を理解することの方が何にも増して大事なことである．ドアはそこにあるのだ．数式は後から自然についてくる．公式の丸暗記で数学が上達しないのと同じである．

定理Ⅰ：歯面上の任意の点における接線は，
　　　　　その接点から基礎円に引いた接線と直交する．

定理Ⅱ：一対の歯車の歯面が接している点（かみ合い点）は，
　　　　　作用線の上を移動する．

図4　インボリュートのかみ合いを理解するための重要二大定理

(1) 歯面上の任意の点における接線は，その接点から 基礎円に引いた接線と直交する（定理Ⅰ）

　インボリュートを学ぶうえで，最初に心得ておかなければならない事柄である．後述するように，加工・測定の原理として応用されている重要な定理になっている．

　図5は基礎円に巻きつけられた糸を緩まないように解いていくようすである．C_1, C_2・・・は瞬間ごとの糸の先端の位置と考えてよい．P_1, P_2・・・は糸の先端から基礎円に引いた接線の接点であると同時に，解けていく糸が描く円弧の中心になっている．瞬間ごとには糸は半径r_1, r_2・・・の円弧を描いており，その半径はどんどん大きくなっていくのである

　たとえば糸の先端がC_1にある瞬間は，糸はP_1を中心として半径r_1の円弧を描いている．C_2にあるときはP_2を中心として半径r_2・・・以下同様である．つ

まり半径は時々刻々変化するが，瞬間ごとに捉えれば，糸の先端はそれぞれの大きさの半径を持つ円弧を描いているのだ．それはぴんと張った糸だから，その集合体がインボリュートになるというわけである．

これを押さえたうえで，あとはたとえば図6のように糸の先端がC₂にある瞬間に描く円弧Qに引いた接線Rが，C₂から基礎円に引いた接線C₂P₂と直交することを示せれば，以下同様にすべての接点で同じことがいえることになる．定理Iを証明する手順はこれだ．中学校の数学を思い出しながら，図7で考えてみよう．

まずはa)から始める．Mは弦ABの中点であり，⊿OAMと⊿OBMは合同の関係にある．理由は3辺の長さがそれぞれ等しいからである．したがって，∠OMAと∠OMBはともに直角になり，弦ABとOMは直角になることがわかる．ここまでは理解できるだろうか．

続いてb)に進もう．弦ABをどんどん外に向かって移動させることを考えれば，最後に円に接しても同様である．したがって，円の接線は，その接点を通る半径と直角になることがわかる．以上のことから，定理Iが証明されたことになるのだ．

(2) 一対の歯車の歯面が接している点（かみ合い点）は，作用線の上を移動する（定理II）

一対の円板にベルトをかけ，さらに歯をつければ歯車になる．両方の基礎円の共通接線を作用線という．円板が基礎円，ベルトが作用線に相当すると考えればよい．この作用線は歯車にとって重要な意味を持っている．定理IIは作用線の重要な性質を表したものであり，それを理解することができれば，自らがわずかにこじ開けたドアは一気に解き放たれるだろう．

かみ合い点が作用線の上を移動する理由を図8で考えてみる．a)はかみ合い初期の状態であり，一対の歯車がC₁で接している．このC₁から駆動歯車および被動歯車の基礎円に接線C₁P₁およびC₁P₂を引く．

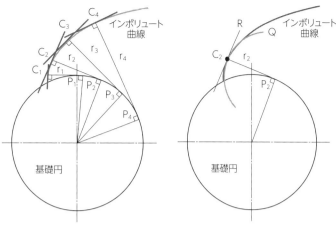

図5　基礎円とインボリュート曲線　　　図6　糸が解けている瞬間

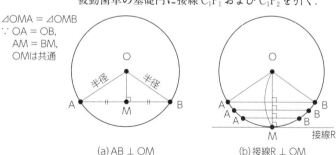

△OMA = △OMB
∵ OA = OB,
AM = BM,
OMは共通

(a) AB ⊥ OM　　　(b) 接線R ⊥ OM

図7　円の接線はその接点を通る半径に直角になる（Mは弦ABの中点）

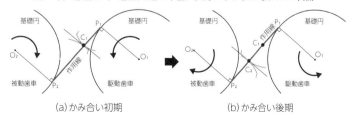

(a) かみ合い初期　　　(b) かみ合い後期

図8　かみ合い点の移動

2

インボリュート歯車の基礎知識

29

実は 2 本の接線はともに同一直線上にある．その理由は歯面に引いた接線は，その接点から基礎円に引いた接線に直交するからである（定理 I）．P_1P_2 は作用線そのものなので，結局 C_1 は作用線の上にあることになる．

b）は回転が進み，一対の歯車が C_2 で接している状態を示している．この場合も同様で，それぞれの基礎円に引いた接線 C_2P_1，C_2P_2 は同一直線上にあり，これも作用線そのものである．したがって，C_2 も作用線の上にあることがわかる．

しかも，一対の歯車では基礎円と中心距離が決まれば，作用線も一義的に決まる．したがって，C_1 および C_2 はいずれも作用線上にない点としては存在できないのだ．かみ合い点が作用線の上を移動する理由はこれである．

2.1.3 インボリュートの性質

インボリュートには興味深い性質が多い．本項ではそれらについて考えてみる．

(1) なぜ糸の先端の軌跡がインボリュートなのか

茶筒に巻きつけられた糸を解いて・・・という説明はあらゆる本に出ている．ではなぜ解けた糸の先端がインボリュートになるのだろうか．

図 9 に示すように，インボリュートは外サイクロイドの特殊な例である（第 1 章 1.3.2（3））．基礎円に外接する円の直径を無限大にしたとき，その円は直線になる．円に接して滑らずに転がる直線の上にある定点の軌跡がインボリュートである．それをいい換えれば，その定点こそが，緩まないように解いた糸の先端に相当するのだ．しかも，そのインボリュートは，本項で挙げる便利な性質を持っているのである．

(2) 回転速度が一定 [1)]

一般的に歯車の使命は等速回転でスムーズに力を伝えることである（非円形歯車のような例外はあるが・・・）．そのためには，駆動歯車と被動歯車がそれぞれに一定の角速度で回転することが必要である．インボリュート歯車のメリットはそこにある．そうなっていることを示すためには，次の①・②の手順を踏んで考えればよい．

① 駆動歯車の角速度が一定であれば，作用線上にあるかみ合い点の移動速度も一定であることを示す．

② かみ合い点の移動速度が一定であれば，被動歯車の角速度も一定になることを示す．

まず，①から始める．駆動歯車が一定の角速度 ω で回転する場合に，かみ合い点が作用線上をどういう速度で移動するかを図 10 および図 11 によって考えてみよう．

前述の式(1)から，点 A での周速度 $v_2{}'$ は以下のとおりである．

$$v_2{}' = r_2\,\omega \qquad (2)$$

ここで

$$r_2 = \frac{r_1}{\cos \omega} \qquad (3)$$

なので，式(2)・(3)から点 A における周速度 $v_2{}'$ は

$$v_2{}' = \frac{r_1}{\cos \omega} \times \omega \qquad (4)$$

となる．一方で，

$$v_2 = v_2{}' \times \cos \omega \qquad (5)$$

となるので，式(4)・(5)から，

$$v_2 = r_1/\cos \omega \times \omega \times \cos \omega = r_1\,\omega \qquad (6)$$

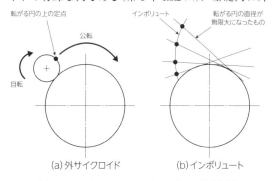

転がる円の上の定点　公転　自転　インボリュート　転がる円の直径が無限大になったもの

(a) 外サイクロイド　　(b) インボリュート

図9　インボリュートはサイクロイドの特殊な例

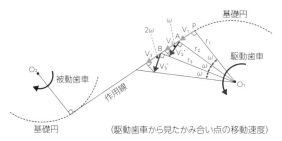

図10　作用線上での移動速度が一定である理由

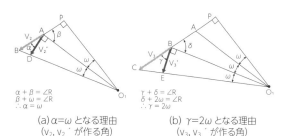

$\alpha + \beta = \angle R$
$\beta + \omega = \angle R$
$\therefore \alpha = \omega$

(a) $\alpha = \omega$ となる理由
（v_2, v_2' が作る角）

$\gamma + \delta = \angle R$
$\delta + 2\omega = \angle R$
$\therefore \gamma = 2\omega$

(b) $\gamma = 2\omega$ となる理由
（v_3, v_3' が作る角）

図11　移動速度の分解（図10の補足）

ところが，作用線上における点 P の移動速度 v_1 は

$$v_1 = r_1 \omega \qquad\qquad (7)$$

なので，式(6)・(7)から $v_1 = v_2$ となる．同様に考えれば，結局 $v_1 = v_2 = v_3$ となる．これは角速度が一定であれば，かみ合い点が作用線上を等速度で移動することを意味している．これで①が証明できた．

次に，②に進もう．被動歯車もまた一定の角速度で回転すること，つまり図12において $\omega_1 = \omega_2$ となることを示せばよい．

$$r_1 = \frac{r_0}{\cos \alpha}, \quad v_1' = \frac{v_1}{\cos \theta}$$

$$r_2 = \frac{r_0}{\cos \beta}, \quad v_2' = \frac{v_2}{\cos \phi}$$

である．ここで，ω_1，ω_2 はそれぞれ以下のように表せる．

$$\omega_1 = \tan^{-1} \frac{v_1'}{r_1} = \tan^{-1} \left[\frac{v_1}{\cos \theta} \cdot \frac{\cos \alpha}{r_0} \right]$$

$$\omega_2 = \tan^{-1} \frac{v_2'}{r_2} = \tan^{-1} \left[\frac{v_2}{\cos \phi} \cdot \frac{\cos \beta}{r_0} \right]$$

ここで前述の結果から $v_1 = v_2$ であり，かつ図13か

ら $\alpha = \theta$，$\beta = \phi$ なので，結局 $\omega_1 = \omega_2$ となる．これで②が証明できた．

したがって，①・②の合わせ技により，駆動歯車の角速度が一定であれば，被動歯車の角速度も一定になることが証明されたのである．

(3) 加工や測定が楽々

かみ合い理論の面で好都合なことは，つくりやすさや測りやすさにも反映されている．それがインボリュートが重宝されている理由である．

インボリュート曲線の定義は「ある固定された円（基礎円）の外側を滑りなく転がる直線上の一点が描く平面曲線」（JIS B 0102-1）である．平たくいえば，前述のように「円筒に巻きつけられた糸を緩まないように解くとき，糸の先端が描く軌跡」ということになるが，先端でなくても糸の上の定点であればいいのだ．

糸が巻きついていた円筒を基礎円という．インボリュート歯車には必ず固有の直径を持つ基礎円が一つだけ存在する．基礎円は仮想の円なので，目に見えないし，直接測定することもできない．しかし，インボ

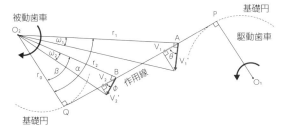

図12　被動歯車の角速度

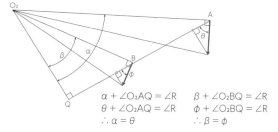

$\alpha + \angle O_2AQ = \angle R$　　$\beta + \angle O_2BQ = \angle R$
$\theta + \angle O_2AQ = \angle R$　　$\phi + \angle O_2BQ = \angle R$
$\therefore \alpha = \theta$　　　　　　$\therefore \beta = \phi$

図13　$\alpha = \theta$，$\beta = \phi$ となる理由（図12の補足）

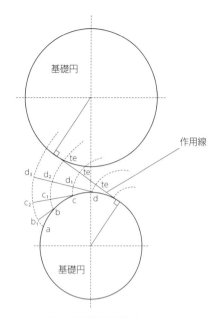

図14　基礎円と法線ピッチ

んだだけで，直線の歯形を持つラックやホブでインボリュートを加工できる理屈に気づくようであれば，かなりシャープな勘を持った人だ．直線切れ刃が歯面への接線になっており，その接点から基礎円に引いた接線と常に直交しているのだ．まさにこのことによって歯車や工具の製作や測定が容易になるのである．これは大きな長所であり，インボリュートが普及している理由の中でもっとも重要である．

(4) 法線ピッチが一定

歯車のかみ合いを語るうえで重要な要素に法線ピッチがある．それを考えてみよう．

基礎円の円周の長さを歯数で割った値を基礎円ピッチという．文字通り基礎円上でのピッチを意味し，図14の $\overgroup{ab}$, $\overgroup{bc}$, $\overgroup{cd}$ がそれにあたる．基礎円からカーブして出ているのは隣り合う個々の歯面を形成するインボリュート曲線である．前述のように，基礎円に巻きついていて緩まないように解いた糸は歯面に直交するので，法線と呼ばれる．

緩まないように糸を解くようすを想像すれば，$\overgroup{ab}$ = bb_1，$\overgroup{ac}$ = cc_2，$\overgroup{ad}$ = dd_3 となることは容易に理解できるだろう．同様に考えれば $\overgroup{bc}$ = cc_1 であるから，結局 $\overgroup{ab}$ = c_1c_2 となることがわかる．

隣り合った歯面で作用線を切り取った個々の線分の長さ te を法線ピッチという．このように考えれば，どの位置で切っても法線ピッチは基礎円ピッチに等し

リュートにおいては非常に重要な諸元である．

インボリュートのすぐれた面として，「歯面上の任意の点における接線は，その接点から基礎円に引いた接線と直交する」（定理Ⅰ）という性質を前項で挙げた．実は，これが加工や測定の原理として応用されているのである．

この定理Ⅰを応用し，分割数を増やして接点をつなげれば，インボリュート曲線になるのだ．ここまで読

図15　歯車箱

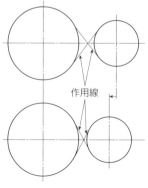

図16　中心距離の変化と作用線

くなるという性質があることがわかる．かみ合い点が作用線上を移動することは前述のとおり．したがって，隣り合う一対の歯のかみ合いは作用線上で法線ピッチの間隔をおいて発生することになるのだ．これを理解することが，かみ合いを理解するための第一歩であ

る．歯車を語るうえで欠かせないかみ合い率を計算できるのも，法線ピッチが一定だからである．

(5) **中心距離の誤差に影響されにくい**

歯車は単体では機能せず，必ず歯車箱（ギヤボックス）などに組み込まれて作動する．一対の歯車を組み込むときに中心距離に誤差が生じるのは避けられない．図15のような歯車箱では，箱の穴を精密に仕上げ，軸を保持するための軸受（ベアリング）を挿入する．このとき，歯車の歯厚だけでなく，歯車箱の穴径，穴の中心距離，中心軸の平行度などが中心距離の誤差に影響する．

実はインボリュートには一対の歯車の中心距離を一定の範囲内で変化させることができるという利点がある．これは図16の中心距離が変化しても，ベルト（作用線）の交差角が変わるだけであり，かみ合いそのものは正しく保たれることを考えれば理解しやすい．

これは中心距離のばらつきが，回転精度やかみ合い状態に影響しないことを意味しており，製作するうえで非常に都合がよい．少しくらい中心距離に誤差があっても，スムーズにトルクが伝達されるのだ．歯車単体の製作が容易であるだけでなく，それを納める歯車箱を製作することも比較的楽になる．また，転位によって中心距離が変わっても正しいかみ合いが保たれる．これは大きい長所である．

ほかの歯形ではそうはいかないことが多い．たとえばサイクロイド歯車やコルヌ歯車（クロソイド歯車）では，この中心距離を正確に保つ必要がある．インボリュート歯車では中心距離の増加に対してノイズレベルが緩やかな増加で済むが，コルヌ歯車では急激に増加することが報告されている．[2]

参考文献
1) 歯車　ジャパンマシニスト社　p.28-29
2) 広島県総合技術研究所東部工業技術センター技術報告No. 28
(2015)　技術ノート　コルヌ歯車の騒音に及ぼす中心間距離の影響

2.2　基本となる要素と諸元

ここでは，インボリュート歯車を学ぶうえで欠かせない諸元や理論を平易かつ必要最小限の数式を使って考えてみる．

2.2.1　モジュール

歯車にモジュールはつきものであるが，これくらい得体の知れないものはない．その概念を理解できずに入口で挫折するモジュール恐怖症候群の患者がいかに多いことか．

その原因は最初にモジュールありきで考えるからである．歯車の互換性という観点から入り，そのために後から便宜的にモジュールが必要になったと考えてみてはどうだろうか．そうすると概念の理解が容易になるはず．

一対の歯車がかみ合ってスムーズに回るためには，図1に示す歯と歯の間の円弧長さ（ピッチ）が同じでなければならない．これは容易に理解されるだろう．重要なのはピッチであり，モジュールではないのだ．ピッチはピッチ円の周の長さを歯数で割れば得られる．したがって，ピッチ円径をD，歯数をzとすると，ピッチpは式(1)のように表せる．

$$p = \frac{\pi D}{z} \qquad (1)$$

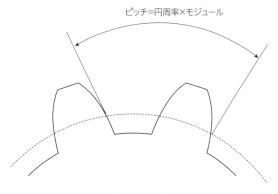

ピッチ＝円周率×モジュール

図1　ピッチとモジュール

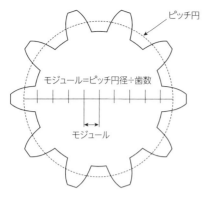

図2　ピッチ円径÷歯数？？？

実社会で使用される機械要素では，すべて互換性が重要になる．壊れたら交換しないといけないからだ．それは歯車も例外ではない．歯車の場合，互換性を持たせるためにはピッチが等しいことが必須条件なのである．ところが式(1)のように円周率の成分を含んだ途端に半端な数値になり，ピッチは一気に扱いにくいものになってしまう．これでは互換性を持たせるうえで具合が悪い．

それではどうすればよいか．半端な数値になる原因である円周率の成分を取り除き，さらに単純に丸めた

表1　モジュールの標準値（JIS B 1701-2：1999）

Ⅰ	Ⅱ	Ⅰ	Ⅱ	Ⅰ	Ⅱ	Ⅰ	Ⅱ
0.1	1			5.5	25		
	0.15		1.125	6			28
0.2		1.25			(6.5)	32	
	0.25		1.375		7		36
0.3		1.5		8		40	
	0.35		1.75		9		45
0.4		2		10		50	
	0.45		2.25		11		
0.5		2.5		12			
	0.55		2.75	14			
0.6		3		16			
	0.7		3.5		18		
	0.75	4		20			
0.8			4.5		22		
	0.9	5					

できるだけⅠ列のモジュールを用いることが望ましい．モジュール6.5はできるだけ避けるのがよい．

数値で歯の大きさを規格化できれば非常に便利だ．このように考えれば，モジュールの概念はわかりやすくなるだろう．

まず，式(2)のようにモジュールmを定義すると，ピッチはそれを変形して式(3)のように表せる．式(1)の半端な数値になる原因である円周率以外の部分（ピッチ円径を歯数で割った数値）をまとめて，とりあえずmとするのだ．この段階ではとりあえず・・・である．

$$m = \frac{D}{z} \qquad (2)$$

$$p = \pi m \qquad (3)$$

実際に JIS B 0102-2 におけるモジュールの定義は「ピッチを円周率で除した値」となっている．ここに重要な意味が隠されていると読むのだ．つまりピッチから半端な円周率の成分を取り除いたものがモジュールになるのである．JIS では親切に説明してくれないが，ここは定義のとおり素直に解釈すればよい．円周率は定数なので，モジュールが大きいほど歯は大きくなる．

ところが，式(2)を直訳して「モジュールはピッチ円径を歯数で割った値である」などという説明をしている文献が非常に多い（図2）．そういう説明をされるから，初心者は途端にワケがわからなくなってしまうのだ．たしかに式(2)を直訳すれば，そういう説明でも間違いではない．しかし，それでは直径を歯数で割った値が等しいと，なぜピッチが等しくなってかみ合うことができるのかをイメージできない．多くの人はここで足踏みを強いられるのではないだろうか．

そこで式(2)をいったん忘れてみよう．繰返しになるが，式(3)のピッチから半端の原因になる円周率を取り除いた数値を便宜上モジュールmとして定義してみる（既出の図1）．そして，表1のように，切りのいい丸めた数値に揃えて標準化するのだ．そうすれば，互換性を持たせるうえで好都合になる．ピッチはモジュールに円周率をかけたものであるから，モジュールが標準化されれば，ピッチが半端な数値になったとしても標準化されている．だから互換性が保たれるというわけである．そのように考えれば，少しは気が楽になら

ないだろうか.

もともとモジュール（module）という単語には，建築材料などの基準寸法，基本単位という意味がある．モジュール化つまり標準化することによって互換性や作業効率を高めている例はいろいろな分野で見られる．だから歯車の場合も半端な部分を取り除いて標準化した数値mをモジュールと呼ぶのである．そのように考えてみてはどうだろうか.

数式の呪縛に囚われず，モジュールという概念が必要になった背景から順を追って考えること，実感と理屈が合うことの2点が理解を早めるための近道である．これはどんなことにも通じる，理解を深めるためのアプローチ法である.

2.2.2　ダイヤメトラルピッチ

日本をはじめとする大多数の国ではメートル法が採用されている．特に日本では計量法により，取引または証明にヤード・ポンド法を使用することが禁止されている．ちなみに取引および証明の定義は計量法第2条第2項に規定されている．取引とは「有償であると無償であるとを問わず，物または役務の給付を目的とする業務上の行為」と定義されている．また証明とは「公にまたは業務上他人に一定の事実が事実である旨を表明すること」と定義されている．平たくいえば，ビジネスや公的な証明にヤード・ポンド法を使用してはいけないということである.

しかし，古くからの工業先進国である英国や米国の影響は大きく，ねじや歯車をはじめとする機械要素に使用される単位にもその名残りがある．ダイヤメトラルピッチはその一例であり，モジュールと同様に歯の大きさを表す数値である.

式(4)に示すように，ダイヤメトラルピッチは歯数をピッチ円径（インチ）で割った数値である．つまり「直径1インチあたりに歯が何枚入っているか」を示している.

$$P = \frac{z}{D} \qquad (4)$$

たとえば歯数40枚の歯車のピッチ円径が5インチの場合は，40枚÷5インチでダイヤメトラルピッチは8，つまりDP8となる．ダイヤメトラルピッチが大きくなるほど，歯は小さくなる.

モジュールは結果的にピッチ円径を歯数で割った値になるので，ダイヤメトラルピッチとモジュールはお互いに逆数の関係になっている.

DP24/48と表記されていることがあるが，これは歯の大きさがDP24で，歯たけがDP48の低歯であることを意味している．ダイヤメトラルピッチをモジュールに換算するには，25.4mm（1インチ）をダイヤメトラルピッチで割ればよい．たとえばDP24およびDP48の場合はそれぞれ以下のとおりである．したがって，DP24/48はモジュール表記では1.0583/0.5292の低歯スプラインということになる.

$$m = \frac{25.4}{24} = 1.0583$$

$$m = \frac{25.4}{48} = 0.5292$$

2.2.3　圧力角

JISにおける圧力角の定義は「歯面の1点（普通はピッチ点）において，その半径と歯形への接線とのなす角度」である．図3ではαが圧力角に相当する.

表2は圧力角の大小とそれぞれの長所・短所をまとめたものである．同じモジュールの歯車を手に取る

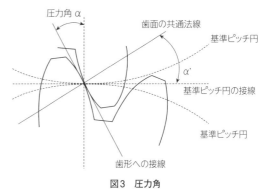

図3　圧力角

表2　圧力角の大小 ～ 長所と短所の比較

	圧力角・小	圧力角・大
断面のイメージ	頂部幅	頂部幅
歯の厚さ	小 ＜	＞ 大
歯元の強度	小 ＜	＞ 大
頂部幅	大 ＞	＜ 小
切下げを生じない最小歯数	大 ＞	＜ 小
かみ合い率	大 ＞	＜ 小
静粛性	大 ＞	＜ 小
伝達効率	大 ＞	＜ 小

と，圧力角が小さい方がスリムに見える．逆に圧力角が大きいほど歯はずんぐり太って見え，歯元の強度が高くなる．それは図3の a を変化させて考えれば容易にイメージできるだろう．

このように，現場的な肌感と机上の理論が自分の中で一致する感触をつかむことが，現場の技術者がもっとも大切にするべきものである．

圧力角が大きいと歯元の強度が上がるので，折損のリスクは少なくなる．その一方で，後述するかみ合い率が小さくなって静粛性の面で不利となる．また，摩擦も増えるので，伝達効率が下がる．

逆に圧力角が小さいと，かみ合い率が大きくなる．したがって，静粛性の面で有利である．その反面，歯元の強度は下がる．

現在，圧力角は20°が広く採用されている．それは静粛性と強度のバランスがちょうどいいからである．強度を求められるスプラインでは30°のように大きい圧力角が採用される．一方，圧力角を必要以上に大きくすると歯先がとがり，かえって強度が下がってしまう．

かつては圧力角14.5°も広く採用されていた．エンジンのタイミングギヤのように比較的負荷は小さいが，静粛性が求められる場合には14.5°が多く見られた．

14.5°のような半端な圧力角が採用された理由には諸説ある．真偽のほどは定かではないが，ちょうど $\sin 14.5° = 0.25$（つまり 1/4）になるので，計算がやりやすいからという説もある．電卓やパソコンがなかった時代にはそれが便利だったのかも知れない．

歯面を押す力は一対の歯車の共通法線上に作用する．したがって，モジュールと同様に，かみ合う一対の歯車の圧力角が等しいこともスムーズに回るための必要条件である．

2.2.4　ねじれ角とねじれ方向

はすば歯車は，歯すじがつるまき線状にねじれている．ねじれ角とは，図4に示すようにつるまき線と円筒の母線とのなす角である．

一般的にねじれ角は10°から30°程度までが使われている．いうまでもなく，平歯車はねじれ角が0°で

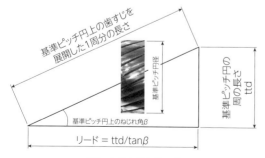

基準ピッチ円上の歯すじを展開した1周分の長さ
基準ピッチ円径
基準ピッチ円上のねじれ角 β
基準ピッチ円の周の長さ πd
リード = $\pi d / \tan\beta$

図4　ねじれ角とリード

表3　歯車のねじれ方向

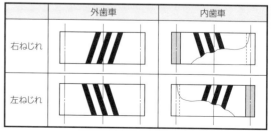

	外歯車	内歯車
右ねじれ		
左ねじれ		

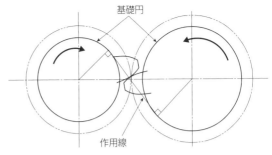

図5 はすば歯車のかみ合い（上段：左ねじれ，下段：右ねじれ）

図6 基礎円の仕組み

ある．JISでは右ねじれは「基準母線に沿って観察者からの距離が増加していくにつれて，連なる正面歯形が時計方向に移動する歯」と定義されている．左ねじれはその逆で，「・・・連なる正面歯形が反時計方向に移動する歯」となる．表3は見分け方をまとめたものである．

厳密に定義しようとするから法律の条文のような表現になっているが，中心軸に沿って（円筒の基準母線に沿って）手前から向こう側に行くにつれて，歯が時計方向（右方向）にねじれているのが右ねじれと考えればよい．外歯であれば，歯すじを正面から見たときに，右肩上がりが"右ねじれ"，左肩上がりが"左ねじれ"になる．

はすば歯車の場合，一対の外歯車はねじれ角が同じで，右ねじれと左ねじれの組合わせになる．図5は実際にはすば歯車がかみ合っているようすである．内歯車は外歯車との組合わせになるので，ねじれ角もねじれ方向も同じと定義される．

2.2.5 基礎円／作用線／ピッチ円

インボリュートとは何かを第2章2.1で説明したが，糸が巻きついている円筒が基礎円である．

歯車を考える前に一対の円板にベルトをかけて動力を伝達するようすを考えてみよう（図6）．2つの円板がそれぞれの歯車の基礎円，ベルトが作用線である．ここに歯をつけたものが歯車であり，かみ合い点（両

方の歯面が接触している点）が作用線の上を移動することは第2章2.1.2(2)で説明したとおりである．

2.2.6 法線ピッチ

基礎円上で測定した円弧ピッチを法線ピッチteという（図7）．一対の歯車がかみ合ってスムーズに回るためには，法線ピッチが等しくなければならない．したがって，歯車のかみ合いを論じるうえで非常に重要な要素である（詳細は第2章2.1）．

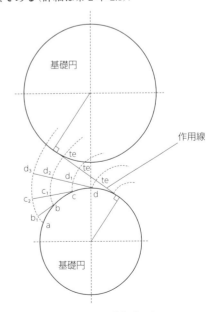

図7 基礎円と法線ピッチ

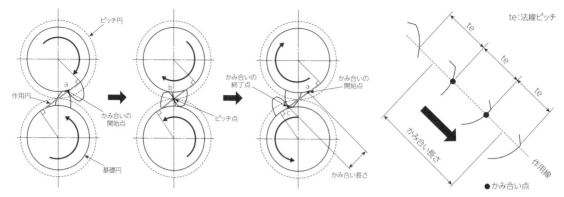

図8　作用線とかみ合い点の関係

図9　かみ合い長さと法線ピッチの関係

2.2.7　かみ合い率

　歯車を語るうえで，かみ合い率は避けて通れない要素である．これは同時に接触している歯の枚数を意味しており，静粛性，振動，寿命，加工の難易度に大きく関係する．

　かみ合い点は作用線上を移動する．図8は点aでかみ合いが始まり，点bを経て点cで離脱するようすを示している．かみ合い率は式(5)に示すように，かみ合い長さL（かみ合いの始点aと終点cとの距離）を法線ピッチteで割った値εとして求められる．

$$\varepsilon = \frac{L}{te} \qquad (5)$$

　この式でかみ合い率が計算できる理由を考えてみよう．前出の図7から，作用線上では法線ピッチteの間隔を保ちながら次々に隣の歯が移動してくることがわかる．たとえば図9では，かみ合い長さの間にかみ合い点が2個あるので，この瞬間は同時に2枚の歯がかみ合っていることになる．このように考えれば，かみ合い長さを法線ピッチで割ることによってかみ合い率が求められることが理解できるだろう．

　図10は時間の経過とともに同時かみ合い歯数が変化するようすを示している．同時かみ合い歯数が1枚と2枚になる瞬間が均等に表れる場合，かみ合い率は1.5になる．2枚かみ合っている時間が長くなれば，かみ合い率は1.5よりも大きくなって2.0に近づく．

　式(5)からわかるように，かみ合い率を大きくするためには，かみ合い長さを大きくするか，法線ピッチを小さくすることが必要である．おもに次の方法がある．

　① ねじれ角を持つはすば歯車を採用する

　　→ かみ合い長さが大きくなる．

　② 歯数を増やす

　かみ合い率が大きくなると，歯にかかる力が分散されて小さくなり，スムーズに伝達される．したがって，

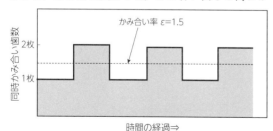

図10　同時かみ合い歯数の変化とかみ合い率

表4　かみ合い率と同時かみ合い歯数

かみ合い率 ε	かみ合いの状態
ε < 1	1組もかみ合わない瞬間が発生する．
ε = 1	常に1組だけがかみ合う．
1 < ε < 2	1組だけかみ合う瞬間，2組がかみ合う瞬間が交互に存在する．
ε ≧ 2	常に2組以上がかみ合っている．

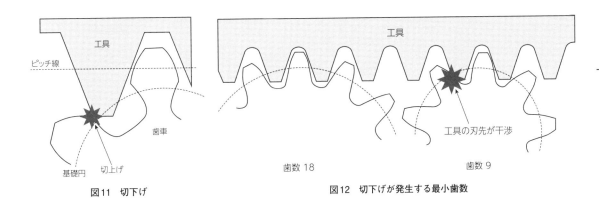

図11 切下げ

図12 切下げが発生する最小歯数

音や振動の面で有利になる．その一方で，ねじれ角を大きくすると，スラスト力が増すという難点がある．

かみ合い率εと瞬間の同時かみ合い歯数との関係は，ほぼ表4のようになる．かみ合い率は同時にかみ合っている歯の枚数であり，ミーリングにおける同時切削刃数に似ている．一般に歯車がスムーズに回るためには，かみ合い率が1.2以上であることが望ましいとされている．

かみ合い率が小さくなると，製品としてのみならず，それを加工するうえでも不都合が多くなる．過去の経験では，シェービング加工においてかみ合い率が1.4を下回ると，歯形精度の確保に苦労することが多い．特に平歯車で歯数が少ない場合にはしばしば困難を伴う．

2.2.8 切下げと転位

歯数が小さい歯車の歯切では，歯元が工具の刃先でえぐられる現象が発生する．これを切下げ（アンダカット＝図11）という．切下げがある歯車は強度が低下する．また，インボリュート歯形になっている長さが短くなるので，かみ合い率も小さくなってしまう．

切下げが発生しない最小歯数は式

(6)で求めることができる．ここで a_0 は工具圧力角である．

$$z = \frac{2}{\sin^2 a_0} \qquad (6)$$

式(6)により，圧力角が20°の場合，歯数が17以下では切下げが発生することがわかる．図12のように，歯数18では異常はないが，歯数9の場合は工具の刃先で歯車の歯元がえぐられるのである．

切下げは歯車を転位させることによって防ぐことができる．転位には正転位（プラス転位）と負転位（マイナス転位）がある．表5はその違いをまとめたものである．

表5 正転位と負転位の違い

	正転位	負転位
形　状		
曲げ強さ	強くなる	弱くなる
かみ合い率	小さくなる	大きくなる
切下げ	切下げを防げる	切下げが発生することがある
歯先の幅	小歯数の場合に正転位が大き過ぎると，歯先が尖ることがある．	－
組立距離	大きくなる	小さくなる

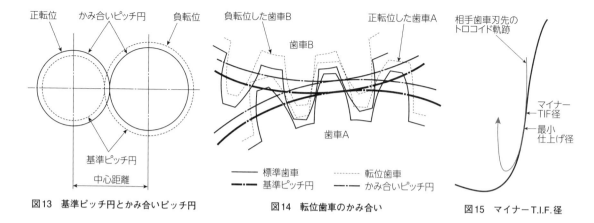

図13 基準ピッチ円とかみ合いピッチ円

図14 転位歯車のかみ合い

図15 マイナーT.I.F.径

正転位は標準歯車を加工するときよりも工具を外側にずらして歯切をおこなうものである．これによって切下げが回避される．正転位では歯先円と歯底円が大きくなり，歯厚が大きくなって歯元の強度が上がる．

逆に負転位は標準歯車を内側にずらし，歯先円と歯底円を小さくしたものである．これにより歯厚が小さくなり，切下げが発生することがある．しかし，心配は無用．中止距離を変えられない一対の歯車では，切下げの危険がある小歯車を正転位させ，大歯車を負転位させればよいのである．中心距離を変えられるのであれば負転位を避け，中心距離を大きくして調整することもできる．

歯厚が変わるとモジュールも変わってしまうので都合が悪いのではないかと考えるかも知れない．しかし，その心配も無用である．転位歯車は標準歯車の歯面の位置をずらしたものなので，基準ピッチ円とかみ合いピッチ円という2つのピッチ円ができている（図13）．具体的なかみ合いのようすを図14に示す．変化するのはかみ合いピッチ円上での歯厚であり，基準ピッチ円上での歯厚は変わらない．したがって，モジュールは変わらないのである．

転位させることにより，同一の工具で異なる歯厚の歯車を加工できるという利点もある．ただし，歯先面取刃を持つセミトッピング工具を使用する場合には，共用範囲に制約があるので注意を要する．現場的に計算するのは困難なので，工具メーカに創成図の作成を依頼して確認するのが確実である．

2.2.9 マイナーT.I.F.径

初心者にとってマイナーT.I.F.径（最小かみ合いインボリュート径 = True Involute Fillet Diameter）とは耳慣れない用語だろう．どの教科書にも載っていないが，製造現場では非常に重要である．これを機にぜひ覚えたい．

歯底付近に進入した相手歯車の歯先はトロコイドカーブを描いて離脱する（図15）．このときに離脱する点を含む円筒の直径がマイナーT.I.F.径である．平たくいえば，どこまでインボリュート曲線が確保されていなければいけないか，その最小径のことである．

外歯車であれば，少なくとも相手歯車の歯先が離脱する点よりも外側がインボリュートになっていなければ，歯車はスムーズにかみ合えない．これが指定されていなければ，歯切工具の設計ができないので，マイナーT.I.F.径は製品図面に明記されていることが多い．

そういう意味で現場の切削技術者にとっては必須の諸元である．これを知らなければ，ユーザは歯切工具メーカとの会話が成り立たないので，しっかり理解しておくことが必要である．

2.3 インボリュート歯車の精度

「エンジンは生まれ（設計）で決まり，トランスミッションは育ち（製造）で決まる」といわれる．極論のようであるが，歯車を組み込んだ動力伝達機構である変速機（歯車箱）に関しては真理である．それは非常に繊細であり，歯車などの構成部品単体や組立の精度に左右されることが多い．設計がすぐれていても精度が悪ければ，長期間運転しているうちにガタ，振動，騒音，寿命低下などの不具合を招く．歯車箱の性能を向上させるには，まずは構成部品の精度を上げることが欠かせない．

ここではインボリュート歯車を扱ううえで知っておくべき精度，押えるべきポイント，測定方法に絞って説明する．細かい計算式に入り込んで解説するのは本書の目的から外れるし，すでに有益な技術資料が公開されている．したがって，章末でそれを紹介するにとどめる．

2.3.1 歯車箱の性能を左右する要因

歯車箱が発する騒音は，うなり音（beat noise）と歯打ち音（ガタ打ち音＝rattle noise）の2種類に分けら

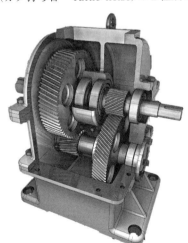

図1 歯車箱

表1 歯車箱の性能を左右する要因

0次要因	1次要因	2次要因	3次要因	
設計	歯車	モジュール	***	
		圧力角		
		材質		
		硬度		
		かみ合い率		
		歯幅		
		歯たけ		
		転位量		
	歯車箱	穴精度	・穴径　・真円度	
		中心軸精度	・真直度　・平行度	
		材質	・減衰性	
		肉厚	***	
	軸受	サイズ	***	
製造	機械加工	バックラッシ　歯厚	・オーバボール寸法　・またぎ歯厚　・弦歯厚	
		中心距離	・歯車箱の穴径　・中心軸の平行度	
		歯当たり　歯形誤差	・全歯形誤差　・歯形形状誤差　・歯形勾配誤差（圧力角誤差）	
		修整歯形	・圧力角修整　・クラウニング　・歯先修整　・歯元修整	
		歯すじ誤差	・全歯すじ誤差　・歯すじ形状誤差　・歯すじ傾斜誤差（ねじれ角誤差）	
		修整歯すじ	・ねじれ角修整　・クラウニング修整　・エンドリリーフ	
		ピッチ誤差	・円ピッチ	・単一ピッチ誤差　・隣接ピッチ誤差　・累積ピッチ誤差
			・法線ピッチ	・法線ピッチ誤差
		歯溝の振れ	***	
		歯面性状　歯面あらさ	***	
		歯面の異常	・打痕　・傷	
		歯元・歯先形状　歯元形状	・丸み　・段差	
		歯先形状	・面取量　・バリ	
	熱処理	表面硬度	***	
		硬度勾配		
		熱処理変形量		
	組立	アライメント	軸受	・インナーレース内径　・アウターレース外径
		清浄度	異物の混入	***
運転		荷重	・大きさ　・変動	
		回転数	・大きさ　・変動	***
		潤滑	・粘度　・供給量	

れる．どちらもさまざまな要因が複合して発生するので，原因の特定がむずかしい．

うなり音は高い周波数で，歯面の誤差や剛性不足に起因する．一方，歯打ち音は歯面どうしの衝撃によるもので，バックラッシや打痕に起因することが多い．たいていの場合はそれらを考慮して設計されているので，不具合は製造段階での"つくり込み"に問題があることが多い．冒頭に挙げた「トランスミッションは育ちで決まる」というのはそれを戒めているのだ．

図1のような歯車箱の性能（騒音，寿命など）とそれを左右する要因を表1に示す．ここでは特に現場の管理面で重要な要因を中心に説明する．

2.3.2　歯厚

歯と歯の間には適度なバックラッシが設けられている．ピッチ円周上での遊びである．バックラッシが過大の場合は歯打ち音，過小の場合は潤滑の不十分によって損傷の原因になる．それを左右するのが歯厚である．複数の測定方法があるが，どの方法で測定しても同じ結果が得られるようになっている．

⑴ オーバピン寸法（オーバボール寸法）

歯厚の測定方法としてもっとも広くおこなわれ，現場に定着している（図2）．できるだけ直径の両端に近い位置にある歯溝にピン（またはボール）を入れ，ピン

越しに外側寸法（直径）を測る．内歯車では内側寸法を測り，それをビトウィンピン寸法（またはビトウィンボール寸法）という．

偶数歯，奇数歯に関わらず，ピンの直径と歯数が決まれば，歯厚は一義的に決まる．標準歯車では基準ピッチ円上で歯面に接するようにピンの直径を選定する．

ただし，ボールを使用する場合には，歯すじ方向の測定位置（ボールの中心位置）を等しくしないと，測定結果に大きな誤差が生じる．これは測定するうえで，特に注意が必要である．現場では図3に示すように，高さが等しいボール置き台を用意し，その上にボールを乗せて測定すると便利である．この方法はボール中心の位置を歯幅の中心に合わせる作業が容易になるという長所がある．

⑵ またぎ歯厚

歯厚マイクロメータの平行面で複数の歯をまたいで挟み，その距離を測定するのがまたぎ歯厚である．歯面に当てる角度によって誤差が生じるのではないかという疑問が出るかも知れない．しかし，その心配は無用である．

その理由を図4で考えてみよう．「歯面上の任意の点における接線は，その接点から基礎円に引いた接線と直交する」という定理I（第2章2.1.2）を思い出してほしい．a)において歯厚マイクロメータの測定面は平行なので，この定理IによりA₁B₁はP₁で基礎円に

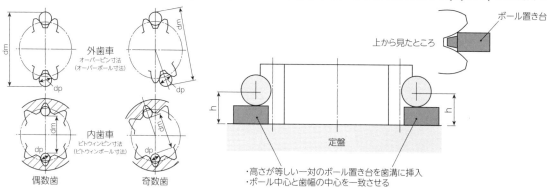

図2　オーバーピン寸法とビトウィンピン寸法[1]

図3　ボール中心の高さhを揃える工夫

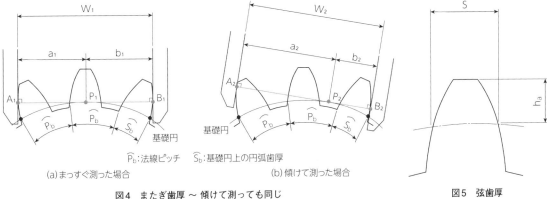

$\widehat{P_b}$：法線ピッチ　　$\widehat{S_b}$：基礎円上の円弧歯厚

(a) まっすぐ測った場合　　　　　　　　(b) 傾けて測った場合

図4　またぎ歯厚 ～ 傾けて測っても同じ

図5　弦歯厚

接する一本の線になる．その理由は A_1，B_1 がいずれも歯面と歯厚マイクロメータの測定面との接点だからである．また，基礎円に巻きついた糸を解くようすを考えれば，式(1)が成り立つことがわかる．

$$a_1 + b_1 = 2 \times P_b + S_b = W_1 \qquad (1)$$

b) のように歯厚マイクロメータが傾いても同様の理屈で式(2)が成り立つ．

$$a_2 + b_2 = 2 \times P_b + S_b = W_2 \qquad (2)$$

したがって，$W_1 = W_2$ となり，歯厚マイクロメータが傾いても同じ結果が得られるので，心配ないのだ．またぎ歯数が増えても同様である．

またぎ歯厚は測定基準を設けずに測定できるので，簡便な方法として現場に定着している．しかし，圧力角誤差，左右歯面の圧力角の違い，ピッチ誤差，歯形誤差があると測定誤差が大きくなりやすいという難点がある．それらの影響を抑えるために，全周にわたって位置を変えながら数回測定し，平均値を採用することが望ましい．

(3) 弦歯厚

左右歯面上の対称な2点間の弦の長さを弦歯厚という（図5）．測定位置として，歯先円からの距離や測定円径を指定して測定する．歯厚ノギスまたは歯厚マイクロメータによる測定が一般的である．また，スケール付きの工具顕微鏡でも測定できる．

比較的簡便な測定方法であるが，歯先円直径の誤差が測定結果に影響しやすいことが難点である．

2.3.3　歯形誤差

歯形とは，基準面を切断する任意の面と歯面との交線をいう．歯形誤差は設計歯形（理想の歯形）と測定歯形（実際の歯形）との偏差であり，図6に示す3種類が基本になっている．特に指定がなければ，無修正イ

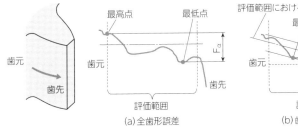
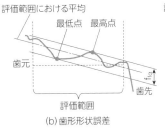
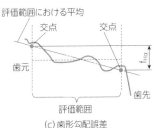

(a) 全歯形誤差　　　　　　　(b) 歯形形状誤差　　　　　　(c) 歯形勾配誤差

図6　歯形誤差

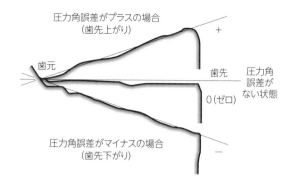

図7　圧力角誤差の正負の定義

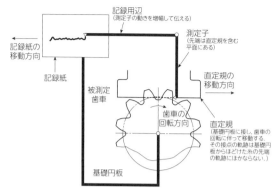

図8　歯形誤差の測定原理（基礎円板方式）

ンボリュートが設計歯形になる.

　歯形曲線は圧力角誤差や偏心による傾きの成分と形状誤差に相当する凹凸の成分で構成されている. 全歯形誤差は両方の成分を含む文字どおりトータルの歯形誤差を意味する.

　歯形形状誤差は傾きの成分を取り除き, 歯形の凹凸の成分を表すものである. 一方の歯形勾配誤差は凹凸の成分を取り除いて傾きの成分を表すものであり, 圧力角誤差に相当する. 圧力角誤差には正負の区別があるが, 図7のように定義される.

　実際の歯車では運転状態や熱処理変形を考慮した修整歯形（中凹歯形など）や修整圧力角（歯先上がり, 歯先下がり）が採用されることが多い. したがって, JISの定義はそれらの実情に即して歯形を評価できるようになっているのだ.

　図8は歯形誤差の測定原理を示したものである. 基礎円径と等しい外径を持つ基礎円板の外周に直定規を接触させる. 直定規が滑らないように基礎円板上で転がすと, 両者の接点の軌跡は円板の直径を基礎円とするインボリュート曲線を描く. このとき直定規の接触面を含む平面上に置かれた測定子を歯面に接触させておけば, 測定子の先端は解けていく糸の先端と同じことになる. したがって, 歯形が正しければ誤差ゼロとして水平な直線が描かれる. また, 歯形誤差があればその量に応じて測定子が振れて, 正しいインボリュー

トに対する誤差を知ることができるのだ.

　これは古典的な測定原理である. 最近の歯車試験機は測定技術の進歩により, 歯形の座標をデジタル測定した結果とインボリュート歯形の理論値との誤差を演算する方式が普及している. しかし, 昔ながらの測定原理を正しく理解しておくことが大事である.

　無修正の正しいインボリュートの歯形誤差を測ると, 前述のように凹凸も傾きもない水平な直線がチャート上に記録される. 歯形チャートの横軸は作用線の長さ, 縦軸は歯形誤差である.

　インボリュートが直線ではないのに, 正しいインボリュートがなぜ直線になるのか. 誰でも感じる疑問だろう. しかし, 答えは簡単. それは歯形そのものを測っているのではなく, 「正しいインボリュートに対する誤差」を測っているからである. したがって, 誤差ゼロのインボリュートの歯形チャートは水平な直線として表されるというわけである.

2.3.4　歯すじ誤差

　歯すじとは, 歯面と任意の同軸回転面との交線をいう. 平たく言えば, 歯車と同軸の円筒を考えるとき, その円筒と歯面とが交わる線である.

　歯すじ誤差は設計歯すじ（理想の歯すじ）に対する測定歯すじ（実際の歯すじ）の偏差である. 正しい歯すじ

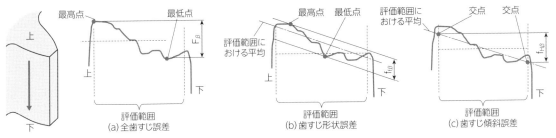

図9　歯すじ誤差

（a）全歯すじ誤差

（b）歯すじ形状誤差

（c）歯すじ傾斜誤差

に対する傾きの成分と形状誤差に相当する凹凸の成分で構成される．前者はねじれ角の誤差と考えてよい．図9に示す3種類が基本になっており，その考え方は歯形誤差と同様である．特に指定がなければ，無修正の歯すじ形状を設計歯すじとする．歯すじ誤差が大きいと，片当たりによって歯面の損傷が発生しやすくなる．

図10に歯すじ誤差の測定原理を示す．歯形誤差の測定に使用される歯車試験機を流用できる．基礎円板上に直定規を当て，歯車を回転させながら測定子を歯すじ方向に移動させることによって測定を行なう．このときにあらかじめ歯車試験機のサインバーによって基礎円板上のねじれ角をセットしておけば，測定子の動きが歯すじ誤差として記録される．

記録紙に示されるのは「正しい歯すじに対する誤差」である．したがって，歯すじ誤差がゼロであれば，記録紙の横軸に平行な直線となる．これも歯形誤差の場合と同様である．

2.3.5　歯溝の振れ

歯溝の振れ（図11）は歯車の全歯溝にボールあるいはピンを順次挿入したときの歯形方向の位置の最大値・最小値の差である．平たく言うと，中心に対して歯がどれくらい偏心しているかという度合いを示すものだ．歯形誤差，圧力角誤差，ピッチ誤差などの影響を複合的に受け，図12に示すように他の精度項目と密接な関係がある．したがって，歯溝の振れが大きければ，歯車精度に何らかの異常があることを意味している．

実はJIS B1702-1では，歯溝の振れの測定は必須ではないとされている．JIS規格本体には含まれておらず，当事者間で協定した場合にはこの方法を使用してもよいという扱いになっている．

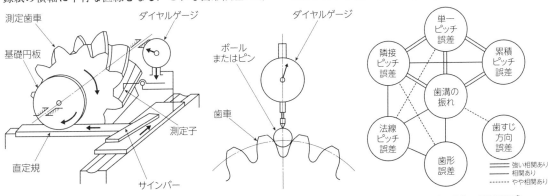

図10　歯すじ誤差の測定原理

図11　歯溝の振れの測定

図12　個別の誤差の相関関係[2]

しかし，高価な測定機器を必要とせず，現場で容易に測定できるので，一次診断の方法として広く行なわれている．健康診断におけるスクリーニング検査のようなものと考えて気軽に行ない，異常が認められた場合にはほかの方法によってさらに精密に検査するとよい．

歯溝の振れで大事なことは数値だけにとらわれないこと．グラフ化すると症状の形態が明確になり，原因がつかめることが多い．詳細はホブ切りの章（第4章4.3.3）で説明する．

2.3.6 ピッチ誤差

歯車は等間隔に歯が並んでいなければ，スムーズにかみ合わない．ピッチ誤差とは正しい歯並びに対する誤差である．特に大型船舶に使用されるタービン減速機用の歯車のように，高速回転する場合にはピッチ精度が重要になる．

ピッチ精度には円ピッチ誤差（個別単一ピッチ誤差，単一ピッチ誤差，個別累積ピッチ誤差，累積ピッチ誤差，隣接ピッチ誤差）と法線ピッチ誤差がある．

円ピッチは隣り合った歯の間隔をピッチ円上で測った円弧長さである．それに対し，法線ピッチは作用線上でのピッチである．ややこしいので，定義やお互いの関係を表2に整理した．参考にしてほしい．

図13は単一ピッチ誤差と累積ピッチ誤差との関係を示している．

(1) 単一ピッチ誤差

軸直角断面上で測定円直径におけるピッチの実測値と理論値の差を個別単一ピッチ誤差 f_{pi} という．任意の歯とその隣り合う歯との位置が理論値に対してどのくらいずれているかを示す量と考えればよい．左右両歯面のそれぞれについて歯数の分だけ数値が存在する．

そして，すべての個別単一ピッチ誤差の絶対値の中の最大値を単一ピッチ誤差 f_p という．

$$f_p = \max \mid f_{pi} \mid \qquad (3)$$

個別単一ピッチ誤差は，ピッチが理論値よりも大きい場合を正（＋），小さい場合を負（－）と定義する．一方の単一ピッチ誤差は絶対値の最大値を示すので，正負の符号の区別がなく，これを左右両歯面について別個に表記する．

(2) 累積ピッチ誤差

任意の基準歯面から見て n ピッチ分の円弧長さの実測値が理論値に対してずれている量を個別累積ピッチ Fpi という．ここで n の値は左右各歯面について1から歯数 z まで変化し，個別累積ピッチは歯数の分だけ存在することになる．また，n ピッチの個別累積ピッチ誤差は，n ピッチの個別単一ピッチ誤差の和に等しくなる．

そして，全歯（n = 1〜z）の個別累積ピッチ誤差の最大値と最小値の差を累積ピッチ誤差 F_p という．

$$F_p = \max F_{pi} - \min F_{pi} \qquad (4)$$

表2　ピッチ誤差の分類

ピッチ誤差		量記号	定義		正負の区別(±)	
単一	個別単一ピッチ誤差	f_{pi}	歯車の中心軸に直角な平面上で見た実測ピッチと理論ピッチとの差	あり	＋：理論値より大きい場合 －：理論値より小さい場合	
	単一ピッチ誤差	f_p	個別単一ピッチ誤差の絶対値の最大値	なし	絶対値なので正負の区別なし．	
累積	個別累積ピッチ誤差	F_{pi}	任意の基準歯面から見てnピッチ分の円弧長さの実測値が理論値に対してずれている量	あり	＋：理論値より大きい場合 －：理論値より小さい場合	
	累積ピッチ誤差	F_p	個別累積ピッチ誤差の最大値と最小値の差	なし	最大値・最小値の差なので区別なし．	
隣接	個別隣接ピッチ誤差	f_{ui}	連続した2つの個別単一ピッチの実測値の差．2つの連続した個別単一ピッチ誤差の差に等しい．	なし	絶対値なので正負の区別なし．	
	隣接ピッチ誤差	f_u	個別隣接ピッチ誤差の最大値	なし	絶対値なので正負の区別なし．	

⑶ 隣接ピッチ誤差

連続した2つの個別単一ピッチの実測値の差を個別隣接ピッチ誤差 f_{ui} といい，正負の区別はしない．これは2つの連続した個別単一ピッチ誤差の差に等しい．

$$f_{ui(n)} = | f_{pi(n)} - f_{pi(n-1)} | \qquad (5)$$

また，隣接ピッチ誤差 f_u は個別隣接ピッチ誤差 f_{ui} の最大値である．

JIS B1702-1 において隣接ピッチ誤差の測定は必須ではないとされている．当事者間で協定した場合にはこの方法を使用してもよいという扱いになっている．したがって，歯溝の振れと同様に JIS 規格本体には含まれておらず，JIS B 1702-1 付属書 G に記載されている．しかし，少々ややこしいので，それをもとに補足したものを図14に示した．これは個別単一ピッチ誤差の実測値が上段のような結果になったときに，単一ピッチ誤差，個別隣接ピッチ誤差，隣接ピッチ誤差がどうなるかを示したものである．

⑷ 法線ピッチ誤差

第2章2.1と重なるが，インボリュートのかみ合いは作用線上で行なわれ，隣り合う一対の歯のかみ合い

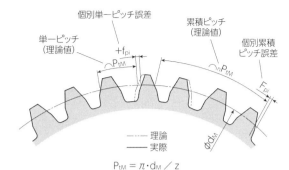

$$P_{tM} = \pi \cdot d_M / z$$

図13　ピッチ誤差

は一定の間隔（法線ピッチ）をおいて発生する．自分と相手の両方の歯車の法線ピッチが等しく，かつ常に一定であることが，歯車の回転速度にむらがなくスムーズにかみ合うための条件である．

法線ピッチ誤差は他の誤差とも密接に相関しており，単独で法線ピッチだけが出るものではない．たとえば隣接ピッチや歯形に誤差がある場合には法線ピッチ誤差になって現れる．したがって，法線ピッチ誤差を確認したら，そこで止まらずに掘り下げて真因に迫ることが重要になる．

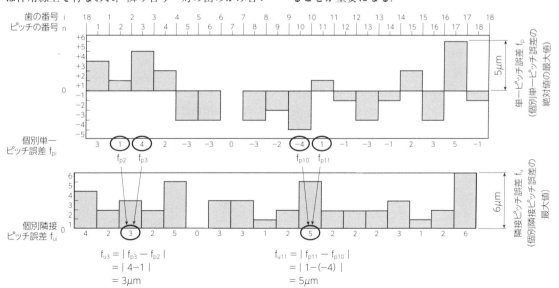

図14　単一ピッチ誤差と隣接ピッチ誤差との関係（JISB1702-1付属書Gの見方）

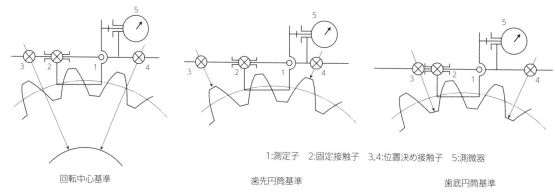

1:測定子　2:固定接触子　3,4:位置決め接触子　5:測微器

回転中心基準　　　　　　　　歯先円筒基準　　　　　　　　歯底円筒基準

図15　円ピッチ測定器(直線距離測定法)[3]

⑸ ピッチ誤差の測定法

　ピッチ誤差の測定法としては昔ながらの測定器が知られているが,現場ではなかなか使いにくい面がある.ここでは測定の原理について説明する.

　円ピッチの測定方法には直線距離測定法と角度測定法がある.いずれも歯面に固定接触子を当て,隣り合う歯面に測定子を当てて測微器(ダイヤルゲージ)の振れを読み取る.

　直線距離法による測定を図15に示す.単一ピッチ誤差,累積ピッチ誤差,隣接ピッチ誤差は円ピッチ誤差なので,本来は隣り合った歯の間隔をピッチ円上で測った円弧の長さを測るのが正しい。しかし,測定が困難なので,弦の長さを測定している.

　角度測定法の測定原理(図16)は歯車の中心を基準として,隣り合う歯面同士の中心角を直接測定するも

のである.基準となる歯面の位置を決め,ダイヤルゲージでゼロ合わせを行なう.そして,隣り合う歯面にダイヤルゲージを当てて同様にゼロ合わせを行ない,そのときの歯車の中心角を理論値と比較することによってピッチ誤差を測定する.

　法線ピッチ誤差の測定原理を図17に示す.手持ち式と回転中心基準がある.いずれも固定接触子が歯面の接線になり,それに直交する法線上(作用線上)に置かれた測定子によって隣り合う歯面の位置を測定するものである.

2.3.7　かみ合い誤差

　ここまでは歯車単体の精度について説明した.実際には理想の歯形に対して歯形や歯すじの誤差,ピッチ

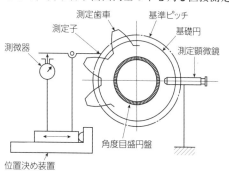

図16　角度測定法による円ピッチの測定[4]

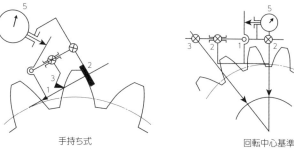

手持ち式　　　　　　　　　　回転中心基準

1:測定子　2:固定接触子　3,4:位置決め接触子　5:接触器

図17　法線ピッチ測定器[5]

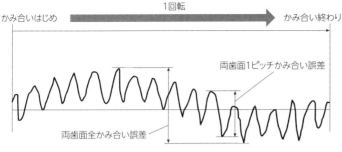

図18 両歯面かみ合い誤差(歯車単体)

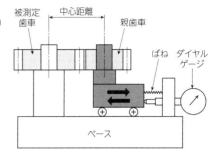

図19 両歯面かみ合い誤差測定装置

誤差などがあるために，運転中に進み遅れが生じる．これがトルクの変動につながり，異音・騒音の原因になる．

したがって，単体の精度だけでなく，実際にかみ合わせて回転させたときのかみ合い誤差を確認することが行なわれている．かみ合い誤差には両歯面かみ合い誤差と片歯面かみ合い誤差がある．

⑴ 両歯面かみ合い誤差

測定する歯車と親歯車，あるいは一対で使用する2個の歯車をバックラッシがない状態で左右両歯面を同時にかみ合わせたときの，中心距離の最大値と最小値の差をいう．これには両歯面全かみ合い誤差と両歯面1ピッチかみ合い誤差がある(図18).

両歯面全かみ合い誤差は歯車を完全に1回転させたときの中心距離の最大値と最小値の差である．1回転での振れに相当し，歯面の偏心だけでなく，中心穴と軸のクリアランスにも影響される．

一方，両歯面1ピッチかみ合い誤差は同じ測定をおこなった場合の，各ピッチにおける半径方向の差である．単一ピッチの中における最大の振れ量と考えることができる．こちらは歯形誤差，圧力角誤差，単一ピッチ誤差がかみ合い誤差となって現れる．さらにはバリ，傷，打痕などの影響も受ける．

測定装置の構造は図19のとおりで，比較的単純である．一方の歯車は中心軸の位置が固定，他方は水平方向に自由に摺動できるようになっている．その変位

量を読むことによって，中心距離の最大変位量を知ることができる．個別の誤差は測定できないが，かみ合わせて運転させたときの全般的な特性がわかる．異常が認められたときに個別の誤差を追究するのが一般的である．その意味では歯溝の振れと同様に，総合誤差と考えることができる．

図20は両歯面かみ合い誤差を測定したデータに表れるパターンを示したものである．このように，偏心による大きなうねりとして表れる全かみ合い誤差，1

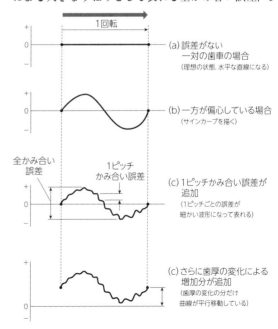

図20　かみ合い誤差の形態

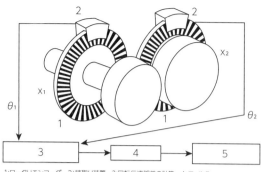

1:ロータリエンコーダ 2:読取り装置 3:回転伝達誤差の計算 4:フィルタ
5:フーリエ変換装置

図21 片歯面かみ合い試験機 [6]

ピッチごとの小さい波として表れる1ピッチかみ合い
誤差の2種類で評価されるのが全かみ合い誤差である.

⑵ 片歯面かみ合い誤差

　片歯面かみ合い誤差とは,歯車と親歯車との中心距
離が変わらないようにかみ合わせたときの回転伝達誤
差を意味する.回転むら,つまり理想の回転からの進
み遅れを検出するものである.

　図21はその測定原理を示している.片歯面だけが
当たるように,一定のバックラッシを設ける必要があ
る.そのために基準となる円板を利用し,一定の中心
距離を保ちながら測定する.変形の影響を排除するた
めに,軽負荷で測定することが多い.

＊＊＊＊＊＊＊＊＊＊

　どのような製品であっても,測れないものは製作で
きないので,測定はモノをつくるためには欠かせない
技術である.しかし,機械や工具の準備は一生懸命や
るのに,肝心の測定が置き去りというのはよくある話
である.特に量産工場では測定のために機械が停止し,
生産性を低くしてしまうことが多い.そういう現場に
限って,品質もイマイチという状態が見られる.

　医学が進歩したのは,患者に負担をかけずに気軽に
診断する技術が飛躍的に進歩したからである.その重
要性は製造現場でもまったく同様である.

　ここで取り上げた精度関連の用語については,JIS

の規格書では定義が示されているだけであり,理解に
苦労することが多い.毎度の繰り返しになるが,定義
の奥底にある背景や意義を深く理解することが,何に
もまして重要なことである.

引用文献
1)「歯車の精度と性能」(歯車の設計・製作④)　大河出版　p.13
2)「歯車の精度と性能」(歯車の設計・製作④)　大河出版　p.3
3)・5) 技能ブックス13　「歯車のハタラキ」　大河出版　p.141
4)「歯車の精度と性能」(歯車の設計・製作④)　大河出版　p.34
6) JISB1702-1　付属書F　図F.1

参考文献
・小原歯車工業㈱　技術資料
・小原歯車工業㈱　歯車の手引き
・協育歯車工業㈱　技術資料
・「円筒歯車の製作」(歯車の設計・製作④) 大河出版
・技能ブックス13「歯車のハタラキ」　大河出版

第3章 インボリュート歯車の加工概論

幅広い切削加工の中で歯切は特殊加工の領域を出ない．生産技術や製造現場での仕事では「歯切屋」と呼ばれる専門家に依存していることが多い．そのため，ある種のブラックボックス化が進んでいるのではないだろうか．

近ごろは，スカイビングの普及によって加工法の勢力分布が変化している．個別の加工法に関しては第4章以降に譲るとして，本章ではインボリュート歯車の加工全体を俯瞰する．

3.1 インボリュート歯車の加工法

3.1.1 歯切加工の概要

インボリュート歯車の加工法は，切削加工と非切削加工があり，バラエティに富んでいる（表1）．

もっとも広くおこなわれているのは本書の主題である切削加工であるが，それ以外にも転造や鋳造・鍛造・焼結などの非切削加工がある．その選定には外歯車か内歯車か，工作物の形状，生産形態などの要素が大きく関わる．

歯車の切削加工は，その切削機構によって創成法と成形法に大別される（図1）．創成法は工作物と工具との間の転がり運動によって歯面を形成するものである．

一般に創成法は成形法に比べると加工能率が高いという長所がある．工具は高価であるが，高精度な歯車を高能率に生産するための加工法として主流を占めている．かつては荒歯切にはホブやピニオンカッタが主流であったが，NC工作機械の進歩により，スカイビングも盛んに行なわれるようになった．

一方の成形法は歯溝と同じ形状を持つ工具を使用し，フライス盤で加工する方法である．汎用機を使用し，比較的安価な工具による加工が可能である．しかし，創成法に比べて加工能率では劣る．NC工作機械が進歩したことにより，マシニングセンタや複合機で総形のミーリングカッタやエンドミルを使用した加工が普及している．

3.1.2 おもな加工法

詳細に踏み込む前に，歯車の加工法の概要について触れる．

表1 インボリュート歯車の加工法

区分	加工方式	加工法	使用する切削工具	工作機械	仕上げ専用●
切削加工	創成	ホブ切り	ホブ	・ホブ盤 ・複合機	
	創成	ラック歯切	ラックカッタ	形削り盤	
	創成	歯車形削り	ピニオンカッタ	歯車形削り盤 （ギヤシェーパ）	
	創成	スカイビング	スカイビングカッタ	・スカイビングマシン ・複合機	
	成形	ギヤミーリング	・インボリュートフライス ・エンドミル	・フライス盤 ・マシニングセンタ	
	成形	ブローチ加工	ブローチ	ブローチ盤	
	創成	シェービング	シェービングカッタ	シェービング盤	●
	創成／成形	歯車研削（歯研）	研削砥石	歯車研削盤	●
	創成	ギヤホーニング	ホーニングツール	ギヤホーニング盤	●
非切削加工		転造	転造ダイス	転造盤	●
		焼結			
		射出成形			
		鋳造			
		鍛造			

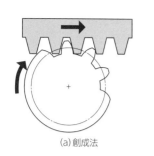
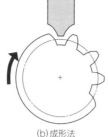

(a)創成法　　　　　　　(b)成形法

図1　創成法と成形法

図2　ホブ切り

(1) ホブ切り

ホブ切り（図2）は創成法の代表であるとともに，歯切の代名詞的存在であり，業種を問わずもっとも広く行なわれている．もともとはラックカッタによる創成歯切が基礎であり，それを連続的に加工できるようにしたものである．

ねじ状の溝に切れ刃を持たせたホブという回転工具と円筒状のブランク材を一定の回転速度比で同期させながら，歯を創成する．

最大の長所は加工能率の高さにある．自動車をはじめ，ありとあらゆる歯車の生産に使用されている．使用する工作機械はホブ盤が主流であるが，最近は複合機などによって他の加工と同一チャックで効率よく生産することも盛んに行なわれている．

その切削機構から，一般に歯面の性状はよくない．要求精度によっては仕上げをせずに終わる歯車（切りっぱなし）もあるが，後工程でシェービングや歯車研削による歯面の仕上げをおこなうことが多い．

(2) 歯車形削り

歯車の端面に切れ刃を持つピニオンカッタによる創成歯切である（図3）．円筒状のブランク材をかみ合わせて回転させながらピニオンカッタを上下に往復運動させることによって歯を創成する．

ホブ切りと並び称される加工法であるが，加工能率は劣る．その反面，ホブ切りで加工できない段付き形状や内歯車を加工できるので，利用価値が高い．

ホブ切りに比べて歯面の性状はよいが，特に外歯車では後工程でシェービングや歯車研削による仕上げをおこなうことが多い．

(3)シェービング

ホブ，ピニオンカッタなどによって加工された歯車は多くの場合，そのままでは使用できず，歯面を仕上げる必要がある．シェービングは仕上げ専用として，もっとも古くから行なわれているポピュラーな工法である．図4に示すように，シェービングカッタと歯車をバックラッシなしでかみ合わせて回転させながら歯面を仕上げる．工具と歯車との間に軸方向あるいは斜め方向に送りをかける工法と径方向にのみ切込みをかける工法に分類される．

歯車のような形状を持つシェービング

図3　歯車形削り

図4　シェービング

図5　スカイビングカッタによる内スプラインの加工 [1]

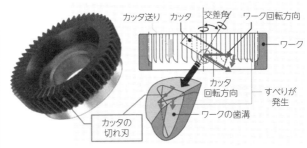

図6　スカイビングの切削機構 [2]

カッタの歯面にはセレーションという溝がある．歯面とセレーションとの交線が切れ刃となり，名前のとおりに髭のような細い切りくずを出しながら歯面を仕上げる．

シェービングカッタの歯形をチューニングすることにより，望みの歯形を得られる．シェービングカッタの再研削に技術が必要であるが，シェービングの作業自体は比較的容易なので，量産にはもっとも適した仕上げ工法である．最近は歯車研削などの仕上げ工法も盛んになっているが，シェービングは相変わらず不動の地位を占めている．

(4) スカイビング

ウィルヘルム・ピトラーによってドイツでスカイビング（図5）の特許が取得されたのは 1910 年．その歴史は意外に古い．

最近になって工作機械や加工法の進歩により，スカイビングが持つ柔軟性が急激に見直されている．小回りが利くフレキシブルな生産に活躍の場がある．AT車の普及により，内歯車の高精度・高能率加工へのニーズが高くなったためである．

近ごろ，5軸マシニングセンタの台頭により，スカイビングを活用した歯車の生産が活発におこなわれている．ギヤスカイビングセンタと呼ばれるスカイビングに重点を置いた工作機械も登場し，汎用化・集約化が進んでいる．

図6はスカイビングの切削機構を示している．工作物とスカイビングカッタの双方の間に軸交差角を持たせ，切れ刃と工作物との間に生じるすべりによって，語源のとおりに skive（薄く剥ぐ）しながら歯溝を削り取る加工法である．

スカイビングの売りは，外歯車，内歯車をはじめ，段付き歯車，止まり形状の内歯車にも対応可能という柔軟性である．表2と表3に示すように，工具の干

表2　障害物が隣接している場合の歯切（ホブ vs. スカイビング）

加工法	ホブ切り	スカイビング加工
加工状態	逃がし部	逃がし部
特徴	逃がし部を長くする必要あり ・隣接する障害物にホブが干渉する	逃がし部は短くて済む ・切りくず排出には注意が必要 ・軸交差角があるので，カッタの干渉に注意

表3　途中で止める歯切（歯車形削り vs. スカイビング）

加工法	歯車形削り	スカイビング加工
加工状態	逃がし部	逃がし部
特徴	逃がし部を長くする必要あり ・ブランク材加工のときに溝入れが必要	逃がし部は短くて済む ・ブランク材加工のときに溝入れが不要（製品形状をシンプルにできる）

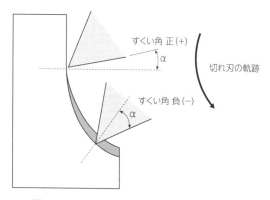

図7 スカイビングにおける有効すくい角 α の変化

渉を防ぐ製品設計が困難な場合に効果を発揮する.

　また5軸マシニングセンタや複合機を使用することにより，歯切だけでなく，旋削，ミーリング，穴あけ，バリ取りなどをワンチャックで行なうことも可能である.

　その反面，軸交差角があるために，切削中に有効すくい角が正から負に変化することが短所である（図7）.そのため切れ刃の食い付きから離脱に近づくにつれて切れ味が低下し，工具摩耗に悪影響を与えるという短所がある.特に外歯車の歯切では工具の短寿命が問題になる.工作機械，工具，加工方法を含め，今後さらに改善されるものと考えられる.

(5) ギヤミーリング（図8・図9）

　かつて歯車はホブ盤やギヤシェーパなどの専用機に

よって加工するのが主流であり，フライス盤でミーリングカッタを使用する加工は全体としては限定された工法だった.しかし，最近はターニングセンタのような5軸NC機やマシニングセンタの進歩により，以前より広がりを見せている.使用する工具はインボリュートフライスやエンドミルが主流で，創成と成形の両方が行なわれている.ロボットによるオートローディングと組み合わせることにより，無人化されている事例もある.ホブ切りのような量産性はないが，工具が安価で小回りが利くので，試作品に限らずスカイビングと同様に活躍のフィールドが広がっている.

(6) 歯車研削

　砥石を使用して歯車研削盤によって歯面を仕上げる工法が歯車研削（図10）であり，現場では歯研で通っている.シェービングよりもさらにすぐれた加工精度が得られる（後述の表5を参照）.図11は歯研された歯面のようすである.

　歯切と同様に，研削機構としては創成研削と成形研削に二分される.創成研削はあらかじめ歯切が行なわれている歯車にねじ状の砥石をかみ合わせ，歯面を仕上げる.歯研の中ではもっとも生産性が高い.一方で，1枚あるいは2枚の砥石を組み合わせて創成するタイプもある.量産向きであり，煩雑なシェービングカッタの管理を敬遠し，最初から熱処理後に歯研で仕上げる例も増えている.しかし，ホブなどによる歯切時の

図8　ギヤミーリング

図9　ミーリングによるスプラインの切削 [3]

図10　歯車研削

図11　歯研された歯面

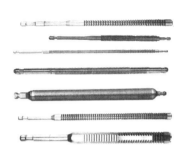

図12　ブローチ[4]

加工精度を高めておくことが必要になる.

　成形研削はあらかじめ歯車と同じ歯形に成形された砥石によって,歯を1枚ずつ仕上げる.こちらは小量生産あるいは試作歯車の生産に向いている.

(7) ブローチ加工

　ブローチ盤に取り付けたブローチ(図12)という特殊工具を使用し,必要な形状を得る加工法である.図13は対象となる製品の一例である.ブローチの形状を変えることにより,外面,内面あるいは平面,曲面などのあらゆる部位に適用できる.

　多数の刃が徐々に寸法を変えて配列されているブローチを使用し,ブローチ盤で引き抜きながら工作物を削り取っていく.その一刃あたりの寸法の差が取りしろになる.一つの刃は工作物1個に対して一度しか仕事をしない.これはブローチ加工の特徴である.

　ブローチは高価な専用工具であるが,圧倒的に高い生産性を誇る.加工自体に特別な技能が不要であることも大きな利点である.平面をミーリングで仕上げたり,キー溝や内スプラインをNC旋盤で加工するなど,一部にフレキシブルな生産にシフトする動きはあるが,生産性の高さという点から,依然

としてブローチ加工はなくてはならない工法である.

　ブローチには多種多様な形状や用途がある.このうち本書ではインボリュートスプラインブローチを中心に説明する.

(8) 転造

　その名のとおり,素材を転がして必要な形状に仕上げる工法である(図14).切りくずを発生させない非切削加工(塑性加工)に分類される.転造ダイスと呼ばれる特殊工具の間に素材をはさみ,強い力を加えながら転がして成形する.

　平ダイス転造と丸ダイス転造があり,ねじ,スプラインをはじめとする多くの機械部品の生産に採用されている.転造盤という専用機が必要になるが,その中でも転造タップはマシニングセンタで使用できるため,現場としてはもっともハードルが低い転造であり,アルミ部品などのねじ穴加工にもっとも広く使用されている.

図13　ブローチで加工された製品群[5]

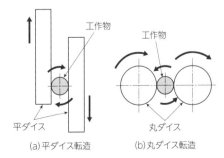

図14　転造

 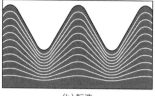

|(a)切削加工|(b)転造|

図15 ファイバーフローの違い

加工自体に特殊な技能を必要とせず，切削に比べて短時間で加工できる．非常に生産性が高いので，量産向きである．かつ仕上げ面あらさにすぐれることも長所である．

鋼材の金属組織には一定の流れが存在する．木目や繊維の方向に近いもので，図15に示すようにファイバーフローあるいは鍛流線と呼ばれる．このファイバーフローを断ち切ってしまう切削加工に対し，切りくずを出さない転造ではファイバーフローが維持されたまま素材が押し込まれて成形される．そのため製品の強度が上がるという長所がある．

その一方，塑性加工であるがために，転造ダイスに拘束されていない部分にも変形が及ぶことに注意が必要となる．具体的にはねじ穴の下穴径，インボリュートスプラインの素材における寸法や形状の管理という面で難易度が高い．したがって，トライアルによって素材の形状や寸法精度を決めておく必要がある．

インボリュートスプラインでは自動車用トランスミッションに使用されるシャフト類において積極的に採用されている．その適用範囲はモジュール2.0程度までが一般的である．

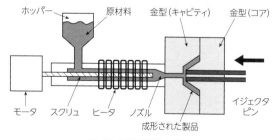

図16 射出成形機の構成

⑼ 焼結

型に入れた金属粉末を圧縮・成形し，焼き固めることによって歯車を製作する．量産向けの工法である．

複数の部品を接合することにより，金型成形では不可能な段付き形状の歯車を生産することができる．複雑形状で高精度が要求される部品を量産できるので，すぐれたコストパフォーマンスを発揮し，自動車部品を中心に広く採用されている．

⑽ 射出成形

樹脂部品の生産に広く採用されている．図16に示す射出成形機を使用し，熱によって溶かした樹脂素材を金型に流し込んで成形する．射出成形機はヒータによる素材の溶融，スクリューによる金型への流し込み（射出および成形），冷却して固める，イジェクタピンによる払い出しという一連の工程を1台で完結する機能を持っている．

高い量産性を誇っており，自動車部品，家電部品，電子機器，医療機器，食品製造装置，玩具などの幅広い分野で用いられている．樹脂製の歯車も射出成形によって生産されることが多い．

⑾ その他の加工法

鋳造，鍛造，プレスによる打ち抜き，ワイヤ放電加工などの工法があるが，詳細は割愛する．

3.1.3 加工法の棲み分け

歯車の加工には多種多様な工法があるが，それぞれに持ち味がある．適切に選定することは意外にむずかしい．したがって，生産形態，加工形状，要求精度を考慮し，適材適所で決めることが必要である．

工法を選定するための目安を考える．表4は生産形態（大量生産か小量生産か）および加工形状による棲み分けの目安を示したものである．

表4 インボリュート歯車加工法の棲み分け

区分	加工法	使用する切削工具	工作機械	適用する生産形態		適用する加工形状				特記事項
						外歯車		内歯車		
							段付き歯車		止まり形状	
				大量生産	小量〜中量	平歯車/はすば歯車	平歯車/はすば歯車	平歯車/はすば歯車	平歯車/はすば歯車	
荒加工 (仕上げを伴わない場合あり)	ホブ切り	ホブ	・ホブ盤 ・複合機	●	△	●	①	×	×	① 隣の歯に工具が干渉するので原則適用不可. 切り上がりがある場合には適用可.
	ラック歯切	ラックカッタ	形削り盤	×	●	●	●	×	×	
	歯車形削り	ピニオンカッタ	歯車形削り盤 (ギヤシェーパ)	●	△	●	●	●	②	② 穴底への工具の干渉および切りくず排出に注意.
	スカイビング	スカイビングカッタ	・スカイビングマシン ・複合機	△	●	●	③	●	④	③ 隣の歯に工具が干渉する場合は適用不可. ④ 穴底への工具の干渉および切りくず排出に注意.
	ギヤミーリング	・インボリュートフライス ・エンドミル	・フライス盤 ・マシニングセンタ	△	●	●	△	●	×	
	ブローチ加工	ブローチ	ブローチ盤	●	×	×	×	●	×	
	転造	転造ダイス	転造盤	●	×	●	●	△	△	
仕上げ専用	シェービング	シェービングカッタ	シェービング盤	●	△	●	●	●	⑤	⑤ 穴底への工具の干渉および切りくず排出に注意.
	歯車研削(歯研)	研削砥石	歯車研削盤	●	△	●	●	●	⑤	
	ギヤホーニング	ホーニングツール	ギヤホーニング盤	●	△	●	●	●	⑤	

●:推奨または適用可能　△:適用可　×:不可または不適　丸数字:加工可. 特記事項の欄を参照.

(1) 生産形態と加工形状による棲み分け

大量生産の場合，外歯車の歯切の第一選択はホブ切りである．加工能率がもっとも高く，現時点でこれを凌駕する工法はない．図17のように歯車の端部が切り上がる場合には，ホブが第1推奨になる．ただし，段付き歯車で隣の歯の外径が大きいためにホブが干渉してしまう場合には，ホブは適用できない．

中量あるいは小量生産の場合は，複合機を活用し，ホブ切りあるいはスカイビングで加工することが選択肢に入る．

昔ながらのラックカッタによる歯切は工具が安価であることが長所であるが，加工能率はホブ切りに遠く及ばない．

ピニオンカッタによる歯車形削りは，加工能率ではホブに劣る．したがって，障害物がない外歯車の場合には第一推奨にならない．しかし，ホブ切りが適用で

きない段付き形状や内歯車を加工できることが最大の強味である．スプラインが貫通している内歯車ではスカイビングやブローチ加工と競合する．生産数が少ない場合はピニオンカッタ，スカイビングが選択肢になるが，一般的に工具寿命が短く，ランニングコストの面では不利である．いずれも保有する工作機械が工法

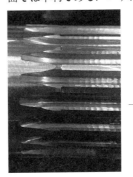
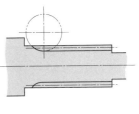

図17 切上がりを持つ工作物

表5 歯車の用途と加工法別に得られる精度等級

歯車の用途			精密ゲージ・測定用マスタギヤ	生産用マスタギヤ・航空機・工作機械・試験装置	航空機用T/M・工作機械・試験装置・タービン	航空機用T/M・工作機械・試験装置・タービン・高速機関車用T/M	高速の自動車・バス,トラック用T/M・工作機械	中低速の機関車用T/M・工作機械・低速のトラック	農業用トラクタ・産業機械用T/M・ホイスト用ギヤ	一般の農業機械
最終工程	加工のタイミング	要求される品質等級 旧JIS	——	0	1	2	3	4~5	6	7~
		DIN	3	4	5	6	7	8~9	10	11~12
歯切	熱処理前（熱処理により、さらに2級程度下がる）	ホブ								
		ラック歯切								
		歯車形削り								
		スカイビング								
		ギヤミーリング（インボリュートフライス）								
仕上げ		シェービング								
	熱処理後	歯車研削								

← 注意深く優れた作業で得られる品質　　→ 標準的な作業で得られる品質　　T/M：変速機

選択のキーになる.

止まり形状の内歯車ではブローチは対象外となり，ピニオンカッタとスカイビングの一騎打ちになる．いずれもいかにして穴奥の切りくずをスムーズに排出しながら加工するかがポイントである.

スプラインが貫通している内歯車を大量生産する場合，ブローチ加工に勝るものはない．ヘリカルスプラインにも適応可能である．ただし，高価なブローチ盤およびブローチが欠かせないので，投資金額などを慎重に検討する必要がある.

(2) 加工精度による棲み分け

表5はいろいろなコンポーネントに使用される歯車に要求される精度等級，加工法別に得られる精度等級を整理したものである．得られる精度等級は作業の良否によって変動する.

加工後に熱処理をおこなう場合，精度等級が下がることは避けられない．最終加工がシェービングの場合，旧JISの精度等級でほぼ2級程度の精度低下が見られるのが普通である．したがって，熱処理変形後にできるだけ理想の形状・寸法になるように，熱処理変形を見込んだ要求精度を決めてシェービングでつくり込むことが行なわれている．詳細は第6章6.6.2で説明する.

引用文献
1）・2）㈱不二越 提供
3）　㈱ Cominix 提供
4）・5）九州精密工業㈱ 提供

参考文献
・JTEKT ENGINEERING JOURNAL No.1015（2017）
・三菱重工技報 Vol.56 No.1（2019）

3.2　加工のポイント

物ごとすべてに通じるが，「段取り八分，仕事二分」というように，お膳立てを整えることが欠かせない．歯車も同様で，刃先に限定した切削技術だけを掘り下げてもうまくいかない．ここでいうお膳立てとは工程の組み方，前加工の出来栄え，治具の工夫，測定のやり方など切削加工を取り巻く要素技術を固めることである．具体的な加工法別の解説に入る前にお膳立てのポイントを考えてみる.

3.2.1　代表的な工程の組み方

(1) 一般的な工程の流れ

　a）素材

歯車の製造工程の一例を表1に示す．スタートは

表1　歯車の製造工程の一例

素材	焼入れ前			熱処理	端面研削	内径研削	焼入れ後		完成
・丸棒 ・鍛造 ・鋳造	旋削	歯切	——	熱処理	端面研削	内径研削	——	——	完成
	旋削	歯切	シェービング				——	——	
	旋削	歯切	シェービング				——	ホーニング	
	旋削	歯切					歯研	–	
	旋削	歯切					歯研	ホーニング	

素材である．大量生産では鍛造や鋳造によって，ある程度の形状・寸法になっている素材が主流である．

小量生産では切断した丸棒から削り出すこともある．現場ではこれを「無垢材」とか単に「むく」と呼び，「むくから削り出す」などという．もとは「接着剤で合成した集成材に対して，そのまま製材品として利用する木材」（広辞苑）という木工の用語である「むく」が金属切削の世界に転じたようである．無垢材からの削り出しは取りしろが非常に多いため，大量生産には適さない．

b) 旋削

最初の仕事は旋削によって外郭形状を切削すること．単に形をつくるだけでなく，後工程の加工基準を仕上げるための重要な工程である．基準穴径，穴中心軸と端面との直角度など，押えるべきポイントが多く，これをおろそかにして高品質な歯車は望めない．できた素材をブランク材という．詳細は次項で述べる．

c) 歯切と熱処理

歯切は実際に歯を加工する工程である．ブランク材の端面と内径部を加工基準にするのが一般的である．

ラックカッタ，ホブ，ピニオンカッタ，インボリュートフライス，スカイビングカッタなどによる加工がある．

歯切後にバリ取りを行ない，すぐに熱処理するものもあるが，自動車用をはじめとする多くの歯車は熱処理前にシェービングを行ない，歯面を仕上げることが一般的である．歯車は熱処理によって変形するので，シェービングするときは熱処理変形量を見込んだ寸法で加工する（第6章6.6.2）．

d) 研削

熱処理によって必要な硬さにした後に，端面と内径研削を行なう．内径研削は特殊な治具を歯溝に装着し，歯面を加工基準として行なう．

図1は，現場で芋虫リングと呼んでいる治具である．リテーナというリングに3本の等しい直径を持つピン（通称：芋虫）を円周等分で取り付けたシンプルな構造になっている．3本のピンは針金によってリテーナに取付けられているため，フレキシブルな状態になっている．これを歯溝に装着し，ピンの外径部をチャックして内径研削盤で加工する．加工基準になる内径に合わせて歯溝を仕上げるのではなく，逆に歯溝に合わせて内径を仕上げるのである．

3　インボリュート歯車の加工概論

芋虫リングを装着した状態　　　　　　　　　　　　芋虫リングの外観　　　　チャックした状態

図1　芋虫リングによる内径研削の芯出し

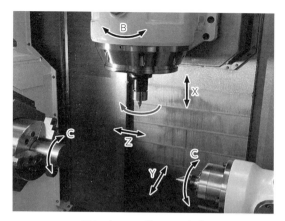

図2　ターニングセンタの軸[1]

端面は研削のかわりにCBN焼結体による旋削（ハードターニング）で仕上げることもある．これらの研削加工により歯車箱に組立てたときの基準面が形成される．

よりきびしい精度を要求される歯車の場合はシェービングではなく，熱処理後に歯車研削（本書では単に歯研という）を行なう．さらにホーニングによって歯面を仕上げることも行なわれる．

シェービングは加工自体に熟練を必要としないが，シェービングカッタの再研削などに高度な管理技術と高価な設備が必要である．したがって，熟練者が減少している環境ではシェービングを廃止し，いきなり歯研で仕上げるような工程の組み方をする例も多くなっ

表2　諸元が変わったときに発生する段取り（ホブ切り）

変わる諸元	工作機械	切削工具	冶具	NCプログラム
内径			コレット	
全長	● 垂直ストローク			●
モジュール		●		●
圧力角		●		●
ねじれ角	● ・差動歯車 ・サドル傾斜角	△		●
歯数	● 割出し歯車	△		●

● 段取りが発生する．
△ 一定の範囲内であれば段取りは不要（共用は可能）．

ている．そのような現場を取り巻く周辺環境を判断材料とすることもポイントである．

⑵ フレキシブルな生産

前項に挙げた生産工程は昔ながらの方法であり，どちらかというと量産を念頭とした工程の流れに近い．しかし，多様化した製品への対応というニーズの高まりに呼応するように，フレキシブルな生産方式が普及している．それは切削工具だけでなく，工作機械やNCプログラミング技術の進歩によるものである．

かつては単能機を並べたライン構成が主体だったが，図2のように1台のターニングセンタが持つ豊富な軸をフル活用して多様な部位の加工をおこなう事例が増えている．

このようなフレキシブルな歯車の加工にはホブ，ギヤミーリングカッタ，エンドミル，スカイビングカッタなどが使用される．旋削，穴加工，歯切，ねじ切り，溝入れ，研削などの多様な加工が可能である．さらにはロボットによるオートローディングを付加し，素材の取付けから加工，計測，フィードバック，払い出しまでを全自動で行なう事例もある．

1台で全部の加工を行なうので，初期投資の負担が比較的軽くて済む．工作物を持ちかえる回数を少なくしたタッチレス加工になるので，加工精度が安定し，打痕・傷などのリスクを減らすことが期待できる．その一方，1個あたりの加工時間は長くなるので，大量生産には不向きな面がある．すべてに共通であるが，生産形態などを十分に考慮したうえで工法を選定することが必要である．

⑶ 効率よく生産するための工夫

生産の効率は切りくずを出している実切削時間だけで決まるものではない．むしろ非切削時間が大きいウェイトを占めることが多く，特に多品種生産ではその影響が顕著である．

効率のよい生産を行なうためには，段取り替えの時間を削減するとともに，その回数を少なくすることも

ポイントになる.

表2はホブ切りを例にとり, 諸元が異なる歯車を加工するときにどういう段取り替えが必要になるかをまとめたものである. 使用する工作機械 (汎用機, NC機) によって異なるが, 生産効率を検討するときの視点の一例として考えて欲しい.

旋削であれば, 内径が同じ歯車を1台の旋盤に集めることにより, コレットチャックを交換せずに加工することができる. また, ホブ切りではねじれ角が等しい歯車を1台のホブ盤に集めることにより, ホブサドルの傾斜角を変えずに加工を行なえる. そのような泥臭い工夫が生産効率をよくするためのポイントになる.

3.2.2 ブランク材加工のポイント

切削加工にはすべて加工基準面があり, それを基準として精度を積み上げていく. 歯車の加工も例外ではない. 歯切の技術ばかりが議論されがちであるが, ブランク材加工 (前加工) を抜きには成り立たない. 前加工としては素材熱処理, 旋削, 穴あけ, キー溝加工などがある.

素材は加工ひずみを抑えるために熱処理をしておくことが望ましい. 薄肉やアンバランスな断面形状, 内径部にキー溝を加工する場合には注意が必要である (図3).

安定した歯切を行なう際に最重要となるのは旋削である. ここでは狭義のブランク材加工として旋削に焦点を絞って説明する. 歯車には穴付き歯車と軸付き歯車があり, ブランク材加工にも, それぞれのむずかし

さがある.

(1) 穴付きブランク材

a) 穴付きブランク材に求められる精度

図4は穴付き歯車のブランク材加工で押えるべき精度上のポイントを示したものである. 組み立てて歯車箱に納めたときに基準となる面を歯切の加工基準面とするのが理想である. その加工基準面を旋削でいかに精度よく製作するかが問題である.

端面Aが歯切の加工基準になるとすると, もっとも重要になるのは端面Aと回転中心になる内径との直角度, 内径精度 (内径寸法, 円筒度, 真円度), 両端面の平行度である.

図5は端面Aと内径との直角度が悪いブランク材を示している. これを内径基準で歯切すると, 端面が密着しない. この状態で歯切をおこなうと, 端面に対して歯すじが倒れてしまう. 歯車箱に組み付けて運転すると歯当たりが悪くなるので, 異常摩耗, 異音, 破損などのトラブルにつながる恐れがある.

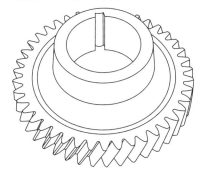

図3 アンバランスな形状の歯車

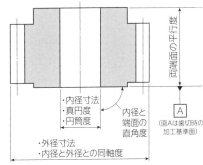

図4 穴付き歯車のブランク材 ~ 加工のポイント

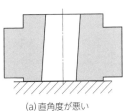

(a) 直角度が悪いブランク材

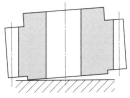

(b) 内径基準で傾いて歯切がおこなわれた状態

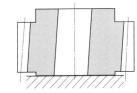

(c) 端面基準で組み付けられた状態 (歯すじが傾いた状態で運転される)

図5 ブランク材の直角度が悪いとどうなるか

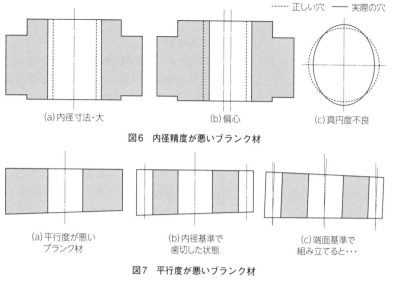

------ 正しい穴 ── 実際の穴

(a) 内径寸法・大　　　　　　　　(b) 偏心　　　　　　　(c) 真円度不良

図6　内径精度が悪いブランク材

(a) 平行度が悪い
　　ブランク材

(b) 内径基準で
　　歯切した状態

(c) 端面基準で
　　組み立てると…

図7　平行度が悪いブランク材

次に内径精度が悪いとどうなるかを考えてみる．歯切はブランク材の内径を基準として心を出して加工する．このとき内径寸法の過大や真円度不良があると，偏心した状態で歯切が行なわれる．図6に示すように，できあがった歯車は中心軸に対して偏心しているので，歯形誤差，歯すじ誤差，圧力角誤差が大きくなり，どうにも救いようがない不良品になってしまう．このような歯車は歯溝の振れを測れば一目瞭然である．

両端面の平行度が悪い場合（図7）も，ブランク材が傾いて歯切が行なわれる．内径精度が悪い場合と同様に，歯形誤差，歯すじ誤差，圧力角誤差が大きくなる．

これも歯溝の振れが大きくなるので，原因が推定できる．特に複数のブランク材を重ねて歯切を行なう場合には，図8のように両端面の平行度に十分注意が必要になる．

また，外径寸法および内径と外径との同軸度は意外に軽視されがちであるが，注意が必要である．外径過大の場合は歯先が相手歯車の歯元に干渉してしまい，異音や損傷の原因になりかねない．一方，外径過小の場合はかみ合い長さの不足により，騒音や損傷などのトラブルにつながる．内径と外径との同軸度が確保されていない場合，セミトッピングホブで歯先面取りを施したときに面取量が一様でなくなる．

一品物加工などで内径基準の治具を用意できない場合，内径と外径との同軸度は特に重要になる．この場合は外径基準で歯切を行なうが，内径と外径との同軸度をできるだけ小さく押えることが必要である．より高精度なブランク材を製作するためには，仕上げた内径にテーパマンドレルを挿入し，外周振れを除去する加工を行なう．

すべてを高精度に抑えようとすると，生産性を阻害してしまう．したがって，特に必要がなければ，外径の寸法公差幅は0.2mm程度として旋削に過度な負担がかからないようにするのがよい．このとき，歯先が相手歯車の歯元に干渉することを防ぐために，外径の上限を越えないことを優先させ，図9のように＋0〜−0.2mmという表記にすることが望ましい．

b）穴付きブランク材加工のポイント
ここまでの説明により，ブランク材の加工精度がいかに重要であるかが理解できたかと

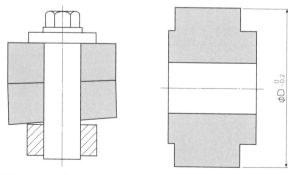

$\phi D_{-0.2}^{0}$

図8　平行度が悪いブランク材の重ね歯切　　　図9　外径公差表記の例

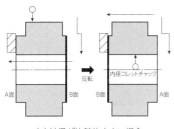 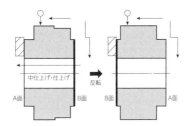 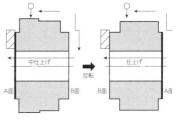

| (a) 外径が比較的小さい場合 | (b) 外径が比較的大きい場合
(内径を第1工程で仕上げてしまう方法) | (c) 外径が比較的大きい場合
(内径の中仕上げ・仕上げを分割する方法) |

── 歯切時の加工基準面　▨ 突当て(加工基準)　○→クランプ

図10　工程順の例(穴付きブランク材)

3 インボリュート歯車の加工概論

思う．それでは具体的にはどのような手順で加工すればよいだろうか．

それを示したのが**図10**である．いろいろなやり方が考えられるが，ここでは大きく3種類の工法を説明する．どれを選択するかは，ブランク材の大きさ，形状，生産数量などを勘案して決めるのがよい．特に素材の取りしろのバランス(両端面にそれぞれどの程度の取りしろが確保できるか)は入念にチェックしておくべきである．これを怠ると，公差内で最大に振れた場合に削り残り(黒皮残り)が発生することがある．

量産の場合は第1・第2工程のサイクルタイムのバランスも考慮しなければならない．すべてに共通している鉄則は，内径と歯切の加工基準端面を同一工程で仕上げること．それによって，直角度を確保することが最大のポイントである．

小歯数で外径が比較的小さい場合，a)のように第2工程でコレットチャックを使用して内径を把持する工法がある．その利点は外径に段差を生じることなく仕上げられることである．この工法は内径基準で外径を加工できるので，内径と外径の同軸度もよくなる．

また，小歯数の歯車は，1枚の歯に加わる荷重の繰返し回数が多いため，歯先に段差があると亀裂が入る危険がより高くなる．内径チャックで外径部全体を同時に仕上げて外径の段差を防げれば，その面でも好都合である．その場合，内径と歯切の基準端面を第1工程で仕上げておくことはいうまでもない．

しかし，歯数が多くて外径が大きい場合には，外径加工時に発生するトルクが大きくなるので，コレットチャックでは把持力が不足する懸念がある．ブランク材がスリップすることによって精度の確保がむずかしくなるばかりか，工具破損などのトラブルにもつながる．

したがって，b)およびc)のように2工程ともに外径を把握し，半分ずつ加工する必要がある．b)は第1工程で内径と歯切の加工基準端面を仕上げてしまう工法．c)はそれを第2工程で行ない，第1工程では内径の中仕上げをやっておく工法である．したがって，第1・第2工程でブランク材の取付け方向がお互いに逆向きの関係になる．

この場合，いずれも外径部に少なからず段差が生じるという欠点がある．これは第1・第2工程のツールパスのつなぎ目によるものである．段差は破損につながる危険断面をつくることになる．この段差に応力が集中することにより，亀裂が入る危険が増すのだ．したがって，ツールパスや仕上げの取りしろの工夫により，できるだけ段差を少なく抑えることが大事である．

それだけではなく，第1工程で製作した端面を第2工程で正確に突き当ててチャックすることも作業上の重要なポイントになる．切りくずなどの異物がブランク材や突当て面に付着したままチャックすると，傾いて取付けられることになる．これも段差の原因になるので，清浄な切削油剤あるいはエアをかけることにより，突当て面を常時きれいな状態に保つことが必要である．

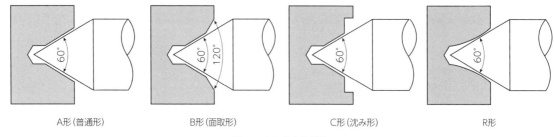

| A形（普通形） | B形（面取形） | C形（沈み形） | R形 |

図11　センタ穴の形状

⑵ 軸付きブランク材

a）センタ穴が命

軸付き歯車の切削加工は，ほぼすべて両端のセンタ穴を基準として行なわれる．特に問題になるのは，歯切時や測定時の倒れである．「たかがセンタ穴，されどセンタ穴」であることを肝に銘じるべきである．このセンタ穴をいかにうまく加工して完成まで打痕・傷・異物をつけずに維持するかで勝負が決まるのだ．

センタ穴には円錐形状（A形，B形，C形）とR形状がある．図11は代表的なセンタ穴の形状を示している．円錐形状のうちA形のセンタ穴角は60°がもっとも広く使われている．形状がシンプルで工具も安価であるが，センタ穴の入口のバリやかえり，テーパ部の打痕や傷の影響を受けやすいという短所がある．

それを防ぐために，できるだけB形（面取形）あるいはC形（沈み形）を使用するのが望ましい．いずれもバリ，かえり，打痕，傷の影響を受けにくい．図12はその役割を示している．B形は2段テーパ形状になっており，センタ穴角の外側に大きいテーパ部（保護角120°）が設けられている．この保護角120°部がセ

ンタ穴にセンタを挿入するときにラフガイドの機能を果たす．

C形はセンタ穴角の外側に座ぐり形状が設けられている．そのため，B形よりもさらに保護性能が高く，安心感がある．特に重量物になりやすい軸付き歯車では加工や測定のときにセンタ穴を傷つけやすいので，C形が推奨される．

R形はセンタ穴が円弧になっている．表4に示すように，どのような場合でも比較的安定してブランク材を支持できるという長所がある．

R形センタ穴については，以下のような研究結果が報告されている．[2]

① センタ穴の真円度が同程度の場合，円錐形よりもR形の方が高い回転精度が得られる．

② センタの真円度が悪いほどその傾向が顕著になる．

③ センタの円錐部の母線の長さが短いほど工作物の回転精度がよくなる．

④ 円錐形センタ穴（A・B・C形）よりも母線の長さがほぼゼロに近いR形センタ穴の方が工作物の回転精度が優れる．

その一方，センタ穴とセンタが点接触になるので重量物には不向きである．R形センタドリルはR部があるため，強度が比較的高く，折損しにくいが，R部の成形が必要なので，直線切れ刃だけでできている他のタイプよりも再研削の難易度が高い．

いずれにしても生産技術者は設計者と緊密に連携し，製品機能を損なわない範囲でできるだけ安定した生産ができるような設計を図面段階から積極的に提案

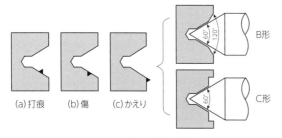

| (a)打痕 | (b)傷 | (c)かえり | B形 / C形 |

図12　B形・C形の役割

すべきである．図面に指示されたものをそのまま寸分の狂いもなく製作するのは一流．顧客・設計・製造すべてにメリットが生まれるように根回しを行ない，図面を変える提案をしてものをつくるのは超一流である．

b）センタ穴加工のポイント

センタ穴の加工はセンタドリルによって行なう．センタドリルは溝長が短いため，振れ精度の影響を受けにくい．また，小径部とシャンクが滑らかなRでつながっているため，他のタイプに比べて高い剛性を誇る．これを剛性の高いツールホルダによって突出し長さを短くした状態で把持することが最大のポイントである．

把持剛性が低かったり振れがある場合には，刃先が食い付いた瞬間に図13のようなおむすび形のマークが見られることがある．これは経験がある人が多いと思われる現象であるが，電動ドリルを手で持って鋼に刃先を食い付かせようとして振られた瞬間に見られるあのマークである．その際，穴の内壁にはらせん状の傷が認められることが多い．これをライフリングという．

一対の切れ刃の振れによってバランスが崩れると，ドリルの回転中心は不安定に変化する．それによってドリルが交互に曲げられながら加工が行なわれるのが，ライフリングの原因である．このような状態では正しいセンタリング加工は望めない．精度よく成形されたセンタドリルを高精度かつ高剛性なツールホルダで確実にチャックするのがポイントである．求心性を上げることにより，テーパ部の面あらさと真円度が向上し，よいセンタ穴を加工することができる．

c）軸付きブランク材加工のポイント

図14は軸付きブランク材の旋削を行なう場合のツーリングの一例である．これにより，ブランク材の全長にわたって，ワンチャックで加工が行なえる．

主軸側を固定センタ，心押台側を回転センタ（ローリングセンタまたはライブセンタとも呼ばれる）とするのが一般的である．固定センタには，ブランク材の

表4　R形センタの役割

	センタ穴の角度 ＞センタの角度	センタ穴の角度 ＜センタの角度	センタ穴とセンタの 軸心がずれている場合
A形			
↓	↓	↓	
R形			

端面に爪（ドライビングピン）を食い込ませることができるフェイスドライバと呼ぶタイプを使用する．このタイプは爪の作動に油圧やばねを使用して沈み込むので，素材面のばらつきに左右されることなく，均等に端面に食い込ませることができる．ただし，端面に爪の痕跡が残るので，あらかじめそれを可とする旨の了解を設計者から得て，図面に記載しておくのが無用なトラブルを防ぐためのスマートな方法である．

軸物の端面付近を切削しようとするとバイトホルダがセンタのボディに干渉してしまうことがある．このようなときは工具の接近性にすぐれた端面加工用ローリングセンタ（図15）を使用する方法がある．

(a)食付きの痕跡　　　　　　(b)内壁の螺旋マーク

図13　ドリルのライフリング[3]

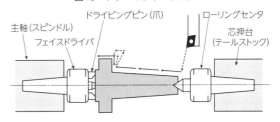

図14　ブランク材を旋削するためのツーリング（軸付き歯車）

65

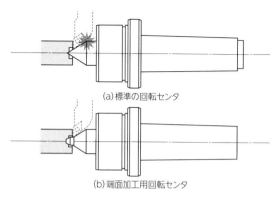

(a) 標準の回転センタ

(b) 端面加工用回転センタ

図15　端面加工用回転センタ

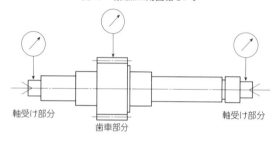

軸受け部分　　歯車部分　　軸受け部分

図16　加工および測定基準と回転基準

d）機能を考えた加工基準の取り方

　軸付き歯車は加工も測定もセンタ穴基準で行なうのが基本である．しかし，変速機などでの実際の使われ方を考慮して工程を組むことが欠かせない．センタ穴は加工や測定の目的以外には使われていないことが多い．たいていの場合，多くの軸付き歯車は**図16**のように軸受けで支持する基準となる円筒部を持っている．変速機などの実機では，その円筒部を基準に回転するのが普通である．したがって，加工や測定の基準となる両センタ穴と回転の基準となる円筒部との軸をできるだけ合致させることが重要になる．

3.2.3　治具およびクランプ

　ここでは治具が備えるべき基本的な思想について説明する．

　加工法を問わず共通であるが，特に穴付きブランク

材の歯切において治具が備えるべき重要なポイントを3点挙げる．

　a）テーブルの回転中心と治具の軸心が合っていること．

　b）歯底にできるだけ近い部位をしっかり受け，その真上をクランプすること．

　c）できるだけ低い位置でブランク材をしっかり固定すること．

　テーブルが精度よく回転しても，搭載した治具が偏心していれば，歯溝の振れの原因になる．工作機械の静的精度はJISで規定されているが，治具を搭載した状態でもそれに準ずるレベルで偏心を抑えておくことが必要である．したがって，治具の単体精度だけでなく，取付け精度が重要になる．

　図17は歯切治具のポイントを示したものである．a）のようにできるだけ歯底円に近いところを受けるようにする．その場合，受け面（下）と押え面（上）を同じ位置かつ同じ面積とすることが鉄則である．これによって，安定したクランプが可能になる．b）のように上下の押える位置が異なると，ブランク材を曲げる力がかかってしまう．

　c）のように同じ位置かつ同じ面積で受けても，ブランク材を受ける位置が切削点から遠くなると余計なモーメントがかかる．これも精度に悪影響を及ぼす原因になる．

　テーブル上でできるだけ低い位置で加工できるように治具を設計することも重要である．重心が高くなると，これも余計なモーメントがかかることになる．

　また前項でも触れたように，ブランク材の上下端面の平行度が悪い状態で重ね切りを行なうと，精度に悪い影響を与えることになる．そればかりか，切削抵抗によってブランク材がスリップし，治具や工具の破損を招くことがある．したがって，重ね切りはできるだけ避けた方が無難である．どうしてもという場合は，治具の受けと押えの両端面の平行度に十分な注意が必要である．

　軸付き歯車でも取付けの精度は重要である．穴付き

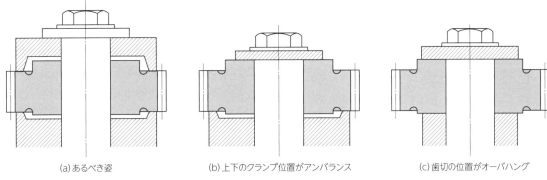

| (a)あるべき姿 | (b)上下のクランプ位置がアンバランス | (c)歯切の位置がオーバハング |

図17　歯切治具のポイント 〜 受ける部位

歯車に比べて全長が長いので，わずかな倒れや偏心が歯すじ誤差や歯溝の振れに直結する．そのために守るべきことは穴付き歯車と大きな差はない．

代表的な治具の事例をホブ切りの章（第4章4.5.2(3)）に示した．ブランク材の倒れをいかに抑えるかで決まると考えてよい．

引用文献
1) ㈱ Cominix 提供
2) センタ支持円筒研削における工作物の回転精度と真円度，加藤秀雄・中野嘉邦・渡辺豊英，精密工学会誌，55/11/1989
3) ㈱タンガロイ 提供

3.3　歯切工具の管理

歯切工具は他の工具に比べて高価であり，扱いがまずいと大幅にコストを引き上げる原因になる．また，一般に特殊工具であることが多いので，製作には長い納期を要する．したがって，欠品は生産に多大な支障を生じる．その一方，工具管理はどうしても生産そのものに比べて関心が低くなってしまうため，改善は後回しになるという面がある．

外部の工場を見るときに切りくず台車の中と工具や測定機器の管理状態を見れば，相当のレベルを窺い知ることができる．どこの工場でも表通りの改善には力を入れるが，裏路地にある切りくず台車の中や工具管理までは，なかなか手が回らないからである．

ここでは歯切工具に焦点を絞り，その管理について考えてみる．歯車の量産工場を主体とし，その中から小規模工場の場合でも適用できる内容にも触れる．個別の工具特有の管理方法は各章に譲り，歯切工具全体に当てはまる項目について説明する．

3.3.1　工具管理とは何か

工具管理の概念を図1に示す．単に在庫数の管理ではなく，現場ではより広い意味を持っている．工具が必要なときにいつでも使える状態に整備して，コストを抑えつつ現場に対してスムーズに供給するのが工具管理の役目である．前線部隊への兵站（ロジスティクス）にも似た機能であり，これをおろそかにして円

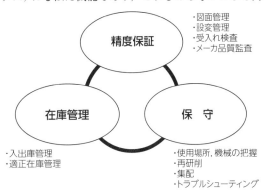

図1　切削工具管理の概念

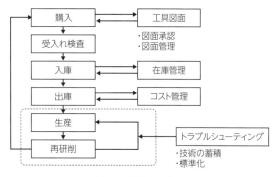

·図面承認
·図面管理

在庫管理

コスト管理

トラブルシューティング

·技術の蓄積
·標準化

図2　工具管理の仕事

滑な生産は望めない．それだけにとどまらず，工具にまつわる日々の課題を解決し，技術を蓄積するのも工具管理の範疇になる．それくらい重要な任務を帯びているのが工具管理である．

次に，すべての歯切工具に共通する工具管理のポイントを3点に分けて説明する．

(1) 現場に対する品質保証

歯切工具の新規発注や設計変更を行なうと，工具メーカーから工具図面が提出される．これは承認図面であり，メーカーは図面が承認されてから製作に着手することが原則である．したがって，問題ない場合は承認印を捺印し，要望や指摘事項がある場合は赤字で記入し，いずれも速やかに返却することが大事である．

工具在庫管理カード

工具 No.	KP-035
名称	ピニオンカッタ
最小在庫数	4
最大在庫数	7

日付	入庫数	出庫数	在庫数	担当者
1/16	—	—	5	
3/3	1		6	
4/21		1	5	
5/18	2		7	
7/9		2	5	
8/4	1		6	
10/2		1	5	
10/28	1		6	

図3　在庫管理カード

図2は実際の工具管理の流れを示している．工具メーカーから納入された工具は，受入れ検査を行ない，入庫する．寸法や形状を精密に測定する機器がない場合は，メーカーの品質保証体制を定期的に監査することにより，細部の受入れ検査を省略する方法を採用することが多い．これを直納認定制度などと呼ぶ．

工具メーカーの営業マンは一人で多くの顧客を担当しているので，小規模な現場の場合，訪問頻度が減るのはやむを得ざる現実である．しかし，貴重な知見が得られる顧客と認識されれば，訪問回数は自然に増えるものである．そのようにして常にメーカーとコミュニケーションを取りながらお互いにレベルを上げていく信頼関係をつくることこそが，たまに出張して直納認定監査をやるよりも，よほど実効性がある方法である．顧客が工具メーカーを評価する以上に，工具メーカーが顧客を評価していることを忘れてはならない．削る技術だけでモノができるわけではない．何事も信頼関係を構築できる人間力が欠かせないのである．

(2) 適正な在庫管理

歯切工具が納入されたら，在庫カードを作成し，受入れ検査を行なってから貯蔵する．図3は在庫管理カードの一例である．

直納認定メーカーであっても，外観（傷，チッピングの有無），工具番号の刻印，数量は確認すべきである．確認後は刃先の保護と防錆処置を行ない，貯蔵する．

量産工場の場合，1台の設備に対して複数個の工具（引当て分）で回転させるのが一般的である．表1は再研削を内製する場合の運用の一例である．いつでも再研削済みですぐに使用できる工具を製造現場の工具棚に待機させ，工具待ちで機械が停止することを防ぐのが基本である．生産数が少ない場合には再研削済み工具を用意しないこともある．不要不急の再研削を行なうことは，不要な在庫を持つのと同じことである．

同じ工具を使用する設備が複数に及ぶ場合は複雑になるが，基本の考え方は同じである．また，再研削を外注に依頼する場合には，そのリードタイムや一回の

表1　歯切工具の保有数の一例(再研削を内製する場合)

役割		場所	個数
引き当て分	機械付き	製造現場	1
	再研削済み	製造現場の工具棚	1
	再研削待ち	工具室	1
在庫分	未使用品	工具室(貯蔵棚)	1～2
		合　計	4～5

再研削における発注数量単位を考慮して個数を決める必要がある.

　過剰在庫,過小在庫がいけないのは他の工具と同様である.むずかしいのは歯切工具が特殊工具であり,製作納期が長いからである.つねに生産数の増減に関する新鮮かつ信頼できる情報をとることが重要である.

　工具室に貯蔵する未使用品(在庫分)の数量は,生産量から算出した工具のトータルライフ(寿命)と工具の製作リードタイムに安全率を勘案し,慎重に決めるべきである.欠品による生産停止を防ぐことが最重要であるが,安全方向に走って過剰在庫にならないように注意を必要する.

　歯切工具には有効使用刃幅がある(図4).第4章4.3.4で説明するが,設計・製作するうえで避けられない使用限界であり,有効残存刃厚を把握しておくことが在庫管理の基本である.有効残存刃厚の管理は煩雑でそれぞれの現場で苦心しているが,工具担当だけでなく,製造担当にその意義を正しく理解してもらい,協力を得ることが欠かせない.

　図5に歯切工具管理カードの一例を示す.これは病院のカルテのようなものであり,歯切工具1個に一葉を添付し,使い切るまで管理する.できれば電子化し,見える化するのが望ましい.

(3)的確な保守

　歯切工具を現場に出庫するにあたっては,専用の通い箱を用意することが望ましい.工具メーカーから納入された荷姿のまま済ませていては,工具の破損や思わぬ怪我の原因になる.また,表示ができないため,十分な識別ができない.小規模であれば通い箱を用意しなくても対応できるが,取扱う工具の点数が多い大規模現場では,管理が行き届かなくなる.

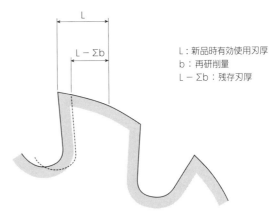

L：新品時有効使用刃厚
b：再研削量
L－Σb：残存刃厚

図4　ホブの有効使用刃厚と残存刃厚

歯切工具管理カード

工具 No.　:
Serial No.　:　　　　有効使用刃幅 L：　　　　　mm

再研削回数	使用日		機械No.	加工数	再研削量 b(mm)	残存有効刃厚 L－Σb(mm)	特記事項
	開始	終了					
New							
1							
2							
3							
4							
5							
6							
7							
8							

図5　歯切工具管理カード

　インボリュートスプラインブローチのような長大な工具は,保管状態が悪いと曲がりが発生する懸念がある.メーカーから頑丈な木箱で納入されるので,これはつくり直すよりも必要な表示を加えてそのまま活用するのがよい.

　現場の通路に面した場所に専用の工具棚を配置し,未使用工具と使用済み工具を明確に識別して管理する.

3.3.2　在庫管理の合理化

　工具管理に費やされる目に見えないコストは,工具購入費用の3倍に相当するというデータもある.工具

収納管理システムの普及が始まっており，活用することによって管理コストや出庫ミスによる損失を減らすことが期待できる．図6はその例である．現時点では旋削用インサートや小物機械部品が主要な対象であるが，より高価な歯切工具への適用例も徐々に生まれている．

おもな機能は以下のとおりである．また，特定の管理者だけに入出庫の権限を与えるセキュリティ機能もついている．

・バーコードによる入出庫管理
・自動在庫管理
・自動発注管理
・データ管理
・レポート機能

入出庫のたびに履歴が自動的に記録され，在庫量も更新される．統計管理機能を活用すれば，使用量の推移などを可視化して管理することが可能である．

筆者が南米にいる間に見た自動車工場では，工具メーカーがユーザーの現場に間借りしてこのシステムを設置し，工具を受託在庫としている事例もあった．オンラインで銀行と直結させ，ユーザーが工具を出庫するたびに，自動的に引き落としが行なわれる工具自

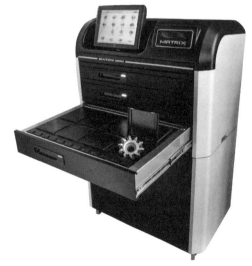

図6　工具収納管理システム [1]（株式会社タンガロイ Matrix）

動販売機的な活用例も見られた．ちなみに受託在庫とは，工具メーカーが自身の資産として製品をユーザーの工具室に貯蔵し，ユーザーが使用した分だけ支払うシステムである．

生産労働人口の激減に伴い，少人数の管理者が未熟練者や言葉が通じない外国人を率いて生産を行なわなければならない時代に入る．日本では普及が進んでいるといえないが，将来はこのようなシステムを活用できるかどうかによって，目に見えないコストの面で大きな差が出ると考えられる．

引用文献
1)　㈱タンガロイ 提供

3.4　歯切用切削油剤の選定と管理

ホブ切りや歯車形削りのように無垢材からの削り出しは重切削になる．シェービングをはじめとする仕上げ加工は面品位が要求される．いつの場合も切削油剤は重要な役割を担っている．また，環境への配慮がさらに重要性を増している背景もあり，用途に応じて適切に選定することがポイントになる．ここでは歯切用油剤の選定と管理について概要を説明する．

3.4.1　切削油剤を俯瞰する

まず油剤全体の分類から入って歯切用油剤にフォーカスしてみる．油剤は水溶性と不水溶性に大別される．表1はそれぞれの特性を整理したものである．

不水溶性切削油剤は極圧添加剤を含むものと含まないものに分かれる．極圧添加剤とは，金属どうしが高温高圧で接触するきわめて過酷な条件下で摩擦面に潤滑膜を形成し，摩擦，摩耗，焼きつきなどを防止するための添加剤である．

極圧添加剤を含むものは，さらに活性度によって3種類（N2種・N3種・N4種）に分かれる．活性度は硫黄系極圧添加剤の銅板に対する反応性（銅板腐食試験）によって評価する．活性硫黄化合物を含む油剤は溶着

表1 切削油剤のJIS分類と特徴 [1]

		不水溶性切削油剤				水溶性切削油剤		
		油性形 (N1種)	不活性極圧形 (N2種)	不活性極圧形 (N3種)	活性極圧形 (N4種)	エマルション (A1種)	ソリュブル (A2種)	ソリューション (A3種)
定義 (JIS K 2241)		鉱油および/または脂肪油からなり、極圧添加剤を含まないもの.	N1種の組成を主成分とし、極圧添加剤を含むもの。	硫黄系極圧添加剤を必須とし、銅板腐食が100℃で2以上、150℃で2未満のもの.	硫黄系極圧添加剤を必須とし、銅板腐食が100℃で3以上のもの.	鉱油や脂肪油など、水に溶けない成分と界面活性剤からなり、水に加えて希釈すると外観が乳白色になるもの.	界面活性剤などに溶ける成分単独、または水に溶ける成分と鉱油や脂肪油など、水に溶けない成分からなり、水に加えて希釈すると外観が半透明または透明になるもの.	水に溶ける成分からなり、水に加えて希釈すると外観が透明になるもの.
おもな用途		非鉄金属や鋳鉄の軽切削加工	鋼や合金鋼の一般切削加工		難削材の低速加工や仕上げ面精度の厳しい切削加工	鋳鉄、非鉄金属、鋼の切削加工	鋳鉄、非鉄金属 鋼の切削、研削加工	鋼の研削加工
特性	潤滑性	○	◎		◎	○~△	△(○)	△(○)
	抗溶着性	○	◎		◎	△	△	△
	冷却性	△	△		△	○	◎	◎
	浸透性	○	◎		◎	○	◎	△(◎)
	洗浄性	○	◎		◎	○	◎	△(◎)
	消泡性	◎	◎		◎	○	△	◎~○
	錆止め性	◎	◎		◎	△	○	○
	耐腐敗性	—	—		—	△	○	◎
	耐劣化性	◎	◎		◎	△	○	○
	作業性	△	△		△	△	○	◎
引火の危険性		あり				なし		
管理の難易度		易				難		

◎:優れる, ○:良好, △:劣る ( )内はシンセティック形切削油剤の特徴

物や構成刃先を抑制する効果が大きく、仕上げ面精度が要求される加工や難削材の低速加工に適している。その一方で、発生熱の多い高速切削では極圧剤の反応が過度に進み、化学摩耗による工具寿命の低下や腐食を誘発することがある。

水溶性切削油剤の潤滑性は不水溶性に及ばないが、最大の長所は冷却性、浸透性、洗浄性にすぐれている点である。

水溶性油剤は3種類に大別される。あくまで棲み分けのイメージとして、図1にそれぞれの潤滑性と冷却性の特性を示す。

エマルションタイプは水溶性の中でもっとも潤滑性にすぐれる。鋳鉄、非鉄金属、鋼の切削は潤滑性が要求されるので、エマルションタイプが適用される。

ソリュブルタイプは浸透性や冷却性にすぐれており、エマルションと同様に鋳鉄、非鉄金属と鋼の切削あるいは研削に適用される。

ソリューションタイプは水に溶ける成分からなり、鋼の研削加工に適用される。

このほかにJIS規格では区分されないが、シンセティックタイプと呼ばれるものがある。シンセティックsyntheticとは「合成の」を意味する単語である。その名のとおりに鉱油などの天然成分の代わりにポリアルキレングリコール(PAG)などの合成された潤滑成分を適用したものである。シンセティックタイプは前述の3種類と別個ではなく、A1種、A2種、A3種それぞれに相当するものがある。目的に応じた合成物を選択可能で、特に潤滑性、耐腐敗性、耐劣化性を向上させたい場合などに有効である。

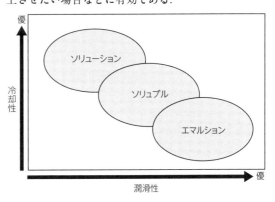

図1 水溶性切削油剤の特性

3.4.2　歯切用切削油剤の選定

　歯切では，切りくずによる摩擦が多く，それによる発熱がある．したがって，単なる冷却ではなく，すぐれた潤滑性が必要である．

　ホブ切りや歯車形削りでは不水溶性切削油剤が一般的な選択であり，不活性極圧形（N3種）が推奨されることが多い．特に高速ホブ切りになるほど，切削熱を抑えて工具の化学摩耗を抑制することが重要になるため，適度な潤滑性（極圧性）をもつ不活性タイプが第一推奨になる．また，高速ホブ切りでは油煙やミストが問題になることが多い．いずれも冷却性が対策の基本となるが，油煙には油剤の大量給油，ミストには油剤の冷却や低ミスト油剤の適用などが有効である．なお，SUSなどの難削材の歯切の場合には活性型（N4種）が適用されることもある．

　切削速度が150m/minを上回る領域では，水溶性切削油剤も選択肢に入る．高速加工になるほど切削熱が増大するので，冷却の重要度が増すからである．また，刃先に油剤が到達しにくくなるので，より浸透性にすぐれた油種を選定することが必要である．

　切削速度が100m/minを下回る領域では，冷却性よりも潤滑性を重視し，不水溶性を選定することが望ましい．水溶性が不向きということよりも，より重視すべきことがあるので不水溶性にすると考えればよい．

　近ごろはコーティング技術の進歩も加わり，ドライホブ切りの取組みも活発に行なわれている．その場合は，切りくずをいかにスムーズに排出するかがポイントになる．

　シェービングはホブや歯車形削りと同じ選定でよい．ただし，粘度が高いために切りくず排出がうまくできず，仕上げ面あらさが悪くなることもある．その場合には粘度を低くするのがよい．

　ホブ切りとシェービングで粘度が異なる油剤を使用する場合，粘度が高いホブ切りの油剤がシェービング盤に持ち込まれる．そうするとシェービングの油剤の粘度が高くなることによって切りくずを巻き込みやすくなり，仕上げ面あらさが悪くなることがある．これは現場の切実な問題である．更油すれば症状が改善されるが，油剤を統一して改善を目指す場合には，切りくず排出性をよくするために，シェービングに合わせて粘度を低めに選定する方法がある．

　歯研では冷却が重要になるので，粘度を低く抑え，供給量を増やすことが何よりも重要である．不活性タイプを選定し，高速加工による硫黄の反応を抑えることがポイントである．

　ブローチは低速加工である．仕上げ面あらさが重視されるので，冷却性ではなく，高い潤滑性が要求される．したがって，活性タイプの極圧添加剤を含む不水溶性油剤（N4種）が第一推奨であり，水溶性は一般的ではない．

3.4.3　切削油剤の管理

　油剤は生もの（なまもの）であることを心得なければならない．管理状態が悪いと，加工品質が低下する．したがって，選定同様に管理もしっかり行なうことが重要である．

(1) 不水溶性切削油剤

　不水溶性油剤は，多くの成分がベース（鉱油）に溶解するものであるため，沈殿や分離が少なく油剤として安定である．また劣化が比較的緩慢であるため，水溶性に比べると管理がやりやすい．表2は不水溶性油剤が劣化する要因とその影響をまとめたものである．

　前加工の油剤の混入は，しばしば問題になる．たとえば前加工が旋削である場合，油剤のねらいが異なる．旋削では水溶性油剤が主流であり，持ち出された油剤が歯切の不水溶性油剤に混入することによって劣化することが避けられない．旋削完了後に付着した残油をエアブローによって除去したり，歯切用油剤に浸けてから歯切工程に投入するなどの対策が必要である．そのため，いわゆる「手扱い」が増えて生産性を阻害する要因になる．

表2 不水溶性切削油剤の劣化要因と影響

1次	2次	3次
前加工の切削油剤の混入 作動油, 潤滑油の混入	・成分の変質 ・濃度の変化	・切削性能の低下 ・機械摺動部の劣化
水分の混入	・成分の変質 ・濃度の変化	・切削性能の低下 ・機械部品の劣化 ・防錆性能の低下
切りくずの混入	成分の変質 (鉱油の重合促進)	・切削性能の低下
		・仕上げ面精度の悪化 ・傷, 圧痕・機械摺動部の損傷
温度上昇	成分の変質 (鉱油の重合促進)	・切削性能の低下

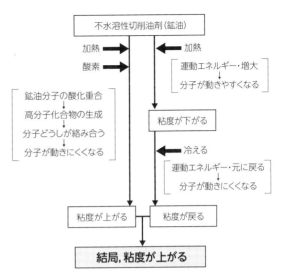

図2 熱によって粘度が上がる理由(不水溶性切削油剤)

作動油や潤滑油の混入にも注意が必要である. タンクには目盛がついているので, それを定期的にチェックすることによって, 混入の有無を知る方法がある.

水分の混入も不水溶性油剤の劣化を早める. これもエアブローによって旋削の水溶性油剤を除去する方法が採られることが多い. また, 雨水が混入しないように屋内で保管することや季節的な要因による結露水にも注意が必要である.

切削加工である以上, 油剤に切りくずが混入することは避けられない. 切りくずが混入することによって切削性能, 仕上げ面あらさ, 機械摺動部への悪影響が生じる. したがって, 油剤の清浄度を保つことが重要である.

フィルタ, エレメント, タンク内の切りくずの状態などは日常点検の項目に入れておくべきである. 油剤の供給量の低下は, フィルタなどへの切りくずの貯留を意味する場合が多い. これは目視で確認を行なえるので, 取り入れたい点検方法である. また, 早めの清掃も欠かせない.

ホブ切りは切削熱が大量に発生するため, 熱的な劣化は大きな問題となる.

不水溶性油剤の熱劣化の機構は, 次のとおりである. 通常, 鉱油は温度が上がると粘度は低下する. それは, 熱によって鉱油分子の運動エネルギーが増え, 分子自体が動きやすくなるためである. しかし, 油剤に断続的に熱を加え続けると, 鉱油中に溶存する酸素が熱によって鉱油分子の酸化重合を促進し, 多量の高分子化

合物が生成する. この分子どうしが絡み合うことにより, 鉱油全体の流動性が下がる, つまり粘度が上がるのである.

これらの熱によって増えた運動エネルギーは, 冷えればもとに戻る. しかし, 生成された高分子化合物によって上がった粘度は元に戻りにくい. 熱によって結果的に粘度が上がるというのはそういうことである. 図2はそのメカニズムをまとめたものである.

熱が加わることによって粘度が上がると, 切りくず排出性が悪くなり, 巻き込まれた切りくずによって仕上げ面精度を悪くしたり, 工具の損傷を招くことがある. 大量の油剤をピンポイントで切削点に供給することにより, 発熱を抑えることが必要である.

(2) 水溶性切削油剤

環境への配慮が重要度を増している背景から, ホブ切りのドライ化とともに水溶性油剤の歯切への採用も積極的に行なわれている.

水溶性油剤は, 水に溶けにくい成分を界面活性剤によって乳化・可溶化していたり, 微生物が繁殖しやすいなど非常にデリケートなので, 使いこなすための管

表3　水溶性切削油剤の劣化要因と影響および管理項目　　　　　　　表4　水溶性切削油剤の調製の手順

1次	2次	3次	管理すべき項目
濃度不足	微生物の繁殖	・腐敗臭・切削性能の低下	・濃度 ・温度 ・希釈水の硬度 ・PH ・コンタミ
濃度過剰		・作業環境悪化(ベタつき) ・消費量増大(持ち出し量増加)	
温度上昇	微生物の繁殖	・腐敗臭 ・切削性能の低下	
前加工の切削油剤の混入	・微生物の繁殖	・腐敗臭 ・切削性能の低下	
作動油, 潤滑油の混入	・成分の変質	・切削性能の低下	
	・濃度低下	・防錆性能の低下	
切りくずの混入	・微生物の繁殖	・腐敗臭	
		・仕上げ面精度の悪化 ・傷, 圧痕 ・機械摺動部の損傷	

○	×
正しい希釈の方法	誤った希釈の方法
水→原液の順に入れて撹拌 (タンクへの投入前に規定の濃度に調製)	原液→水の順に入れて撹拌
原液 水	水 原液

理を現場でしっかり行なうことが重要である. 表3は水溶性油剤が劣化する要因とその影響をまとめたものである.

水溶性で特筆すべきは微生物の繁殖である. これこそが油剤は生もの(なまもの)といわれる所以である. 微生物には酸素が存在する環境を好んで繁殖する好気性菌, 繁殖のために酸素を必要としない嫌気性菌, どちらでも生育可能な通性嫌気性菌の3種類がある. 身近な通性嫌気性菌の例としては大腸菌がある. 要するに, どちらに転んでも微生物の繁殖可能な環境が提供されるのである. これが実に厄介なところだろう. 大腸菌などの細菌類は増殖が速く, 油剤成分を食い荒らす. 一方, 好気性のカビは菌糸を伸ばして塊を形成し配管詰まりなどを引き起こす.

いったん腐敗した油剤は元に戻らない. 腐敗を促進する要因としては, 濃度不足, 温度上昇, 他油や切りくずの混入がある. 歯切では他の加工に比べて濃度を上げることが行なわれる. 濃度の低下は切削性能の低下にもつながる.

水溶性油剤は推奨濃度で使用するのが原則であるが, 潤滑性が不足していると考えられる場合や, 他の油剤に変更することが困難な場合は, やや高濃度で使用することは可能である. ただし, たとえばエマルションなどはやみくもに濃度を上げると液の安定性が崩れる(油剤が分離する)ため注意が必要である. 特殊な油剤を除いては, 10%程度が高濃度の限界と考えてお

くことが望ましい. また, 原液をそのまま使用するということも過去には行なわれていたが, この場合は少量の水が混入するだけで油剤の分離が起こるため現在は推奨されていない.

濃度管理には糖度計を使用するのが一般的である. また, 日々のメインテナンスも不水溶性以上に重要である. 補給にあたってはあらかじめ清浄な希釈水を用意し, そこに規定量の原液を投入し, すぐに撹拌するのが正しい手順である. 密度が1を越える原液は底に沈んで水に混ざりにくいからである. したがって, 撹拌しながら原液を徐々に投入することが望ましい.

表4は新液調製の正しい手順を示している.

そのようにしてあらかじめ規定濃度の均一溶液にしてからタンクに投入することがポイントである. この手順を守らないと, 油剤が分離するなど正しい濃度が得られないことがある.

水が蒸発したり, 油剤成分が切りくずで持ち出されることによって, 油剤濃度は経時で変化する. 極端に濃度が変わった後に水または油剤原液だけを補給することは, 油剤寿命を損なうため避けるべきである. 規定の濃度に調製した油剤を毎日こまめに補充することが理想である.

一般的に温度の上昇やpHの低下は微生物の繁殖を促進する. pHが低下する原因には劣化した油剤の残留, 二酸化炭素の取り込みなどがあるが, 微生物の繁殖が始まると, それに伴う酸性代謝物の増加によって

pHはさらに低下する．水溶性油剤の多くはpH8〜10程度の弱アルカリ性に設計されており，アルカリ性を保つことが重要である．

また，原液をそのまま使用する不水溶性とは異なり，水で希釈して使用するので，希釈水にも気を配らなければならない．特に硬度は重要である．硬度が低い軟水を使うと発泡しやすくなるので，消泡剤を加える必要がある．逆に，硬度が高い硬水ではスカムが発生しやすくなるため，硬水軟化剤を加えるなどの対策が必要となる．理由は定かではないが，硬水を用いた油剤中では微生物の増殖が促進されることもある．海外はもちろんのこと，同じ日本国内でも地域によって水の硬度には差がある．設備導入時に切削油剤を選定する場合には，硬度を調べておくことが望ましい．

引用文献
1) 切削油剤ハンドブック　切削油技術研究会　2004年
p.68　表1.1　許諾を得て改編

参考文献
・ユシロ化学工業㈱技術資料

3.5　トラブルシューティングの鉄則

現場にトラブルはつきものだが，特に歯切は切削加工全体からみると特殊な領域なので，トラブルシューティングや改善は専門家に一任という傾向がある．しかし，基本的な歯切の知識と調査の手法を組合わせれば，恐れるに足らずである．

原因がない症状は存在しない．すべてに共通する鉄則は正しい診断，つまり原因を特定すること．工具や工作物の状態を観察することにより，症状をもとに確定診断をすることが先決である．幸いに切削加工の分野では，原因さえ特定できれば，治療法はほぼ確立できている．見たこともないようなウイルスが暴れて未知の症状をもたらすような心配はないのだ．その意味からも診断が重要になる．

品質問題にせよ工具破損にせよ，原因不明のまま放置すると，大きな損失につながる．早期発見・早期治

表1　トラブルシューティング（発生からクローズまでの流れ）

本流	行動	視点
事実の把握	初動捜査（優先順位を明確に）①生産を止めて調査すべきこと②生産しながら調査できること③外部への調査依頼を要すること	・遺留品の収集・時系列的な事実の把握・変化点の確認・口頭情報の整理・相違点の比較（特定の工程に発生している場合）
現象の特定	発生している事象の定義	原発症状か随伴症状かの見きわめ
対象範囲の特定	どこからどこまでかを特定する	＊＊＊
要因の抽出	＊＊＊	＊＊＊
仮説	＊＊＊	＊＊＊
検証	再現テスト	・安全の確保・テスト加工品の識別と隔離
検証	対策のテスト	・安全の確保・テスト加工品の識別と隔離
要因の絞り込み	＊＊＊	＊＊＊
対策	暫定対策（応急処置＝血止め）	＊＊＊
対策	恒久対策	＊＊＊
展開	水平展開	類似工程，他工程への展開
展開	垂直展開	得られた気づきの活用
効果の確認	フォローアップ	＊＊＊
標準化	品質マニュアル	不具合のたびに改訂しないで済むように，基本思想だけを規定する．下位の標準類を改訂していく．
標準化	設計標準	数値評価可能なもの
標準化	設計標準	数値評価不能なもの（見た目問題etc）
標準化	設備標準	機械，工具，治具，測定機器
標準化	作業手順書	＊＊＊
標準化	失敗事例集	＊＊＊

療の重要性は生産現場も同じである．サインを見逃さないことが大事である．

トラブルシューティングについてまとめた書籍はほとんど見当たらない．したがって，本題の歯切を含めて，本書で総論を現場的に語るスペースを設けることもそれなりに意義があると考える．加工法に固有の内容は各章に譲るとして，ここでは歯切に関わらず異常が発生したときの行動の鉄則について述べる．表1に示す解決までの流れに沿って考えてみる．

3.5.1 トラブルシューティングの意義

生産現場におけるトラブルシューティングは成長のための貴重な糧になる.

刃先の変更だけで安易に済ませてしまうと再発する. 結果オーライで成長は望めない. 真因を突き止めて解決に導いたプロセスこそが自らの血肉になる. さらには後進の育成にとって最高の栄養であり, 企業としても貴重な財産になるのだ.

3.5.2 事実の把握

(1) 初動捜査の徹底

解決のための第一歩は, 事実を正確に把握すること. そのために重要なのは初動捜査の徹底である. これは犯罪捜査と同様で, 鉄則中の鉄則である. トラブルの要因は多岐にわたり, かつ変化しているので, 遅れれば遅れるほど真因が見えなくなる.

事実を把握するための調査としては, 次の3種類がある. ①・②・③のどれを選択するかを見きわめることがポイントである.

①現場を保存して行なう調査

事件や事故の現場検証と同じように, 段取りを崩さずに現場を保存したまま調査することが最善の策である. それによって工作物の打痕やスリップ痕, 治具の干渉痕, 異常に大きい切りくずなど, 決め手になる物的証拠が見つかることが多い. 特に目撃者への聞き込みは, 真因追究のために重要である. 時間が経つにつれて記憶が薄れるので, 生産しながら調査できることは後回しにして, 迅速に行なうべきである.

②生産を継続して行なう調査

現場は早く原状復帰して生産再開を急がなければならない事情があるし, むしろ加工しながら調べなければわからないことも多い. まず①を終わらせてから行なう.

検証のためにテスト的な加工を行なう場合に徹底しなければならないのは, 製品の隔離 (K), 識別 (S), 監視 (K) である. 良品に混入して良否不明の製品が流出することは絶対に避けなければならない. ひとたび流出してしまうと, 範囲の特定や回収に想像以上の労力を要する.「良否の判断が完了していない製品からは絶対に目を離さないこと」を徹底するべきである. 確実に隔離し, 表示などによって識別を行なうことが必須である. 保管場所と保管責任者を明確にして監視することも忘れてはならない.

トラブルが発生すると現場が混乱し, 船頭多くして船山に上るということが起きる. 勝手な動きは禁物. 安全・品質の両面で的確に陣頭指揮ができる経験豊富なリーダを決め, 全員がその統制のもとに行動することを徹底すべきである.

特に安全には最大限の注意を払うことが必須である. トラブルシューティングのような非定常作業のときに思わぬ災害が発生しやすいからである. 加工テストが必要な場合には, 前述のリーダとは別に, その設備に習熟した作業員の指示のもとで行なうことが必要である. 不用意に手を出すことは厳禁. 数回のサイクルを回してみて, 設備の動きや癖を観察してから調査に入る慎重さが求められる.

③外部に依頼する調査

技術者たるもの, まずは自社で測定できることとできないことの判別くらいはできるようにしておきたい. そのうえで測定機器がないなどの理由によって社内で測定ができないものは, 工具メーカーや工作機械メーカーに調査を依頼する必要がある. 内容によっては工業試験所のような機関に依頼する方法もある.

いずれの場合もむやみに依頼することは慎むべきである. 必要性を説明し, 解明したいポイントを明確にして丁寧に依頼することが欠かせない. 自分なりの仮説を持って調査を依頼すれば, 結果と照らし合わせることによって貴重な知見の蓄積につながる.

(2) 遺留品の確保

破損した工具やお釈迦になった工作物だけを見てわかることは少ない．工作機械，治具，前加工，段取りなどあらゆる角度から攻めないと解決できないことの方が多いものである．

遺留品は真犯人を突き止めるための重要な手がかりである．工具，工作物，切りくずから作業日報に至るまで，予断を持たずに観察すべきである．写真を撮っておくことも効果がある．

また加工形状に合わせて切断し，断面を観察することもヒントになる．

折損したタップの先端に残ったわずかな干渉痕によってめねじの下穴深さの不足を疑い，設計図面の誤記という思わぬミスが発覚して解決につながった経験もある．

夜勤時で状況の把握がままならない場合には，できるだけ多くの遺留品（工作物，治具，切りくずなど）を残すことを習慣とするべきである．

(3) 時系列的な事実の整理

いろいろな情報が錯綜するのがトラブル発生時の常である．正しい判断をするためには，これらを時系列的に整理することが必要である．時系列的に整理することにより，それまで有力と思われた情報の矛盾に気づき，クロからシロに変わって捜査が振り出しに戻った経験もある．思い込みは冤罪を生むので禁物である．

(4) 口頭情報の吟味

物的証拠の有無に関わらず，現場の口頭情報が重要な手がかりになることもある．現場オペレータからは貴重な手がかりになる証言が得られることが多い．その反面，思い込みや断片的な情報であることも多い．

表2　相違表の例

比較項目		1号機	2号機	3号機
対象製品		FA11のみ	FA11およびFA12	FA11およびFA12
不良率		0.46%	0.04%	0.07%
工具	バイトホルダ	A社***		
	インサート	A社〇〇〇		
	切削油剤供給方式	外部給油	内部給油	内部給油
切削条件	切削速度	250m/min	250m/min	250m/min
	送り	0.22～0.32 mm/rev	0.22～0.32 mm/rev	0.22～0.32 mm/rev
	切込み深さ	0.43～1.02mm	0.43～1.02mm	0.43～1.02mm
機械	繰り返し精度	0.002mm	0.003mm	0.002mm
	バックラッシ	0.003mm	0.002mm	0.002mm
その他	クーラント供給	フレキシブルホース	銅パイプ	銅パイプ
	段取り時チャック交換	不要	不要	不要
	チャック単体の振れ	0.008mm	0.007mm	0.010mm

丹念に情報を集め，決めつけずに論理的かつ客観的に聴き分ける耳を養うことが何よりも大事である．

(5) 相違点の整理

手をつくして調べても有力な手がかりが得られず，暗礁に乗り上げることは多い．その場合は原点に返り，どこかに特異な点がないかを洗うと，ヒントが得られることがある．ポイントは以下の2点である．

① いつもと違うところはないか

② 他の工程や機械と違うところはないか

表2は行き詰っているときに私が薦めている「相違表」と称する比較表の一例である．形式にこだわらず，①・②のような視点で，とにかく頭を真っ白にしてあらゆることを徹底的に比較してみるとよい．それによって真犯人にたどり着いた例は枚挙にいとまがない．

①は変化点の有無を意味している．変化点はトラブルの巣窟である．②の視点は，複数の同型設備があって，不良の発生が特定の設備で多い場合などに思わぬ効果がある．

表3 因果関係を明確にした特性要因図の例

不具合事象	1次要因	2次要因	3次要因	4次要因	5次要因	6次要因	7次要因	対策
背面部振れ	工作物が偏芯して回転する	チャックに切りくずが挟まる	切りくずがうまく切れない	切込み深さが変化する	ならい旋削をやっている	***	***	・ツールパスの変更 ・ステップを入れる ・ドウェルを入れる
				切れ刃の当たり方が変化する		***	***	
				チップブレーカの推奨条件から外れる部位がある		***	***	インサートの見直し
		ガイドブッシュの把握力が弱い	バー材がたわむ	たわむと切削時上下に動く	取りしろが変わる	ガイドブッシュの調整方法を感覚で行っている	***	専用ゲージで調整する
		コレットとスリーブのアライメントが狂っている	スリーブが摩耗している	スリーブ交換を行っていない	交換基準がない	***	***	交換周期を設定して定期交換
		背面チャックに切りくずが挟まる	製品に切りくずが巻き付いたままチャックする	切削油剤で切りくずを除去できていない	切削油剤のノズルの位置がずれる	フレキシブルホースを使用している	***	鋼製パイプに変更
					切削油剤の当たりが変わる	切削油剤ノズルが固定されている	***	オイルホール付きバイトホルダに変更

また以前に発生した同じ不良の対策が徹底していないために再発していることも考えられる．過去のトラブル履歴を調べることも必要である．

かつてある部品の組付け工程で不良品が散発したときのこと．あらゆることを比較して調べていくうちに，複数の作業担当者のうちの一人だけが左利きで，右利き用の工具が使いにくいことがわかったことがある．結局左利きでも使いやすいように工具を改善して解決した．不平不満をダイレクトにぶつけてくる人は安心．もっとも警戒すべきは，温厚で黙々と作業をする人である．常に人の動きや癖を観察していないと，そのような大事なサインを見落としてしまうことがある．

3.5.3 現象の特定と要因の抽出

トラブルで混乱しているときにありがちなのは，解決すべき根本の現象を見失ってしまうことである．工具のチッピング，仕上げ面あらさの不良，びびりが同時に起きている場合，原発病巣とその結果としての随伴症状を明確にすることが大事である．

現象の特定ができたら，考えられる要因を洩れなく抽出する．これは違うだろうと簡単に除外せず，とにかく挙げられるだけ挙げることが重要である．あとはひたすら掘り下げていくだけである．

表3は要因分析表の一例である．これは0次→1次→2次・・・という順にナゼナゼの掘り下げを行なうものである．逆方向に「だからこうなる」と遡って元の現象に戻れれば，正しくできていることになる．QC七つ道具として知られる特性要因図（いわゆる魚の骨）では前後の因果関係が不鮮明になりがちである．そのため，魚の骨の図を描くことが目的になってしまい，形骸化した分析になりやすい．この特性要因図は前後の因果関係を明確にすることができる．最後にこれ以上掘り下げられなくなったところに手を打てばよいのである．

この方法はトラブルシューティングを通して物事を論理的に考えるための絶好の訓練にもなる．現場でコンサルティングをするときには，この特性要因図ならぬ「特製要因図」を使って指導し，人財育成の面からも多大な効果をあげている．

3.5.4 要因の絞り込み

特性要因図で要因を抽出できたら，絞り込みにかかる．把握した事実を中心として，類似事例の経験やノウハウを駆使し，まずは明らかにシロと判断できる要因を除外する．

グレーと思われる要因に対しては，仮説を立てた上で，必要に応じて工程内あるいは工程外で検証することもある．

3.5.5 再発防止対策

再発防止対策には発生源対策と流出防止対策がある（**表4**）．前者は不良が発生しないように手を打つこと．後者は不良品が後工程や顧客に渡らないように手を打つことである．

急ぐべきは流出防止対策．とにかく出血を止めることである．これは前述の事実の把握や要因の絞り込みよりも優先させ，ときには人海戦術で暫定的にでも手を打つべきである．技術へのこだわりが強いほど恒久対策に走りがちであるが，現場で何よりも優先させるべきことは暫定対策のスピードである．

同時に不良発生の対象範囲を特定することが欠かせない．その場合に問題になるのはラインアウト品の扱いである．生産の過程で製品を正規の流れから外すこと，つまりラインアウトが発生することがある．チョコ停をはじめとして理由はいろいろあるが，ラインアウトは対象範囲の特定を困難にする要因の一つである．工程設計の段階から，それを含めてトレーサビリティをとれるような仕組みにしておくべきである．

恒久対策ができたら水平展開を行なう．実施した対策を他の類似工程などにも応用し，同様の不良が再発しないようにする．

3.5.6 標準化と技術の蓄積

トラブルシューティングはもぐら叩きになりやす

表4　対策の概念

		発生源対策	流出防止対策
暫定対策	概念	不良を作らない	不良を流さない
	手段の例	・作業標準 ・NCプログラム ・切削条件・・・etc	・作業標準 ・隔離，識別，監視(K・S・K)
恒久対策	概念	不良を作れない	不良を流せない
	手段の例	・ポカヨケ(設備，治具) ・インプロセス計測 &フィードバック・・・etc	・流せないポカヨケ

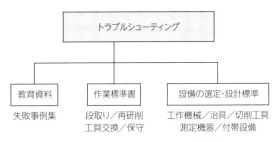

図1　失敗を繰り返さないための標準化

い．そうならないように手法を標準化し，技術を蓄積すべきである．図1はそのときに押えるべきポイントをまとめたものである．

教育資料や作業標準書に加えて，力を入れるべきは設備の選定・設計標準である．理屈はわかるが，設備を導入してからでは対応できないという項目も多い．したがって，発注時に設備メーカーに要求できるように，設計標準や仕様書としてまとめておくことが欠かせない．設備の納入立会いのときには，それをもとに確認すればよい．そのような取り組みの反復こそが最高の技術の伝承になる．

参考文献
フライス加工ハンドブック　切削油技術研究会　p.586-587

第4章 ホブ切り

ホブ切りの歴史は古く，1856年にドイツのクリスチャン・シーレ(Christian Schiele)によって考案されている．1897年にはファウター社の創業者であるドイツのヘルマン・ファウター(Hermann Pfauter)が差動歯車を持つホブ盤を世に出した．これが現在のホブ盤の基礎になっている．それ以来，変わらず歯車の量産工法として不動の地位を占めているホブ切り．本章ではその切削理論から現場での加工に至るまでを説明する．

4.1 ホブ切りの概要

4.1.1 特徴と適用領域

ホブ切りはラック形工具による創成歯切法で，平歯車やはすば歯車の加工にはもっとも広く用いられている．本書の主題であるインボリュートに限らず，ホブの歯形を変えることによってトロコイド，サイクロイド，スプロケット，パラレルスプライン，ラチェットホイール，各種セレーションをはじめとするいろいろな形状を加工することができる．

切削機構は断続切削であり，ミーリングの変形と考えることができる．切削が連続的に行なわれるため，高能率な生産が可能である．

他の加工法に比べて工具形状や寸法の自由度に富んでいるため，高能率化・高精度化・コストダウンなどのニーズに応じて仕様を選定することがポイントになる．

4.1.2 ホブの構造

ホブの外観を図1，各部の名称を図2に示す．基本はウォームの外周に切れ刃を設けた工具である．その切れ刃は基礎ねじ面(歯すじのつるまき線)と溝との交線によって形成されている．外周，側面だけでなく，種類によってはねじ底にも二番角と呼ばれる逃げが施されている．摩耗した場合はすくい面(切れ刃面)を再研削することによって，金太郎飴のように同じ形状の切れ刃を得ることができる．

歯すじのつるまき線がN本あるものをN条ホブという．2条以上のホブは多条ホブと総称されている．多条ホブは高能率化のための必須アイテムであるが，現場での使用には相当の留意点がある．詳細は第4章4.3～4.5で説明する．

ホブの溝には直線溝とねじれ溝がある．直線溝は中心軸に平行であり，ねじれ溝に対して圧倒的に多く使

図1　ホブ[1]

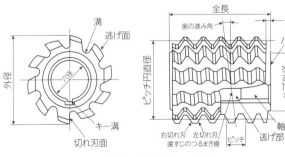

図2　各部の名称 ～ ホブ

用されている．多条ホブで歯の進み角が大きい場合，直線溝では左右の切れ刃の逃げ角の差が大きくなってしまう（第4章4.4.1(4)）．このような場合にはねじれ溝が採用される．

ホブの両端にはハブと呼ばれるボス部がある．ハブ面（端面）は突当て基準面になり，ハブ外径部は取付け状態での振れの測定に利用できる．

内径部はすべて同径ではなく，中央部には逃げ部が設けられている．両端の軸受け部だけが精度よく仕上げられ，ホブの回転軸に対する切れ刃の振れを抑える役目をしている．

4.1.3　加工の原理

ホブと工作物を一定の比で同期回転させながら，ホブを工作物の軸方向に移動させて連続的に歯車を加工するのがホブ切りである．

インボリュートを加工するホブの切れ刃は直線である．これによって工具の製作，測定，再研削が比較的容易になることが最大の長所といえる．

実際にどのようにインボリュートが形成されるのかを考えてみよう．図3はホブによってインボリュートが創成される過程を示している．

ホブの切れ刃は歯すじのつるまき線の上に等ピッチで並んでいる．切削を担当する切れ刃はホブの回転につれて矢印の方向に移動する．まず点Aで切削が始まると，次の切れ刃が点Bを切削する．以下，順次 A→B→P→C→Dと進み，インボリュートが創成される．完成した歯形にそれぞれ点A´，B´，P´，C´，D´における接線を引いてみる．この接線にホブの切れ刃を順番に重ねていくと，切られた歯形はラック形工具を工作物のピッチ円上で転がしたときの，直線の切れ刃群で囲まれる図形になる．このようにしてインボリュートが創成されるのである．

つまりホブの切れ刃と工作物との間の転がり運動における切れ刃の包絡線としてインボリュート曲線が得られるのだ．包絡線とは耳慣れない用語であるが，与えられたすべての曲線群（直線を含む）に接する曲線を意味しており，すべての接点の軌跡になっている．もっともわかりやすい包絡線の例としては円がある．図4に示すように，円は定点からの距離が等しい直線群の包絡線である．

それでは，インボリュートを創成するための切れ刃が直線である理由とは，どういう理屈であろうか．図5は直線切れ刃を持つラックカッタでインボリュートを切削するようすを示している．ここで思い出して欲しいのは「歯面上の任意の点における接線は，その接点から基礎円に引いた接線と直交する」という定理Ⅰ（第2章2.1）である．

この定理を考えれば，原理は単純．ラックカッタを移動させながら工作物を徐々に回転させれば，基礎円から引いた接線上の一点で直交する直線切れ刃の包絡

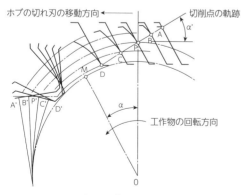

図3　ホブ切りの原理

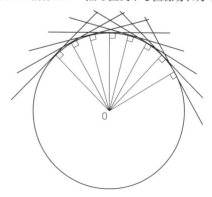

図4　包絡線とは？

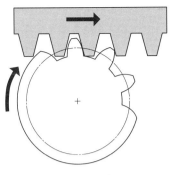

図5 創成法

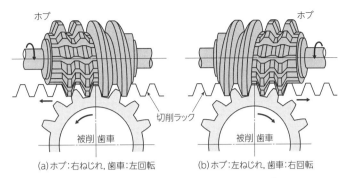

(a) ホブ:右ねじれ, 歯車:左回転　　(b) ホブ:左ねじれ, 歯車:右回転

図6 ホブのねじれ方向と歯車の回転方向の関係 [2]

線としてインボリュートが得られるのだ. 図3と図4
を併せて考えれば, それが理解しやすいだろう. 厳密
にはこの包絡線はインボリュートではなく, 「インボ
リュート曲線に外接する多角形」である. しかし, 分
割数を増やすことによってどんどん正しいインボ
リュートに近づき, 実用上の問題がなくなるというわ
けだ.

　図6はホブのねじれ方向と歯車の回転方向との関
係を示している.

4.1.4　ホブ盤の構造

　図7は一般的なホブ盤の構造である. ホブサドル
は傾けられるようになっており, ホブを
取り付けたホブヘッドを抱いてコラムに
沿って上下方向に送ることができる.

　工作物を固定したテーブルは, 親
ウォームを介して回転する. 工作物のね
じれ角に応じてホブ軸とテーブル軸に一
定の同期した回転運動を与えることに
よって, はすば歯車を加工することがで
きる. その機能を差動装置が担っており,
差動交換歯車の組合わせによって必要な
ねじれ角を得ることができる. また, 割
出し交換歯車の組合わせによって, 必要
な歯数を得ることができる.

4.1.5　ホブの種類

　ホブの種類はバラエティに富んでおり, 厳密に分類
することは困難である. 本書では以降の説明に必須と
なるものや特色があるものに絞り, それ以上は各工具
メーカーのカタログに譲ることにする.

(1) 工作物の形状による分類

　a: インボリュートギヤホブ

　ホブ切りの対象としてもっとも多いインボリュート
歯車を加工するホブ. 切れ刃は直線である.

　b: インボリュートスプラインホブ

　動力の伝達用として重要な役割を持つインボリュー
トスプライン軸を加工する. これも切れ刃は直線である.

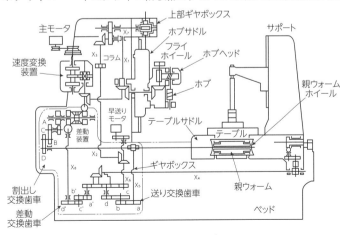

図7 ホブ盤の構造 [3]

表1　角形スプラインの形状とホブの歯形 [4)]

	面取刃なし	面取刃あり
角なし	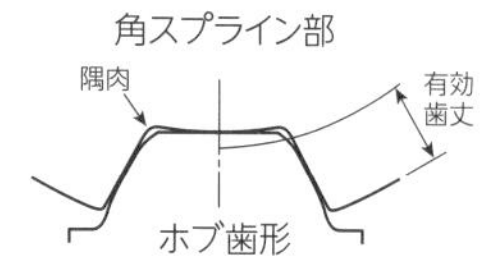 角スプライン部 隅肉 有効歯丈 ホブ歯形	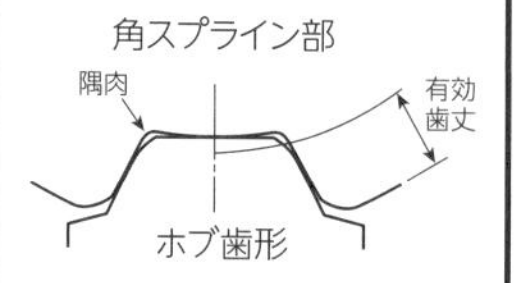 角スプライン部 隅肉 有効歯丈 ホブ歯形
角あり	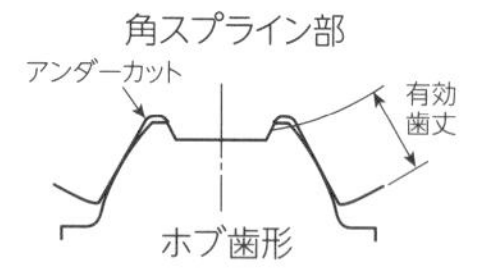 角スプライン部 アンダーカット 有効歯丈 ホブ歯形	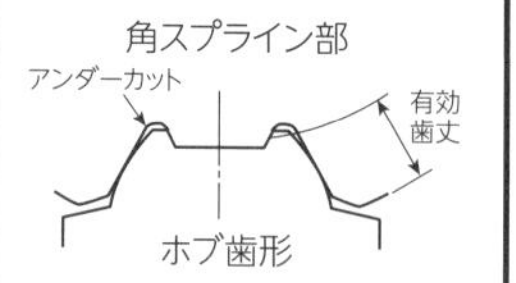 角スプライン部 アンダーカット 有効歯丈 ホブ歯形

c：パラレルスプラインホブ

角形スプライン軸を加工する．小径合わせで使用されるので，歯溝の隅部に逃げ（アンダカット）を加工するために，ホブの外周角部に角（つの＝突起部）を設けているものもある．角や面取刃の有無により，**表1**のように分類できる．

d：ウォームホブ（**図8**）

ウォームホイールを加工するホブである．ウォームホブのピッチ円筒，条数，歯形はウォームと同じである．穴付き，柄付きなどのタイプがある．

e：スプロケットホブ

スプロケットホイールを加工するホブである（**図9**）．特に歯形精度が要求される．

f：シングルポジションホブ

定位置ホブとも呼ばれるもので，工作物に対してある一定の位置にホブを置かないと正しい歯形が得られない（**図10**）．シフトできないので，再研削1回あたりの寿命は短いが，創成歯切りでは不可能なラチェットホイールのような特殊歯形を加工できる．最後の一刃でそれと同じ形状の歯溝が仕上げられるという点から非創成歯切りというべきものであり，その意味でも特異な存在である．他のホブでは避けられない隅部の丸みを発生させずに加工できることが長所である．

g：内歯車用ホブ

船舶用の遊星減速機，建設機械用の旋回台に使用される大形の内歯車を加工するホブである．

(2) ホブの構造による分類

代表的なものとしては，ソリッドホブと組立ホブがある．**図11**はその歯形研削の違いを示している．

a：ソリッドホブ

切れ刃と本体が一体物になっているホブであり，むくの素材から削り出して製作する．

一体物であるため，ホブ中心に対する振れ精度にすぐれる．多条化や多溝化が容易である点でも有利である．小径化が可能なので，同じ切削速度でも回転速度を上げられる．これらの要因によって高能率加工に対応しやすいことが長所である．また，組立ホブに比べて軽量かつコンパクトであることも長所である．

その反面，ソリッドホブの二番研削では隣の刃との干渉を避けるため，小径の砥石を使用せざるを得ない．全歯幅を研削しないうちに砥石を引き上げなければ隣の刃に干渉してしまうのだ．したがって，有効使用刃幅にはおのずと限界があるので，管理面での注意が必

図8　ウォームホブ [5)]

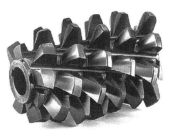

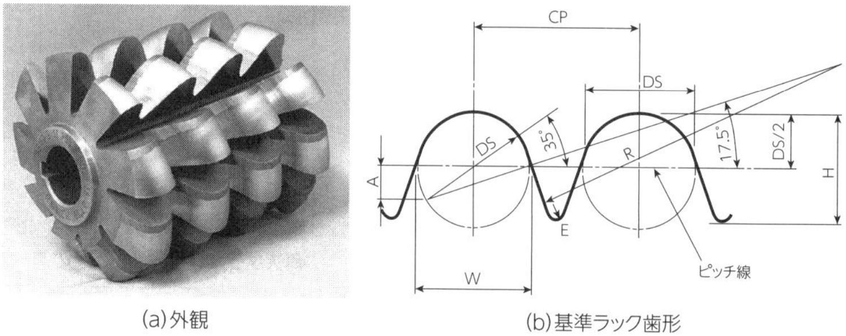
CP
DS
DS
35°
R
17.5°
DS/2
H
A
E
W
ピッチ線

(a)外観　(b)基準ラック歯形

図9　スプロケットホブ [6)]

要である．詳細は第 4.3.4(1)で説明する．

b：組立ホブ

図 12 に示すように，ブレード（刃），本体，ハブから構成されている．それぞれを別個に製作し，それらを組立てることによってつくる．有効使用刃幅，逃げ角を大きくできるのが長所である．

専用治具にブレードをはめ込み，大径の砥石によって高効率なねじ研削で二番面を仕上げることができる．ブレードが完成したら，必要な外周二番角がつくように設計された本体にブレードを取り付ける．そのため，ブレードの強度が許される限り使用することができるので，有効使用刃幅を大きくできる．また，組立ホブはブレードに高品位の素材を使用できるという長所もある．ブレードは内部まで均一かつ微細化した組織を得ることができる．

その反面，一体物でないために，剛性の面で不利である．また多条化・多溝化がやりにくいため，高能率加工という面でソリッドホブに譲る．組立誤差が生じるので，高精度化の面でも不利である．

かつて量産現場では組立ホブが多く使用されていたが，これらのような要因によって衰退を余儀なくされ，高能率化・高精度化への要求の高まりとともにソリッドホブが主流を占めている．

c：超硬ホブ

古くからホブ切りには高精度・高能率・長寿命が求められている．工具材種や加工法が開発されてきたが，超硬ホブもその一環である．ハイスホブよりはるかにすぐれた高温硬さと耐摩耗性を誇り，ホブ切りに求め

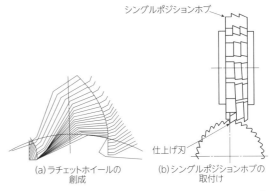

(a) ラチェットホイールの　　(b) シングルポジションホブの
　　創成　　　　　　　　　　　　取付け

図10　シングルポジションホブによるラチェットホイールの創成 [7]

られるニーズを満たす．ハイスホブに比べるとチッピングが発生しやすいため，使いこなすのに工夫が必要であるが，ホブ盤の制振性などの進歩により，活躍の場を広げている．

超硬ホブには超硬ソリッドホブ，超硬ろう付けホブがある（**図 13**）．超硬ソリッドホブはオール超硬の一体形である．小径化，多溝化，多条化が可能なため，特に高能率加工に威力を発揮し，ハイスホブに比べて 3 〜 10 倍の生産性，3 〜 5 倍の長寿命を誇る．

超硬ろう付けホブは鋼製の本体に切れ刃となる超硬をろう付けしたもので，同サイズの超硬ソリッドホブに比べて安く製作できるという長所がある．高硬度材の加工や高速切削に適している．

d：シャンク形ホブ

図 14 のように，取付け部にテーパシャンクまたはストレートシャンクを持っている．

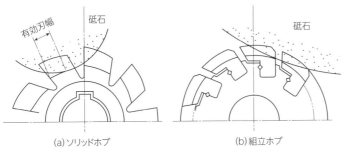

(a) ソリッドホブ　　　　　　　　(b) 組立ホブ

図11　ホブの歯形研削

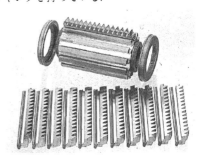

図12　組立ホブの構成部品

(a)超硬ソリッドホブ

(b)超硬ろう付けホブ

図13　超硬ホブ [8]

図14　シャンク形ホブ [9]

　穴付きホブに比べれば採用される頻度は圧倒的に少ないが，シャンク形ホブならではの長所があり，利用価値は高い．表2に穴付きホブとの比較をまとめた．

　ホブアーバを使用して取り付ける穴付きホブは軸と穴との隙間が避けられない．ナットやカラーなどの構成部品の平行度も加わり，締め付けるとホブの振れが大きくなる．その点，本体と取付け部が一体になっているシャンク形ホブはその心配がなく，振れ精度の面で有利である．ホブスピンドル側に油圧チャックを使用すると，さらに優位性が高まる．

　また，穴がないので小径化が可能であることが長所として挙げられる．したがって，図15のように切り上がり形状になっていたり，干渉物があってホブ外径が制約を受ける場合に利用価値がある．

　一方，小径が主体になるので，剛性，再研削回数では穴付きホブに及ばない．

　e：多条ホブ

　ホブはねじ状の溝に切れ刃を持たせた回転工具であるが，ねじ溝が1本あるものが1条ホブである．n本

表2　穴付きホブとシャンク形ホブの比較

ホブの形式	穴付きホブ	シャンク形ホブ
取付け方法	ホブアーバ	油圧チャック
概念図	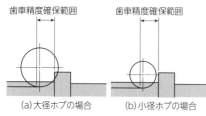	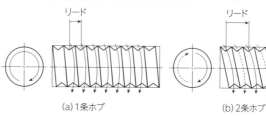
ホブの剛性	○	△
振れ精度の確保	△	○
小径化	△	○
切上がり形状への適用	△	○
再研削回数	○	△
コスト	○	△

（図15・図16の図）

(a)大径ホブの場合　　(b)小径ホブの場合

図15　ホブ外径に制約がある工作物

(a)1条ホブ　　(b)2条ホブ

図16　多条ホブ

あるものをn条ホブ，複数のねじ溝を持つものを総称して多条ホブという．

多条ホブの長所は加工能率の高さであり，生産性向上には欠かせない．**図16**は1条ホブと2条ホブを比較したものである．1条ホブは1回転で1ピッチ分だけ進んで歯車が割り出される．2条ホブでは1ピッチの間に2条のねじ溝があるので，リードが2倍になる．したがって，歯車はホブ1回転で2ピッチ分が割り出されるので，理屈上は2倍の速度で加工できる．

ただし，割出し速度が速くなると切削負荷が増えるので，送りを下げる必要があり，n条ホブでn倍の加工能率が得られるわけではない（詳細は第4章4.5.3）．

f：千鳥刃ホブ

かつて工具寿命延長を目的として積極的に使用されていたのが千鳥刃ホブである．切りくずどうしの干渉と切削量の過小による擦過現象を抑制することによって摩耗を低減する機能を持っている．**表3**は歯形と切削機構をまとめたものである．

千鳥刃ホブはホブのつるまき線に沿って，右切れ刃と左切れ刃を交互に逃がす形状になっており，逃がした部位は切削に関与しないように設計されている．歯先から歯元まですべて逃がしたものを完全千鳥刃，歯先のコーナ部のみを逃がしてあるものをセミ千鳥刃という．

完全千鳥刃はコーナ部における切りくずの干渉が減るので，かど摩耗が抑制される．しかし，逃がした部分に切りくずがかみ込むことにより，歯面を傷つけるという欠点がある．また，1個の歯溝の切削に関与する切れ刃の数が少なくなるので，歯面の多角形誤差が大きくなることも難点である．

一方のセミ千鳥刃はコーナ部だけを交互に逃がしてあるので，歯面の傷や多角形誤差が改良された．

千鳥刃ホブはその後の表面被膜の進歩によって衰退したが，歯切の加工技術の飛躍的進歩はこのような地道な創意工夫の上に立つものである．現在は下火になったとしても，歯車の技術史に足跡をとどめるべきである．現場の技術者としてはこのような技術の積み

表3　千鳥刃ホブの歯形と切りくず

種類	歯形 （実線：実際の歯形， 破線：本来の歯形）	切りくずの挙動 （矢印は切りくず 流れを示す）
普通刃	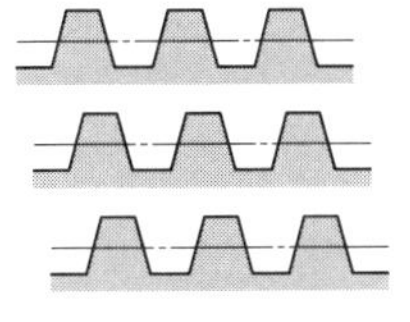	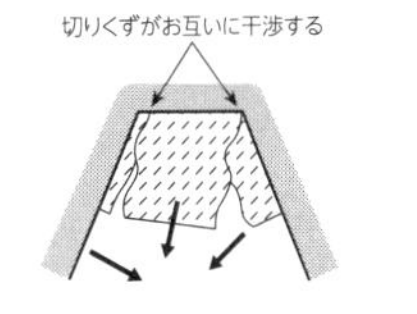 切りくずがお互いに干渉する
完全 千鳥刃	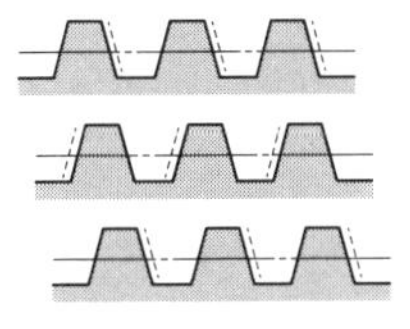	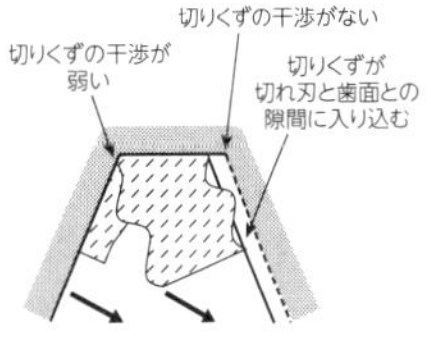 切りくずの干渉が 弱い　切りくずが切れ刃と歯面との隙間に入り込む
セミ 千鳥刃	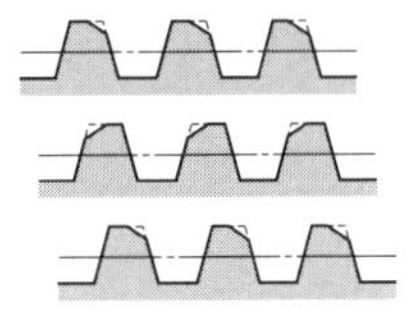	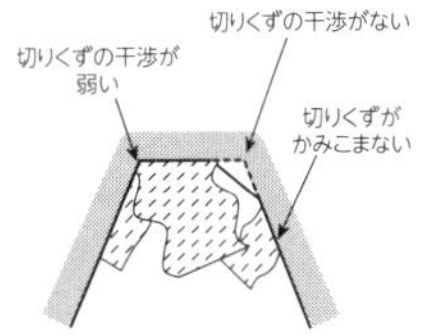 切りくずの干渉が 弱い　切りくずの干渉がない　切りくずがかみこまない

重ねの上に現在があることを知っておくべきである．

(3) 歯形による分類

a：セミトッピングホブ

歯切後の歯車の歯先にはバリが発生しやすい．これを防ぐために，歯切りと同時に積極的に歯先に面取りを施すことが行なわれる．歯先面取りの機能を持たせたものがセミトッピングホブである．歯車の機械加工や組立工程における打痕や傷防止という目的もある．

図17a)に示すセミトッピングホブは，一定の範囲

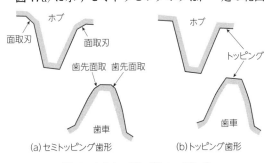

(a)セミトッピング歯形　　(b)トッピング歯形

図17　セミトッピングとトッピング

において歯数違いの歯車に共用が可能である．その可否は歯数と転位係数に依存する．現場的に判断することは困難なので，一般的には工具メーカーに創成図の作図を含めて確認を依頼するのが無難である．

また，量産開始後にホブ切り時の歯厚を変更する場合には，歯先面取量の適正値を保てなくなることがある．特に熱処理変形量を見込んでホブ切り時の歯厚を設定している場合には注意が必要である．これも歯数違いでの共用検討と同様に注意すべき点である．

余談であるが，「歯先面取量C0.5」などと指示されている製品図面を見かけることがある．このような表記方法は誤りである．実はホブの面取刃が直線であれば，歯先面取部も歯面と同様にインボリュートが創成されている．したがって，歯先面取り部も圧力角を持った立派なインボリュートなのだ．面取刃の工具圧力角が55°であれば，歯車の歯先面取部は55°の圧力角を持つインボリュートになる．

b：トッピングホブ

多くの歯車はブランク材の旋削工程の時点で外径を決めてしまい，歯切時にはそれを修正しない．しかし，歯車外周の振れ精度向上やバリ除去を目的として，歯切と同時に外径を切削する工作物もある．そのときに使用されるのが図17b)に示すトッピングホブである．工作物の外径まで同時に仕上げるために，ホブの溝底にも切れ刃が設けられている．

トッピングホブの場合も，量産開始後にホブ切りの

歯厚を変更する場合には注意が必要である．

c：プロチュバランス付きホブ

図18に示すように，ホブの刃先にプロチュバランスと呼ばれるこぶをつけたものである．プロチュバランスなしのホブで歯切を行なうと，後工程でシェービングカッタの歯先が隅肉に干渉することがある．その場合は歯形精度に悪影響を及ぼすだけでなく，歯元に発生した段差を起点として歯車が破壊するというトラブルの原因になる．

これを防ぐために，あらかじめホブ切りのときに適度に歯元の隅部をえぐっておくのがプロチュバランスの役割であり，広く採用されている．シェービングのための前処理という性格を帯びているため，プレシェービングホブとも呼ばれている．

シェービングで仕上げる場合，プロチュバランスによって歯元をえぐる量を適切に設定することが重要である．したがって，荒・仕上げの取り合いがポイントになる．それを考慮し，前加工用のホブと仕上用のシェービングカッタは，可能な限り同一の工具メーカーに発注するのが理にかなっている．

歯数が少ない歯車では，シェービングカッタをハイアデンダム（歯たけを高くしたタイプ）とすることによって歯車の歯元にアンダカットが形成される．そこにプロチュバランスを付けてしまうと，アンダカット量が大きくなり過ぎるので，注意を要する．一例として，圧力角20°の場合であれば，歯数が16枚以下ではプロチュバランスが推奨されないとされている．

厳密には工具メーカーの専門家に設計を委ねるのであるが，現場の技術者はそのような留意点を知識として持っておくことが重要になる．

4.1.6　工具材種

超硬はもちろんのこと，各種のコーティング，サーメット，セラミクス，CBN（立方晶窒化ほう素），ダイヤモンド焼結体など，工具材料の急速な進歩には目を見張るものがある．ホブの世界においても超硬や

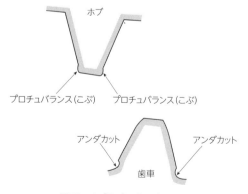

図18　ホブのプロチュバランス

CBN が使用されている事例はあるが，依然として高速度工具鋼（ハイス）が主流を占めている．その理由としては，次の点が挙げられる．

① 断続切削のうえ切削機構が複雑なので，チッピングの不安があり，超硬などのすぐれた特性を生かし切れないことが多い．

② 形状が複雑で高精度が要求されるので，製造コストの面から安価なハイスが好まれる．

③ コーティング，工具形状，加工法の飛躍的な進歩により，ハイスホブによる高能率化が進んでいる．

ここではハイスを中心として，ホブに使用される工具材料についての基礎知識を整理する．現場の技術者は細かい成分の知識を身につけるよりも，それぞれの特性と棲み分けを理解することに重点を置くべきである．

(1) 溶解ハイス

ハイスとは高速度工具鋼鋼材（High Speed Tool Steels）のことである．「ハイ・スピード・スティール」を詰めて，どこの現場に行ってもハイスで通っている．HSS と表記されることが多い．ホブに限らず，バイト，ドリル，リーマなどいろいろな工具に使用されている．

ハイスはタングステン，モリブデン，クロム，コバルト，バナジウムを添加した合金鋼である．焼入れされたハイスの硬度は 63-65HRC 程度であるが，600℃を越える温度では急激に硬度が低下してしまう．そのため，コーティングを施して使用する．

ハイスは添加物の含有量により，タングステン系，モリブデン系に分類される．その概要を表4に示す．違いをわかりやすくするために，成分規格の中央値のみを表示した．当然ながら成分の比率には幅があり，鋼種の改廃も含めて改訂が行なわれているので，最新規格を参照することが望ましい．

タングステン系は高温硬さ，モリブデン系は靱性に

表4 高速度工具鋼の化学成分と分類（JIS G 4403:2015 抜粋）

系列	種類の記号	化学成分 %（規格の中央値のみを表示）					
		C	Cr	Mo	W	V	Co
タングステン系	SKH2	0.78	4.15	－	17.95	1.10	
	SKH3	0.78	4.15	－	18.00	1.00	5.00
	SKH4	0.78	4.15	－	18.00	1.25	10.00
	SKH10	1.53	4.15	－	12.50	4.70	4.70
粉末ハイス	SKH40	1.28	4.15	5.00	6.20	2.95	8.40
モリブデン系	SKH50	0.82	4.00	8.50	1.70	1.20	－
	SKH51	0.84	4.15	4.95	6.30	1.90	
	SKH52	1.05	4.15	6.00	6.30	2.45	
	SKH53	1.20	4.15	4.95	6.30	2.95	
	SKH54	1.33	4.15	4.60	5.60	3.95	－
	SKH55	0.91	4.15	4.95	6.30	1.90	4.75
	SKH56	0.90	4.15	4.95	6.30	1.90	8.00
	SKH57	1.28	4.15	3.55	9.50	3.25	10.00
	SKH58	1.00	4.00	8.70	1.80	1.95	－
	SKH59	1.10	4.00	9.50	1.55	1.10	8.00

すぐれる．モリブデン系の中でも特にコバルトを多く含むもの（SKH55，SKH56 など）はコバルトハイス，バナジウムを多く含むもの（SKH57 など）はバナジウムハイスと呼ばれる．コバルトハイスは耐摩耗性と高温硬さ，バナジウムハイスは耐摩耗性にすぐれる．高速かつ重切削が要求されるホブにはコバルトハイスあるいはバナジウムハイスが使用される．

コバルトを添加するとマルテンサイト地が強化され，耐摩耗性と高温硬さを増す効果がある．その含有量が多過ぎると脆化するので，添加量は 5 ～ 8％が一般的である．

バナジウムを添加するとバナジウム・カーバイドという硬い炭化物が生成され，耐摩耗性を増す効果がある．その反面，被研削性が悪くなるので，研削焼けを生じたり，耐摩耗性や靱性の低下につながることがある．

これらは溶解ハイスと呼ばれるものである．普通の鋼材の製法と同じで，合金元素を配合して溶解し，鋳型に流し込んでインゴットという金属塊にしたあとで圧延や鍛造によって製造される．

(2) 粉末ハイス

一般に，断りなくハイスというときは，慣例として溶解ハイスを指すことが多い．しかし，溶解ハイスは合金元素の偏析が生じるという短所がある．それをカ

バーするものとして，粉末ハイスがある．JIS 規格ではモリブデン系のうちの SKH40 が相当し，「粉末冶金で製造したモリブデン系高速工具鋼材」と定義されている．

合金元素を溶解して粉末とし，型に入れて熱と圧力をかけながら焼結する．溶解するのは溶解ハイスと同様であるが，一度粉末にしてあるので，炭化物の組織が均一かつ微細化される．したがって，焼入れ性がよくなって高硬度が得られ，熱処理ひずみが小さいという長所を持つ．さらには被研削性もよくなる．

溶解ハイスに比べて耐摩耗性と靭性にすぐれ，疲労に強いという長所がある．高速加工における寿命延長の対策として採用されることが多い．

(3) コーティング

1970 年代後半に登場した TiN コーティングホブは，歯車の生産性を一変させたといっても過言ではない．コーティングの技術は日進月歩である．解説は専門家に委ねるべきなので，ここでは一般論に止める．

工具材料としてのハイスのすぐれた特性としては靭性があるが，耐摩耗性では超硬に遠く及ばない．特に切削温度が高いホブ切りでは高温硬さの低下があるため，高速切削と長寿命へも対応が課題となってきた．そのような背景から，ハイスの表面に TiN（窒化チタン）や TiC（炭化チタン）などの硬質の被膜で被覆することにより，弱点である耐摩耗性が飛躍的に向上した．

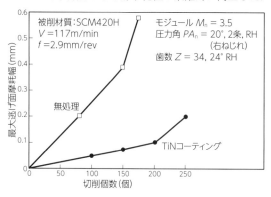

図19　TiN コーティングによる寿命延長効果

もちろんハイスの持つ靭性は保たれているので，工具材料としての能力は格段にレベルアップしたのである．

コーティングの方法は CVD 法（化学的蒸着法）と PVD 法（物理的蒸着法）に大別され，それぞれに一長一短がある．

CVD 法は複数のガスを反応させ，目的とするセラミクスの薄膜を母材の表面に析出させる方法である．それに対し，PVD 法は真空中で金属を溶解・蒸発させ，そこに反応ガスを導入し，母材の表面に硬質化合物の薄膜をつくる方法である．

CVD 法は複雑な形状の母材にも対応できるという長所を持っている．いわゆる「つき回り性」にすぐれているのだ．その反面，処理温度が 700 ～ 1200℃ と高いことが短所である．ハイスでは硬度の低下を防ぐため，焼戻し温度の 550℃ 以下で処理できる PVD 法が採用される．

TiN コーティング層は黄金色をした厚さ 2 ～ 5 μm の薄膜で，その表面硬度は 1800 ～ 2100HV に達する．

逃げ面摩耗幅における TiN コーティングの効果を図19 に示す．最大逃げ面摩耗幅が 0.2mm に達するまでの切削個数を比較すれば，コーティングの効果は明白である．

ただし，TiN コーティングには，耐チッピング性を向上させる効果はない．したがって，チッピングが発生するような環境下で高価なコーティングホブを使用することは，コストを高くするだけである．

一方の TiC コーティングは表面硬度が 2900 ～ 3200HV にも達し，黒っぽい色をしている．TiN コーティングを上回っているが，次の理由から，ハイスホブに対する相性は必ずしもよいとはいえない．

・熱膨張係数は TiN コーティングの方が母材のハイスに近い．
・黄金色の TiN コーティングの方が摩耗の確認が容易であり，現場で好まれる．

近ごろは高能率加工へのニーズから，より硬質で高温における耐摩耗性にすぐれる (Al, Ti) N コーティングが主流になっている（表5）．環境対応のニーズか

らドライホブ切りも行なわれているが, 切削油剤を供給しないドライ加工では被膜の酸化による短寿命が問題になる. したがって, 酸化開始温度を 1250～1300℃ まで高めた被膜も開発されている. とにかくコーティングは日進月歩である. 被膜の組成などは開示されないが, 現場のニーズをしっかり把握し, 切削工具メーカーと緊密に連携することによって最新技術を活かせるように心がけるべきである.

⑷ 窒化処理

窒化処理はハイスの表面に窒素と炭素を 500～520℃ の温度で浸透させ, 窒化物を生成させるものである. その表面硬度は 1000～1200HV に達し, 耐摩耗性が向上する. 被削材料との親和性が小さくなるので, 溶着や摩擦抵抗を減らす効果がある. コーティングの進歩と普及に伴い, 窒化処理を施したホブが使用される割合は少なくなっている.

⑸ 酸化処理

酸化処理は 500～520℃ の処理温度で, 水蒸気によってハイスの表面に四三酸化鉄 (Fe_3O_4) の被膜を被覆するものであり, 俗にホモ処理と呼ばれている. その表面は多孔質で, 切削油剤の油溜まり (オイルポケット) の役目をするため, 溶着や摩擦抵抗を減らす効果がある.

⑹ 超硬

超硬合金のおもな特徴は硬さが大きいこと, 強度が大きいこと, ヤング率が大きいこと, 比重が大きいことである. その主成分であるタングステンカーバイトの融点は 2900℃ に達する. 鋼のように溶解によって成形が困難なので, プレス成形後に 1300～1500℃ で焼結して必要な形状を得る.

超硬は古くから旋削, ミーリング, 穴加工にもっとも広く使用されている工具材料である. 衝撃や発熱が少ないブローチ加工でも古くから採用されてきた. しかし, 耐欠損性や耐熱衝撃性ではハイスに劣るので, 衝撃や加熱・冷却の反復を伴う歯切への採用は進まな

表5 被膜による性能の違い

	(Al, Ti) N コーティング	TiN コーティング
硬さ HV	2800	1900
酸化開始温度 ℃	840	620

かった経緯がある. それでも近ごろは, 高速・長寿命化を目的に自動車のトランスミッション用歯車を中心に超硬ホブの使用が拡大しつつある. それは超硬素材だけでは不十分であり, 工具形状や NC ホブ盤の進歩があってこそである.

また, ハイスにはない高温での硬さという長所を生かし, 焼入れ後の仕上げ加工用超硬ホブも実用化されている.

ハイスホブでは環境問題への配慮から, 水溶性切削油剤の使用, あるいはドライ加工, セミドライ加工が積極的に取り入れられている. 熱亀裂の懸念があるため, 超硬ホブはドライ加工で使用されるのが普通である. しかし, 一部ではセミドライ加工への取り組みも行なわれている. これは微量の切削油剤による潤滑性の向上を狙ったものである.

⑺ サーメット

タングステンカーバイト (WC) を主成分とする超硬に対し, チタンやタンタルを主成分とするのがサーメットである. その名称はセラミック (ceramic) のように硬く, メタル (metal) のように靱性に富むという意味合いを持たせた cera + met に由来する造語である. タングステンは鉄との親和性が高いので, 超硬で鋼を切削すると刃先に鋼の一部が溶着しやすい. そのため, 仕上げ面を悪くしてしまうことがある. 一方, チタンやタンタルは鉄との親和性が低いために溶着が発生しにくく, 美しい仕上げ面を得ることができる.

サーメットは仕上げ面のよさを買われ, 旋削やミーリングにおいて鋼の仕上げ加工に広く使用されている. 一方で弱点は衝撃に弱いために欠損しやすいこと. それは主成分であるチタンやタンタルが化学的に安定であるために, 結合剤とも結合しにくいことに起因している.

仕上げ用(サーメット)　　　　荒用(ハイス)

図20　サーメットホブの使用例 [10]

　そのような理由で，衝撃や加熱・冷却の反復を伴う歯切へのサーメットの採用は遅れた面がある．しかし，最大の長所である鋼との親和性の低さを生かし，中硬度歯車（HB300 ～ 350 程度）の仕上げに採用が拡大している．2 ～ 3 μm という歯研に匹敵する仕上げ面あらさを誇り，ハイスに対して 3 ～ 10 倍の加工能率が得られる．

　図20はその事例である．これは荒加工用のコーティングハイスホブと仕上げ専用のサーメットホブを同一のホブアーバにセットし，NC 機能を生かして位相合わせを行なうことによって加工するものである．これによって熱処理前の仕上げを一気に終わらせ，シェービングを省略することが狙いのひとつである．

　サーメットホブは熱処理前の仕上げに使用される．その点では熱処理後の仕上げに使用される超硬スカイビングホブとは棲み分けができている．鋼との親和性の低さにより，シェービングに比べてすぐれた仕上げ面あらさが得られる．荒・仕上げを NC ホブ盤によってワンチャックで完結できることも長所である．ただし，歯形・歯すじの細かい修整が必要な場合はシェービングに及ばない．

　また，量産の場合は歯切と仕上げを同一の工程でおこなうとネック工程になってしまう懸念がある．したがって，前後の工程のサイクルタイムとのバランスを考慮する必要がある．採用にあたっては，生産数量などの判断材料を総合的に検討することが欠かせない．

⑻ CBN（六方晶窒化ほう素）

　CBN（Cubic Boron Nitride）はホウ素と窒素が結合したもので，結晶構造は立方晶である．天然には存在せず，高温高圧（1400℃　5GPa）で人工的に合成されたもの．ボラゾンの名前で通っている現場が多いが，これは 1950 年代に CBN を開発した米国のゼネラル・エレクトリック社（GE 社）が販売した商品名である．

　CBN はダイヤモンドに次ぐ硬さを誇る．一方で 1000℃付近まで安定という耐熱性にすぐれており，鉄との親和性が低い．さらには熱伝導率が高いので，刃先に熱が溜まりにくい．これらのすぐれた性質を利用し，焼入れ鋼の仕上げ切削を中心に広く採用されている．

　歯切の分野では焼入れ後の歯面の仕上げ加工に採用されている．焼入れ後の歯車には熱処理ひずみが生じるので，加工時に比べて精度が悪化することが避けられない．そこで CBN を切れ刃とした仕上げ用ホブにより，焼入れ後の歯面を仕上げることが試みられている．60HRC 程度に浸炭焼入れされた鋼の歯面を 900m/min という高速で加工した報告もある．[11]

引用文献
1) ㈱不二越 提供
2) 日本電産マシンツール㈱ 提供
3) 歯車のハタラキ　大河出版　p.112
4) ・5) ・6) ・8) ・9) ・10) 九州精密工業㈱ 提供
7) ツールエンジニア　大河出版　1992 年4月号，p.138
11) NACHI TECHNICAL REPORT Vol.13，2007 年 6 月

参考文献
・三菱マテリアル㈱　TOOL NEWS　B141J（2014.11 改訂）
・㈱神戸製鋼所 技術資料

4.2　ホブの精度

　インボリュートを加工するホブの切れ刃は直線なので，加工原理は単純である．しかし，つるまき線の上に切れ刃が規則正しく配列されていなければ工具として成り立たない．したがって，ホブの精度は測定方法とともに非常にきびしく規定されている．歯切加工に携わる技術者が現場で仕事をする際には，その内容を理解していることが求められる．

　ホブは精度によって AAAA 級，AAA 級，AA 級，A 級，B 級，C 級の 6 等級に分けられている．ホブの

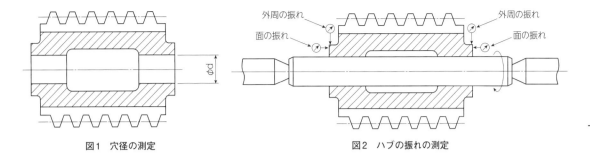

図1 穴径の測定　　　　　　　　　　　　　　　図2 ハブの振れの測定

誤差が具体的に歯車の精度にどのように影響するかは第4章4.3に譲り、ここではJIS B 4354およびJIS B 4355に規定されている精度の定義と測定方法を補足する形で説明する。JISの規格と見比べながら読んでほしい。

4.2.1 穴径

シャンク付きホブを例外として、ホブには必ず内径部がある（**図1**）。穴径の公差は内径と精度等級に応じてH3からH6と定められており、すべての基準になる重要な精度である。ホブの穴精度が悪いと、ホブアーバに取り付けて回転させた場合に偏心が生じ、歯形誤差や歯溝の振れの原因になる。

穴はラップまたはそれに準ずる方法で仕上げをおこない、軸受け部の当たりは75%以上を確保することと規定されている。

4.2.2 ハブの振れ

ハブの外周と端面の振れ（**図2**）が定義されている。ホブ盤に取り付けられた状態で振れを測定する必要に迫られることがある。そのときに使用されるのがハブ外周の研削された部分である。何かトラブルがあった場合にはこの外周部にテストインジケータを当て、寸動させながらホブの振れを測定することが行なわれる。

ハブ外周の振れは、精度等級とモジュールによって規定されている。アーバにはめ込んだホブをセンタ定盤に取り付け、ハブの外周部にテストインジケータを当ててホブを回転させ、振れを読むことによって測定する。ストレート穴のアーバでは内径の誤差の影響を受けてしまうので、テーパーマンドレルを使用することが望ましい。テーパーマンドレルは両端にセンタ穴があり、外周部に緩いテーパがついたテストバーである。被測定物の内径誤差の影響を受けずに振れを測定することができる。

4.2.3 外周の振れ

外周の振れとは歯先切れ刃の振れ（**図3**）を意味する。ホブ外周の振れがあると、1枚の歯を創成している間に切込み深さが変動する。したがって、歯形誤差の原因になる。

測定要領はハブ外周の振れと同様である。アーバにはめ込んだホブの歯先切れ刃にテストインジケータを当て、軸方向の3か所についてホブを本来の回転方向とは逆向きに1回転させ、振れを読む。

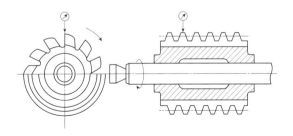

図3 外周（歯先）の振れの測定

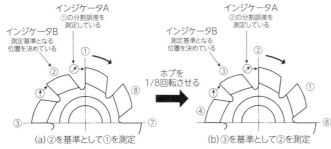

インジケータA
①の分割誤差を
測定している

インジケータB
測定基準となる
位置を決めている

ホブを
1/8回転させる

インジケータA
②の分割誤差を
測定している

インジケータB
測定基準となる
位置を決めている

(a) ②を基準として①を測定   (b) ③を基準として②を測定

図4　溝分割誤差を測定するための手順（溝数8の例）

4.2.4 溝分割誤差

　ホブには等ピッチで溝があるが，製作するうえで溝のピッチが広くなったり狭くなったりという誤差が出ることは避けられない．それが溝分割誤差である．再研削のときには必須の測定項目である．

　溝分割誤差には単一分割誤差と累積分割誤差がある．図4は測定のようすを示している．汎用の測定器で測定可能であるが，溝の数だけ等ピッチで正しい溝位置を正確に割り出す必要がある．したがって，測定技能としての難易度は低くない．

　2個のテストインジケータAとBをセットする．2個のインジケータにはそれぞれに役割分担がある．Aは各溝の溝分割精度を測定するためのもの．Bは溝を正確に等ピッチに割り出すことによってAの測定基準となる溝の位相を決めるためのものである．

　最初に隣り合う任意の溝にインジケータA，Bを接触させ，両方とも読みがゼロになるようにセットする．これで測定の起点となる隣接する溝の分割精度が測定できる．これ以降はA，Bともにインジケータの目盛が動かないように注意する．

　次にホブを矢印の方向に溝1個分回転させ，Bの読みがゼロになるところまで矢印の方向に静かにホブを回転させ，そのときのインジケータAの読みを記録する．以下，同様の要領で順番に溝の数だけAの読みを記録していく．

　測定結果から実際に溝分割誤差を得る手順は，図5を参考にして考えるとよい．インジケータAの読みaとその平均値mとの差が各溝における分割誤差b

切れ刃の番号	インジケータAの読み a	読みの平均値 m	単一分割誤差 b=a-m	累積分割誤差 Σb
①	0		−1	−1
②	0		−1	−2
③	+2		+1	−1
④	0	+1	−1	−2
⑤	+2		+1	−1
⑥	+3		+2	+1
⑦	+1		0	+1
⑧	0		−1	0

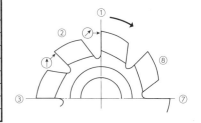

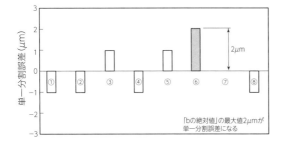

「bの絶対値」の最大値2μmが
単一分割誤差になる

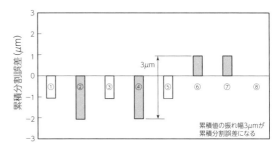

累積値の振れ幅3μmが
累積分割誤差になる

図5　溝分割誤差の測定

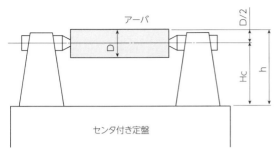

図6　アーバ中心の高さ Hc の求め方

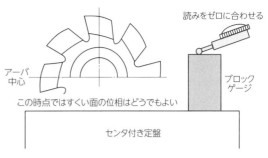

図7　アーバ中心にゼロ点を合せる方法

になる．その絶対値の最大値がホブの単一分割誤差である．累積分割誤差はｂの値を順番に累積したものの最大・最小の差を意味している．

4.2.5 向心度（すくい角）

　向心度はすくい角を意味しており，現場的にはもっとも重要な管理項目である．ホブには二番角がついているので，すくい角の誤差が大きいと，切れ刃の圧力角に狂いが生じる．

　測定の原理は簡単．特殊な機器がなくても，センタ付き定盤，インジケータ，ブロックゲージ，アーバがあれば測定が可能である．

　測定子のゼロ点をアーバ中心の高さに合せる必要がある．その手順は図6とつぎのとおりである．

　① アーバの外径Ｄをマイクロメータで正確に測定する．

　② アーバをセンタ付き定盤にセットする．

　③ アーバの頂点にインジケータを当て，静かに回転させながら，振れがないことを確認する．

　④ ハイトゲージとブロックゲージによって，アーバの頂点の高さｈを測定する．

　⑤ 式(1)によってアーバ中心の高さHc を求める．

$$Hc = h - D/2 \qquad (1)$$

　⑥ 高さ Hc の位置で読みがゼロになるようにインジケータを合せる．

　すくい角の有無によって測定の段取りが少し異なる．すくい角がゼロの場合，手順は，次のとおりである．

　① 図7に示す要領で，アーバ中心と同じ高さになるようにブロックゲージを用意する．インジケータの測定子をブロックゲージの上面に置いたときに読みがゼロになるようにセットする．これでホブ中心の高さが測定子のゼロ点に合ったことになる．

　② 図8a) に示す要領で，ホブの溝底付近に測定子を接触させ，読みがゼロになるようにホブを回転させて調整する．このときインジケータの目盛を変えてはいけない．もし変わってしまったら，①をやり直す．

　③ 溝底付近で読みがゼロになったら，図8b) の要領ですくい面上で歯先に向かってホブ中心に対して直角方向に測定子を滑らせる．測定子の読みの最大値と最小値の差が向心度の誤差になる．溝底付近と歯先付近でいずれも読みがゼロで変わらなければ，向心度は

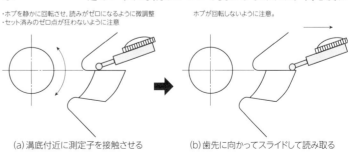

(a) 溝底付近に測定子を接触させる　　(b) 歯先に向かってスライドして読み取る

図8　向心度の測定

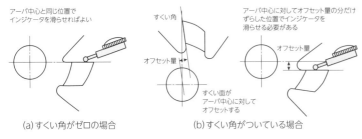

アーバ中心と同じ位置で
インジケータを滑らせればよい

すくい角

オフセット量

アーバ中心に対してオフセット量の分だけ
ずらした位置でインジケータを
滑らせる必要がある

オフセット量

すくい面が
アーバ中心に対して
オフセットする

(a)すくい角がゼロの場合　　　　(b)すくい角がついている場合

図9　すくい角の有無による測定の違い

正しく，すくい角はゼロになっていることになる．

　すくい角を持つホブでは，すくい角によってオフセットする分だけ低い位置に測定子の高さを合わせる必要がある．図9b)にその要領を示す．

　向心度の測定は汎用機器で測定が可能であるが，量産現場でホブの取り扱い点数が多い場合には，本項で述べた測定原理を応用した特殊測定器を工夫することが望ましい．

　向心度を測定するための現場的な測定器の事例（図10），その測定原理（図11）を示す．オフセット量の分だけ歯先を低くしてインジケータの測定子を水平に滑らせる方法（図9）ではなく，歯先をアーバ中心の高さに合わせ，測定子をすくい角の分だけ傾けて滑らせる方法を採用している．

4.2.6 溝のリード誤差

　ホブの溝が理想のリードに対してどの程度の誤差を持っているかを示している（図12）．リード誤差があ

ると，ホブ切りされた左右歯面の圧力角に違いが生じる原因になり，歯形チャートでは歯先上がりと歯先下がりが混在するデータになる．

　直線溝の場合，溝はホブ中心軸を含む平面内にあり，そのリードは無限大である．ねじれ溝を持つスパイラルホブの溝はゆるいリードを持っている．

　直線溝の場合，アーバにホブを取り付け，検査範囲の片端でホブのピッチ線上ですくい面に接触させたインジケータの読みをゼロにセットする．そのままホブ中心軸に沿ってホブを移動させる．検査範囲の反対側でのインジケータの読みをリード誤差とする．スパイラルホブの場合は測定の難易度が上がる．手順は直線溝と同じであるが，ホブを軸方向に移動させるときに，リードに合わせて正確に回転させることが必須である．

　いずれの場合も，リード誤差の測定方法は比較的理解しやすいだろう．基本となる測定機器は一般的なもので十分．ただし，リードに合わせてホブを正確に移動・回転させる機構が必須である．再研削のときに研削砥石の送り方向が狂うと，溝のリードは誤差を生じやすい．したがって，向心度と同様に，測定原理を応用した特殊測定器を工夫するのがよい．

4.2.7　ピッチ誤差

　軸方向で見た切れ刃の間隔を意味する．ピッチ誤差

図10　現場的な向心度測定器（すくい角付きホブ）

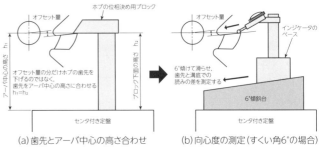

(a)歯先とアーバ中心の高さ合わせ　　(b)向心度の測定（すくい角6°の場合）

図11　現場的な向心度測定器の測定原理と手順

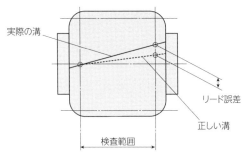

図12　溝のリード誤差の測定

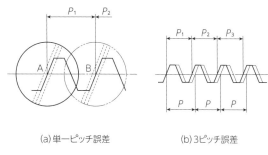

(a) 単一ピッチ誤差　　(b) 3ピッチ誤差

図13　ピッチ誤差の測定

があるホブで創成されると，左右の歯面に圧力角誤差が生じる．歯形チャートでは歯先上がりと歯先下がりのセットになって表れる．そのメカニズムは前項の溝のリード誤差がある場合と同様である．

単一ピッチ誤差と3ピッチ誤差がある（図13）．いずれもアーバと工具顕微鏡があれば，比較的容易に測定できる．工具顕微鏡にデジタルスケールが付いていると便利である．単一ピッチ誤差は，まず切れ刃 A に工具顕微鏡のヘアラインを合わせ，デジタルスケールの読みをゼロにセットする．次にホブを移動し，ヘアラインを隣の切れ刃 B に一致させれば，デジタルスケールの読みがそのまま単一ピッチになる．その理論値と実測値の差が単一ピッチ誤差である．

3点ピッチ誤差は同様の手順で連続した任意の3ピッチの単一ピッチ誤差 Δ_1，Δ_2，Δ_3 を測定する．p はピッチの理論値である．

$$\Delta_1 = p_1 - p$$
$$\Delta_2 = p_2 - p$$
$$\Delta_3 = p_3 - p$$

3ピッチ誤差はその単一ピッチ誤差の和　$\Delta_1 + \Delta_2 + \Delta_3$　である．

4.2.8　歯すじ誤差

ホブの歯すじ誤差とは，切れ刃の位置が正しいつるまき線上に対して，軸方向にどれだけずれているかを意味している．いい換えれば，つるまき線上での切れ刃のふらつき具合を意味していると考えればよい．歯すじ誤差があると，創成された歯面には歯形誤差が生じる．これも溝分割誤差の場合と同様の考え方で理解できるだろう．

歯すじ誤差には次の3種類がある．図14は溝数8のホブを例にとって，歯すじのつるまき線に沿って順番に3回転分の切れ刃について軸方向の出入りを測定しているようすである．これを頭に入れて，3種類の歯すじ誤差の定義と測定方法を考えてみよう．いずれも，まずホブをアーバに取り付けてリード測定器にセットする．

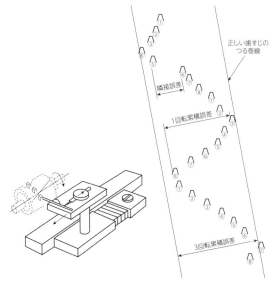

図14　歯すじ誤差の測定

97

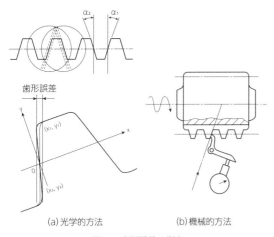

(a) 光学的方法　　　(b) 機械的方法

図15　歯形誤差の測定

a) 隣接誤差

隣り合った切れ刃の軸方向の出入りの最大値である. 切れ刃のピッチ円付近に接触させた測定子を歯すじ (つるまき線) に沿って二番面側から静かに這わせる. 切れ刃を乗り越えて最大値を示したときのインジケータの読み, 隣り合った切れ刃の読みの差の最大値が隣接誤差である.

b) 1回転累積誤差

任意の1回転中の歯すじの出入りを意味する. 隣接

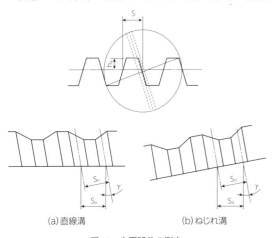

(a) 直線溝　　　　(b) ねじれ溝

図16　歯厚誤差の測定

歯すじ誤差と同様の手順でインジケータの振れを読み, ホブの任意の1回転中における読みの最大値と最小値との差が1回転累積誤差になる.

c) 3回転累積誤差

任意の3回転中の歯すじの出入りを意味する. 隣接誤差と同様の手順でインジケータの振れを読み, ホブの任意の3回転中における読みの最大値と最小値の差が3回転累積誤差になる.

4.2.9 歯形誤差

ホブの精度に関するJISの定義のうちでもっともわかりにくいのが歯形誤差である. 平たくいうと, 正しい圧力角を持つ切れ刃の線に対して直角方向に測った実際の切れ刃位置の出入りを意味する (図15).

測定方法には工具顕微鏡による光学的測定, ホブ検査器による機械的測定がある.

4.2.10 歯厚誤差

工具顕微鏡の鏡筒を歯の進み角 γ だけ傾け, 歯先から歯末のたけ ha の位置で左右の切れ刃の間隔 s を測定する. 図16はそのようすを示している. その測定値と理論値 s_a との差を求めれば歯厚誤差を得ることができる.

歯の進み角を γ とすれば, 理論値 s_a は以下の式によって求められる. 直線溝の場合は

$$s_a = \frac{s_n}{\cos \gamma} \qquad (2)$$

ねじれ溝の場合は

$$s_a = s_n \cdot \cos \gamma \qquad (3)$$

である. ここで s_n は以下の式(4)によって計算する.

$$s_n = \frac{\pi \cdot m}{2} \qquad (4)$$

＊＊＊＊＊＊＊＊

筆者の経験では, ホブの製作誤差がトラブルの原因になった事例は多くない. むしろアーバへのホブの取

付け，工作物の取付け，ホブ盤の剛性や精度など，ホブ単体以外の要因が圧倒的多数を占めているのが実態である．

しかし，それらを原因とする症状にしても，ここで説明したホブの要求精度の定義と測定方法を身につけていなければ理解できない．それは基礎医学の素養なしで臨床医学が成り立たないのと同じである．現場の不具合現象を解明するためにも病理学的素養，つまり工具の精度測定や切削理論に関する知識を正しく理解しておくことが欠かせない．むずかしいことは全部メーカ任せという姿勢では問題は解決しないし，自らの成長も望めない．切削技術者たる者，それを十分に心得ておくことが必須である．

4.3 加工品質

歯車の加工品質には幅広い要素がある．数値で評価できる要素や表面品位（幾何学的な表面あらさとは別物）のように曖昧になりがちな要素を含めると非常に複雑である．それは数値化して客観的に評価することが困難なものが多い．数値化が可能な要素には，JISなどで規格化されて等級が規定されているもの，顧客との取り決めを要するものなどがある．

ここではホブ切りにおいて現場で要求される加工品質とそれを向上させる方策について考える．

4.3.1 歯形誤差

歯車の歯形誤差はホブ切りにおいてもっとも多い不具合であるが，後工程で歯面の仕上げをおこなう場合には，軽視されることが多い．しかし，仕上げの加工精度に影響することが多いので，侮れない．特にシェービングでは工作物の回転がフリーであるため，歯すじ誤差の矯正はできても，歯形誤差の矯正が困難であることが多い．ホブ切りといえども，歯形精度が悪くならないように注意すべきである．

ホブ切りされた歯車の歯形誤差に影響を与える要因

表1　ホブ切りにおける歯形誤差の要因

0次	1次	2次	3次	4次
歯形誤差	ホブ	製作誤差	歯形誤差	***
			歯すじ誤差	***
			ピッチ誤差	***
			向心度不良	***
			すくい面の中凸・中凹	***
			ハブ端面の振れ	***
			穴径	***
			溝のリード誤差	***
			溝の分割誤差	***
		再研削の精度	向心度	***
			すくい面の中凸・中凹	***
			溝のリード誤差	***
			溝の分割誤差	***
	ホブ盤	ホブアーバ	外径，振れ	***
		センタ	摩耗，傷，打痕	***
		テーブルの回転むら	マスタウォーム	ピッチ精度
			ウォームホイール	ピッチ精度
			割出し歯車	ピッチ精度
			マスタウォーム用スラストベアリング	ガタ
		ホブ軸	スラストベアリング	ガタ
			主メタル	摩耗，ガタ
			先メタル	摩耗，ガタ
	ホブの取付け精度	取り付け状態での外周振れ	ハブ端面への異物付着	***
			カラーの平行度不良	***
			締付けナットのひずみ	***
			ホブ端面の異物	***
			締付けナットのひずみ	***
			カラーの平行度	***
	ブランクスの精度	穴あり歯車の精度	加工基準穴径	***
			加工基準端面の振れ	***
			加工基準穴と外周の同心度	***
		軸付き歯車の精度	センタ穴	形状不良
				打痕，傷
				異物

としては，ホブ自体の誤差に加えて，ホブ取付け時の偏心，ホブ盤の精度がある．概要を表1に示す．また表2はホブの誤差が歯車の歯形に与える影響をまとめたものである．

(1)ホブ自体の誤差による歯形誤差

製作と再研削の際に生じるホブの誤差は，最初に考えておく必要がある．ホブの精度のうちで，歯車の歯形誤差に大きい影響を与える要因としては，

・溝分割誤差

・溝のリード誤差

4

ホブ切り

99

表2 ホブの誤差とその影響（実線：実際の歯形，　破線：理想の歯形）

項目	ホブの状態		工作物への影響	
	切れ刃のようす	歯形	歯形	歯形チャート
正常な状態				歯元 / 歯先
溝分割誤差がある場合	$\theta_1 \neq \theta_2$			歯元 / 歯先
すくい角が大きい場合				歯元 / 歯先
すくい角が小さい場合				歯先 / 歯元
すくい角が中凸の場合				歯先 / 歯元
すくい角が中凹の場合				歯先 / 歯元
溝のリードに誤差がある場合				歯元 / 歯先

・すくい面の凹凸
・歯すじ誤差（回転ピッチ誤差）
などが挙げられる．

　図1に示すように溝分割誤差があると，歯すじのつるまき線上において正常な位置から進んで削ったり，遅れて削ったりを繰り返す．したがって，加工された歯車は部位によって切り込む深さが変わり，それに相当する歯形誤差が生じることになる．

　ホブの溝分割誤差が生じる要因としては，

・溝研削におけるホブ取付けの偏心
・溝研削における割出し精度の不良

が考えられる．特に再研削のときにはホブアーバの傷や異物の付着に注意が必要である．溝分割誤差はアーバ，センタ付き定盤，テストインジケータがあれば，測定を行なえる（第4章4.2）．

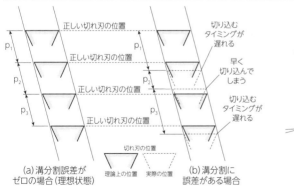

(a) 溝分割誤差がゼロの場合（理想状態）　　切れ刃の位置　理論上の位置　実際の位置　　(b) 溝分割に誤差がある場合

正しい切れ刃の位置　切り込むタイミングが遅れる　早く切り込んでしまう　切り込むタイミングが遅れる

図1　ホブの溝分割誤差による歯車の歯形誤差

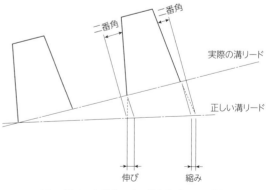

二番角　二番角　実際の溝リード　正しい溝リード　伸び　縮み

図2　溝リード誤差による軸方向ピッチの変化

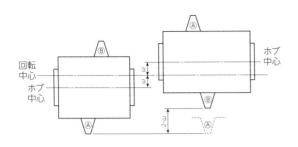

図3　ホブの偏心量ωと切れ刃の出入り

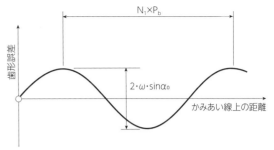

図4　ホブの偏心と歯車の歯形誤差との関係

溝のリード誤差があると軸方向のピッチが正しい状態からずれるので，結果的に溝分割誤差と同じ理屈で歯形誤差が生じる原因になる（図2）.

すくい面の凹凸も歯車の歯形誤差に影響する．これはホブのすくい面が中凸あるいは中凹になった場合である．中凸の場合は歯車の歯形データは中凹，逆に中凹の場合は歯形が中凸になるので，症状から原因が推定できる.

ホブの歯すじ誤差（回転ピッチ誤差）は，歯車の歯形を切れ刃で次々に創成するとき，切れ刃と歯形の接点が正しい接点の位置からずれている量を意味している．溝分割誤差によるものも含まれる.

(2) ホブ取付けの偏心による歯形誤差

ホブ切りされた歯車に生じる歯形誤差の原因として最初に疑うべきものは，ホブ盤に取付けた状態でのホブの偏心である．現場でもっとも多く経験する症例なので，歯切に携わる技術者はそのメカニズムをしっかり理解しておく必要がある.

ホブアーバに対して圧力角 a_0 のホブが一様に ω だけ偏心している場合を考えてみよう（図3）. このときホブの1回転を周期として，切れ刃は工作物の回転中心に接近したり遠ざかったりを繰り返すことになる．もっとも出っ張った切れ刃Aは正しい位置から $\omega \cdot \sin a_0$ だけ余分に歯面を削る．逆にホブが180°回転して現れるもっとも引っ込んだ切れ刃Bは $\omega \cdot \sin a_0$ だけ少なく歯面を削ることになる．ホブ自体に溝分割誤

差や歯すじ誤差があるのと同じことになってしまうのだ.

これによってサインカーブ形のかみ合い誤差が発生する（図4）. ホブ条数を N_T，法線ピッチを P_b とすれば，歯車の歯形データは $N_t \times P_b$ を周期とするサインカーブを描く．このとき，切れ刃の出入りに伴うかみ合い誤差（図5）によって生じる歯車の歯形誤差 f_f は

$$f_f = 2 \omega \times \sin a_0 \qquad (1)$$

と表される．ホブが一様に同じ方向に偏心していれば，左右歯面の歯形誤差はほぼ同じような傾向を示す．偏心が一様でない場合は歯形データの傾向も左右歯面で異なる.

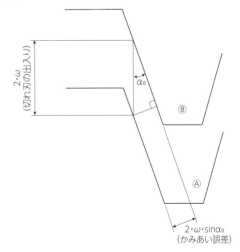

図5　かみ合い誤差による歯形誤差

図6　機上でのホブの振れ確認

歯形データによってホブ取付けの偏心が疑われる場合には，ホブ盤上でハブ外周にテストインジケータを当てて寸動させ，振れを確認することによって確定診断とすることができる．ホブ盤上での測定のようすを図6に示す．

図7はある歯車をホブ切りしたときの歯形誤差の症例であるが，典型的なサインカーブ形の歯形データを示している．ホブの精度はJIS規格を満たしていた．

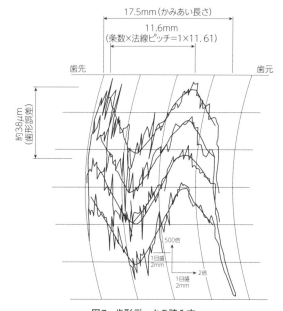

図7　歯形データの読み方

取付けの偏心を疑い，この歯車の歯1枚を創成するのにホブが何回転する必要があるかを計算してみた．歯1枚の創成に必要なホブの回転数 n は

$$n = \frac{L}{N_T \cdot P_b} \qquad (2)$$

として求められる．

ここで L は歯車とホブとのかみ合い長さであり，歯形データからほぼ $L = 17.5$ となる．また法線ピッチ p_b は基礎円上のピッチなので，歯数を z（この歯車では 52），基礎円径 d_b（この歯車では 192.167）とすれば，

$$P_b = \pi \cdot \frac{d_b}{z} = 3.14 \times \frac{192.167}{52} \fallingdotseq 11.6 \qquad (3)$$

として求められる．したがって，式(2)より

$$n = \frac{17.5}{1 \times 11.6} \fallingdotseq 1.5 \qquad (4)$$

となるので，この歯車の1枚の歯を創成するためにはホブ1.5回転が必要であることがわかる．この結果はサインカーブの周期と一致している．ホブの圧力角は22.5°，取付け時の偏心の実測値は約 $50\mu m$ なので，式(1)から歯車の歯形誤差の理論値 f_f は

$$f_f = 2 \times 50 \times \sin 22.5° \fallingdotseq 38\,\mu m \qquad (5)$$

となり，この結果も実測値とほぼ一致していることがわかる．

このように，サインカーブ形の歯形データが認められた場合には，まずホブの取付け状態をチェックするのが先決である．ホブアーバの摩耗，締付ナット座面のひずみ，カラーの平行度不良は要注意である．ホブの端面に切りくずなどの異物を挟んだまま取り付けると，意外なほど大きな振れを生じる．

(3) ホブ盤の精度に起因する歯形誤差

ホブ切りでは，ホブと歯車とが常に一定の割合で回転することによって正しい歯形が創成される．したがって，ホブ盤の機械精度を維持することは非常に重要である．

熱変位の影響を抑え，高精度・高剛性化を進めた最

新鋭の NC ホブ盤が華々しく世に出ている．しかし，実際の製造現場では，依然として従来型のホブ盤をオーバホールしながら大事に稼働させている製造現場が多い．**図8**は名機の誉れ高い KS-14 型ホブ盤（カシフジ）である．

ここでは従来のホブ盤を継続使用することを前提として考えてみる．おもなチェック項目は次のとおりである．

・ホブ軸のスラスト方向にガタはないか
・テーブルの回転むらはないか

ホブ軸のスラスト方向にガタがある場合は，前項で説明したホブに溝分割誤差や歯すじ誤差があるのと同じ状態になる．

マスタウォームの回転誤差には，マスタウォーム自身のピッチ誤差のほか，スラストベアリングのガタによるものもある．多条のマスタウォームを使用したホブ盤もあり，その分割誤差による回転むらも考えられる．

割出し歯車にピッチ誤差や偏心があると，マスタウォームに回転ムラが生じ，テーブルの回転に進み遅れが出ることになる．したがって，凹凸不整の歯形データとして表される．

これらはいずれもホブに溝分割誤差や歯すじ誤差があるのと同じ状態になるので，やはり凹凸不整の歯形データとして表れる．

4.3.2　歯すじ誤差

ホブ切りにおける歯すじ誤差は，歯形誤差と同様で，後工程でシェービングするからという理由で軽視されがちである．しかし，歯幅が大きくなると，シェービングにも影響することが多い．

表3はホブ切りにおける歯すじ誤差の要因をまとめたものである．特に注意すべき点にはホブ盤の精度に起因する歯すじ誤差，工作物の取付け不良，差動歯車の選定ミス，測定上の誤差などがある．歯すじデータに現れるパターンはさまざまであり，それぞれに異なる原因がある．お互いの関係を**表4**にまとめた．

図8　ホブ盤（カシフジ　KS-14型）

表3　ホブ切りにおける歯すじ誤差の要因

0次	1次	2次	3次	4次
歯すじ誤差	ホブ盤	マスタウォーム	スラストベアリング	ガタ
			ウォームホイール	バックラッシ
			ねじれ	***
		ホブ軸	曲がり	***
			ねじれ	***
			スラスト方向のガタ	***
		センタ	振れ	***
			傷, 打痕	***
		工作物アーバ	ねじれ	***
			曲がり	***
		治具基準面	振れ	***
		クランプ	把握力	***
	ブランクスの精度	穴付き歯車	内径	***
			端面	振れ
		軸付き歯車	センタ	傷, 打痕
				異物
	段取り	差動歯車	差動誤差	選定ミス
		工作物の倒れ	基準面	異物付着
			センタ穴	異物付着
	測定方法	工作物の倒れ	工作物	センタ穴の異物
			テーパマンドレル	センタ穴不良
			歯車測定器	センタ穴不良
		歯車測定器	ねじれ角	設定不備
		基礎円板	外径の誤差	***
			円筒度不良	***
		測定子	突出し長さ	***
			摩耗	***

表4　症状別に見る歯すじ誤差の原因

症状	歯すじデータ	考えられる要因
途中から曲がる	または	・マスタウォームのスラスト方向のガタ，ねじれ ・ホブ軸のスラスト方向のガタ ・ホブ軸のねじれ
途中からテーパになる		・ホブ軸の曲がり ・工作物アーバの曲り ・コラムの走り不良
全体にねじれる		実際に歯すじ誤差がある場合 ・差動歯車のねじれ角不良 ・差動歯車の選定ミス 実際には歯すじ誤差がない場合 （見かけの歯すじ誤差である場合） ・測定時の工作物の倒れ ・基礎円板の外径誤差 ・歯車試験機のねじれ角設定ミス

⑴ ホブ盤に起因する歯すじ誤差

　影響度，発生頻度ともにもっとも大きい要因はホブ盤の精度である．テーブル1回転あたりの送り量をアップした場合に，歯すじの曲がりが発生することはよく経験する．

　表5は同巻きクライムホブ切りの場合のホブおよび工作物のねじれ方向と，歯すじ曲がりの方向との関係を調べたものである．ホブと工作物のねじれ方向との組合わせにより，工作物の回転方向と歯すじ曲がりの方向が異なることがわかる．同巻きホブ切りでは，工作物にその回転方向と逆方向に戻される力が作用する．ホブ盤の剛性がその切削抵抗に負けたときに，歯すじの曲がりが始まると考えられる．

　実際の工作物のねじれ方向と歯すじ曲がりとの関係を整理したものを図9に示す．これを見ながら，ホブの移動と歯すじ曲がりとの関係を考えてみよう．

　ホブが工作物に食い付いてから切削抵抗が大きくなるまでの区間Ⅰでは歯すじは真っすぐである．しかし，ホブが完全に食い付いた区間Ⅱでは，切削抵抗がホブ盤の剛性を越えるので，テーブルの回転角速度に遅れが生じる．そのため，歯すじは急激に曲がっていくのである．そして，ホブが区間Ⅲに入って工作物の上端を抜け始めると，切削抵抗が減少するので，歯すじは元の位置に戻る方向に曲がっていく．これが現場で俗に「ワークが回される」と表現されている現象の正体である．

　このパターンの歯すじ曲がりが生じる原因をホブ盤の機構から考察してみよう．図10は一般的なホブ盤の駆動系統を示している．ホブ軸はモータから数組のベベルギヤを介して回転が伝わっている．一方，モータから差動歯車，割出し歯車を経て親ウォームホイールが直結しているテーブルがホブに同期して回転している．

　このパターンの歯すじ曲がりが発生するホブ盤の要因としては，次の点が挙げられる．

　① 親ウォームのスラスト

　② ホブ軸のスラスト

　③ 親ウォームのねじれ

　④ ホブ軸のねじれ，曲がり

　⑤ 工作物アーバのねじれ

　まず①であるが，すでに説明したように，テーブルはその回転を戻す方向に切削抵抗を受ける．切削抵抗が増すと，親ウォームホイール軸はFwの方向に力を受ける．

　したがって，親ウォーム軸のスラスト力を受けるスラストベアリングなどの機構にガタがある場合には，切削抵抗によって親ウォーム軸がスラスト方向に動いて歯すじ曲がりが発生することになる．

　これを現場的に確認する方法としては，ホブ盤のギヤボックス内にある割出し歯車の出力軸にテストインジケータを当て，親ウォーム軸の動きを観察すればよい．このときにテストインジケータの読みの変動が歯すじ曲がりのパターンと一致すれば，親ウォーム軸のスラスト方向の動きが歯すじ曲がりの原因であることが特定できる．その場合には，スラストベアリングの交換，調整などの修理が必要になる．

　次に②について説明する．ホブ軸方向のスラスト力

を受ける機構にガタがあると，切削抵抗によって歯すじ曲がりが発生する．

　この場合も①と同様に，ホブ軸についているフライホイールにテストインジケータを当て，軸方向の動きを観察することによって確認できる．それが確認されたら，主メタルのクリアランスを小さくすることによって対策できる．クリアランスを小さくし過ぎると焼き付きの原因になるので，注意が必要である．

　①および②を調べて問題がない場合には，③～⑤が考えられる．しかし，これらはホブ盤の修理では改善できず，切削条件を下げたり，ホブの溝数を減らすことで対策するのが現実である．

　加工時間の短縮を行なう場合には，テーブル1回転あたりの送り量（垂直送り）を上げるよりも，切削速度を上げた方が歯すじ曲がりは少なくて済む．ただし，これはホブの摩耗にとって不利な方向であることはいうまでもない．

(2) 工作物の取付け不良

　工作物の取付け精度に拙さがある場合にも歯すじ誤差が発生する．特に問題が多いのは，ブランクスの精度不良による取付け誤差である．具体的には，

　① 内径に対する端面の振れ

　② センタ穴不良による軸付き歯車の倒れ

などが考えられる．いずれも症状として歯すじ誤差のばらつきが認められることが特徴である．その兆候

表5　工作物の回転方向と歯すじ曲がりの関係（同巻きクライムカットの場合）

	ホブ，工作物ともに右ねじれの場合	ホブ，工作物ともに左ねじれの場合
ホブ	組立ホブ，φ110，2条，RH，溝数12	組立ホブ，φ106，2条，LH，溝数10
工作物	モジュール4.5，圧力角20°	モジュール4.5，圧力角20°
	歯数45，26°RH，歯幅40mm	歯数37，22°LH，歯幅32mm
ねじれ方向 vs. 回転方向	ホブの回転方向／ホブの送り方向／工作物の回転方向	ホブの回転方向／ホブの送り方向／工作物の回転方向
垂直送り量変更前	$f = 1.0$mm/rev　$Vc = 69$m/min	$f = 0.8$mm/rev　$Vc = 82$m/min
垂直送り量変更後	$f = 1.44$mm/rev　垂直送り量アップ	$f = 1.2$mm/rev　垂直送り量アップ

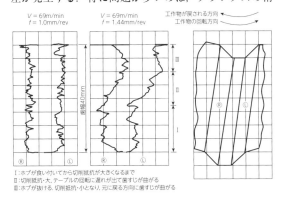

I：ホブが食い付いてから切削抵抗が大きくなるまで
II：切削抵抗・大，テーブルの回転に遅れが出て歯すじが曲がる
III：ホブが抜ける．切削抵抗・小となり，元に戻る方向に歯すじが曲がる

図9　歯すじ曲がりの原因（ホブ，工作物ともに右ねじれの場合）

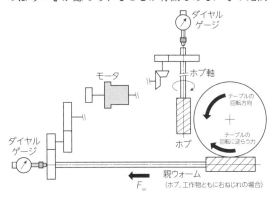

図10　ホブ盤の構造から考える歯すじ曲がりの原因

は歯すじデータに現れるので, 原因が推測できる.

①の例としては, 工作物の重ね切りがある. 複数の工作物を重ねてホブ切りすると, 工作物の基準端面精度の誤差が累積するので, 上の方が歯すじ誤差のばらつきが大きくなる傾向がある. これを防ぐためには, 重ね切りを回避するか, 旋削時に基準端面と内径を同時加工する必要がある.

②は軸付き歯車のセンタ穴に打痕や異物の付着があって, 取付けのときに工作物が倒れた場合である. ホブ盤に取付けるときに, センタを工作物のセンタ穴にぶつけると, 意外なほど簡単に打痕がついてしまうので, 要注意である.

(3) 差動歯車の選定ミス

はすば歯車のホブ切りでは, 工作物のねじれ角に応じてホブの回転とテーブルの回転を同期させる必要がある. そのためには, 差動歯車を正しくセッティングする必要がある.

差動歯車は通常 4 枚で 1 セットになっている. モジュール m, ホブ切り時におけるピッチ円上のねじれ角 β の歯車を条数 N_T のホブで歯切りする場合を考える. 4 枚の差動歯車の歯数を a, b, c, d とすると, それらは式(6)を満たす組み合わせとして求められる. ここで, H はホブ盤の機種によって決まる定数であり, 取扱説明書に明記されていることが多い.

$$H = \frac{\sin \beta}{m \times N_T} = \frac{a \times c}{b \times d} \qquad (6)$$

式(6)の左辺に H の数値を入れることによって定数が得られる. それを満たす a, b, c, d を右辺に代入して β を逆算し, 要求されるねじれ角に対する誤差を確認しておく必要がある. 要求精度や歯幅にもよるが, 要求されるねじれ角との誤差が 15 秒以内に収まるように a, b, c, d の歯数を選定することが望ましい.

差動歯車の選定ミスは歯すじ誤差につながるが, 歯すじデータがスケールアウトしてしまうことが多いので, 他の要因との判別は比較的容易である. スケールアウトしない程度の誤差の場合は, 歯すじデータ上は

単純に傾いたデータとして現れる. 4 枚の差動歯車の歯数を求める方法の事例を第 4 章 4.4.2 に挙げた.

(4) 測定上の誤差

これは歯車自体には異常がないが, 測定に問題があるために生じる見かけ上の歯すじ誤差を意味する. 詳細は第 6 章でも説明しているので, 参考にしてほしい. 現場でよく見られる症例としては, 次の点が挙げられる.

① 工作物の取付け不良
② 軸付き工作物のセンタ穴への異物付着
③ 基礎円板の誤差
④ 歯車試験機のねじれ角の設定ミス

いずれの場合も歯すじデータに曲がりは認められず, 単純に傾いた歯すじ誤差が表れるのが特徴である.

①の例としては, 歯車が偏心して取付けられた場合が挙げられる. 歯すじ測定にストレートのアーバを使うと歯車が傾いた状態で測定されるので, テーパマンドレルを使用する必要がある. ②も同様で, 工作物の倒れによる見かけの歯すじ誤差が生じる. いずれの場合も歯すじ誤差のばらつきが認められることが特徴である.

基礎円板をセットして測定する従来の歯車試験機では頻度こそ少ないが, ③による歯すじ誤差が発生する. 正しい基礎円径に対して誤差が大きい基礎円板を使用すると, 外径の大小によってそれぞれ逆方向にねじれたデータが認められる. この症例では, 見かけの圧力角誤差を伴うことが特徴である.

④も同様. 歯車試験機のねじれ角をホブ切り時ではなく, 完成時(焼入れ後)の基礎円上ねじれ角で設定してしまうミスである.

4.3.3 歯溝の振れ

ホブ切りで発生する加工精度の問題で多く見られる. シェービングでも矯正できない場合が多く, 異音や騒音の原因につながってしまうことがある.

歯溝の振れを測定してその数値をもとにグラフ化し

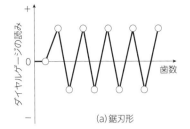

(a) 鋸刃形

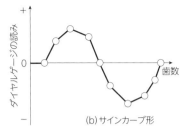

(b) サインカーブ形

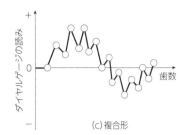

(c) 複合形

図11　歯溝の振れの形態

てみると，その形態は**図11**に示すように鋸刃形，サインカーブ形，複合形の3種類に大きく分類される．それぞれに原因が異なるので，歯溝の振れは数値だけで考えるのではなく，グラフ化してその形態を確認することが何よりも大事である．

　ここではホブ切り時の歯溝の振れの特徴，メカニズム，対処法を形態別に説明する．

(1) 鋸刃形の歯溝の振れ

　鋸刃形の歯溝の振れは歯数がホブの条数で割り切れる場合に発生しやすい．偶数歯の歯車を2条ホブで加工した場合に多く見られる症例である．歯車の偏心を伴う場合には，サインカーブ形が加わって複合形の歯溝の振れの形態を示す．

　鋸刃形の歯溝の振れが発生するメカニズムを考えてみよう．**図12**は3種類の歯数を持つ歯車をそれぞれ4条ホブで加工する場合に，歯溝がホブの各つるまき線で切られていくようすをモデル化したものである．歯数 z とホブ条数 NT の関係は次の3通りが考えられる．

　① z が N_T で割り切れる場合・・・図12(a)

　$z=12$，$N_T=4$ の場合，ある歯溝はホブの1条目のつるまき線だけで切削され，隣の歯溝は2条目のつるまき線だけで切削される．したがって，4種類（$=N_T$種類）の歯溝が3回（$=z/N_T$回）表れることになり，多条割出し

ピッチ誤差やホブの偏心がそのまま鋸刃形の歯溝の振れとして顕著に表れる．

　具体例として，頻度が高い偶数歯を2条ホブで歯切りする場合を考えてみる．**図13(a)**は異なるつるまき線上にある切れ刃 A・B が180°対向した位置にある状態を示している．次に図13(b)はホブが半回転した状態を示している．偏心して取付けられた2条ホブで偶数歯を切削したときに鋸刃形の歯溝の振れが発生す

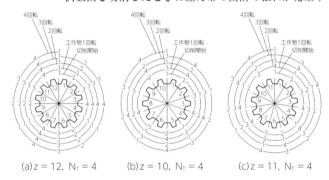

(a) z = 12, N_T = 4　　(b) z = 10, N_T = 4　　(c) z = 11, N_T = 4

図12　工作物の歯数とホブ条数との関係

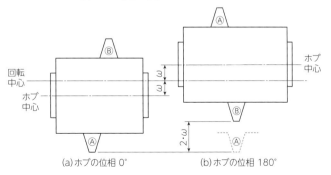

(a) ホブの位相 0°　　　　(b) ホブの位相 180°

図13　2条ホブの偏心と切れ刃の出入り

107

るメカニズムは，図12および図13(a)を考えれば理解しやすいだろう．

② z と N_T との間に公約数 c が存在する場合・・・図12(b)

$z=10$，$N_T=4$ の場合，z と N_T との間に公約数 $c=2$ が存在する．この場合，2種類（$=c$ 種類）のグループが周期的に5回（$=z/c$ 回）現れる．この場合はホブの偏心があっても歯車には大きい影響は生じない．

③ z と N_T とが互いに素である場合・・・図12(c)

$z=11$，$N_T=4$ の場合を考えてみる．この組合わせでは，各歯溝がすべてのつるまき線で切削される．したがって，ホブの多条割出しピッチ誤差は各歯溝に分散され，互いにキャンセルされる．したがって，この場合も大きい影響は生じない．

このように，多条ホブを使用する場合には，歯数とホブ条数が互いに素となる組合わせとすることが望ましい．しかし，$z=21$，22，23，24 というように歯数が連続した歯車でホブを共用したい場合も多い．このような場合に原則論でホブを専用化すると，ホブの在庫や段取り回数が増えてしまう．本項で説明したメカニズムを熟知したうえで，ホブ盤やアーバの精度，ブランクスの精度などを管理するべきである．

このようにもっとも問題が多いのは，①である．中でも2条ホブで偶数歯の歯車をホブ切りするときに発生する歯溝の振れは現場で頻発する．その原因は，
・ホブの条間ピッチ誤差
・取付けのときのホブの偏心
のいずれかであるが，過去に経験した鋸刃形の歯溝の振れを調べてみると，後者を原因とするものが圧倒的である．

図14は筆者が2条ホブで歯切りした歯数35および36の歯車をシェービングで仕上げ，その前後の歯溝の振れを比較したデータである．

図14a)のようにホブの取付け時に120μmという大きい振れがある状態において2条ホブで偶数歯をホブ切りすると，歯溝の振れのグラフは典型的な鋸刃形となる．図15はこのときの歯車の外観である．鋸刃形の歯溝の振れが大きくなると，このように歯1枚おきに歯先面取量の大小が発生していることが認められる．

図14b)はホブの振れを50μmまで小さく抑えた結果である．鋸刃形の様相は変わらないが，振れの大きさがかなり改善されていることがわかる．

これらの結果から，偶数歯の場合はシェービング後でも鋸刃形の歯溝の振れを矯正できていないことがわかる．また，図14c)は図14b)とほぼ同程度の110μmという非常に大きいホブの振れがあ

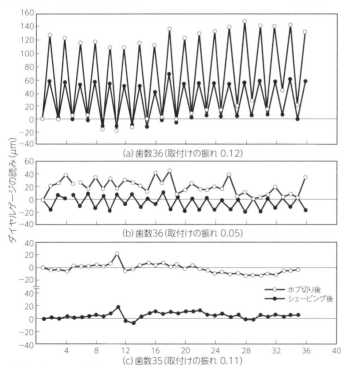

(a) 歯数36（取付けの振れ 0.12）

(b) 歯数36（取付けの振れ 0.05）

○── ホブ切り後
●── シェービング後

(c) 歯数35（取付けの振れ 0.11）

工作物：モジュール4.5，圧力角20°，24°RH，ホブ：Φ110，2条，RH，切削条件：Vc=73m/min，f=1.7mm/rev

図14　2条ホブによる歯溝の振れ

る状態で奇数歯に対して同様のテストをおこなった結果である．奇数歯では2条ホブの影響をほとんど受けていないことがわかる．

高精度の歯車を製作するには，歯切加工の精度からしっかり管理する必要がある．具体的な発生源対策，流出対策としては，次の対策が挙げられる．
・ホブ取付けの振れを $20\,\mu\mathrm{m}$ 程度に抑える
・ホブ交換時の歯車の検査を徹底する

このうち，現場では前者の重要性が意外なほど知られていない．ハブ端面に切りくずが付着した状態でナットを締め付けると，意外なほど大きな偏心が生じる．ホブの偏心はテストインジケータでハブ外周の振れを測定すればよい．

現場では段取りのときに，歯数をチェックすることが行なわれる．これは割出しのミスを防ぐためである．現場ではこの作業を「ホブのチョイ当て」と呼び，刃先をブランクスの外周にわずかに接触させ，その接触痕の本数を数えるのである（図16）．2条ホブで偶数歯を切削する場合，ひと歯おきに接触痕の大小が認められることがある．このようにして歯溝の振れを察知できる場合もある．また前述のような歯先面取量のばらつきによっても鋸刃形の歯溝の振れを検出することができる．

ホブ交換後の歯車の検査方法にも注意が必要である．歯数が多くなると，歯溝の振れの測定は非常に手間がかかるため，歯1枚おきに測定してしまうことがある．しかし，これでは鋸刃形の歯溝の振れは検知できない．歯溝の振れは数値よりもむしろ振れのタイプが重要である．したがって，すべての歯溝について測定を行ない，グラフ化することが必要である．

ミーリングカッタの正面刃振れ測定によく使われているデジタルインジケータを活用すると，歯数が多い場合でも高能率な測定が可能である．

(2) サインカーブ形の歯溝の振れ

ホブ盤上でブランク材が偏心した状態でホブ切りをおこなうと，歯溝の振れの数値をグラフ化したものは

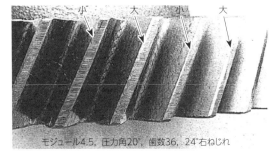

モジュール4.5，圧力角20°，歯数36，24°右ねじれ

図15　2条ホブの振れによる歯先面取量のばらつき

サインカーブ形を示す．鋸刃形の症例でも厳密には歯車の偏心の影響を受けており，その場合には複合形のデータとなる．

その対策としては，次の点を管理することが挙げられる．
・ブランク材の内径
・ホブ切り時の工作物用アーバの外径

歯溝の振れの測定には高価な機器や熟練も必要としない．数値の大きさだけにとらわれず，データをグラフ化して，振れの形態を知ることが正しい対策につなげるための鉄則である．

(a) チョイ当てのようす

(b) 2条ホブが振れたときの症状（偶数歯）

図16　ホブのチョイ当て（歯数と歯溝の振れの有無の確認）

表6　ホブの圧力角誤差による影響

ホブの 圧力角	加工された 歯車の歯形 実線：実際の歯形 破線：理想の歯形	歯形データ
正しい場合		
理想よりも 大きくなって いる場合	歯が太って見える	歯先下がり
理想よりも 小さくなって いる場合	歯がやせて見える	歯先上がり

4.3.4　圧力角誤差

　圧力角は歯と歯が押し合う力の方向を意味するので，誤差があると，スムーズなかみ合いができない．したがって，加工精度として確認すべき項目になる．

　圧力角誤差の有無を確認するには，歯形データの傾きを調べるのがもっとも簡単な方法である．表6は圧力角の大小と歯形データとの関係をまとめたものである．

　圧力角誤差が生じる要因としては，次の点が挙げられる．

・ホブの誤差
・工作物の取付け不良
・測定の粗さによる見かけの圧力角誤差

(1) ホブの誤差による圧力角誤差

　歯車の圧力角誤差に影響するホブの誤差としては，向心度誤差（すくい角誤差），溝のリード誤差，ホブの圧力角誤差，ホブのピッチ誤差がある．

　もっとも注意すべき要因はすくい角誤差である．ホブには二番角がついているので，すくい角に誤差があると，左右で圧力角が異なる切れ刃が現れることになる．ちなみに，すくい角が大きくなった場合には，ホブの歯形は側面逃げ角のために圧力角が小さくなる．したがって，ホブ切りされた歯車の圧力角も小さくなり，歯形データは歯先上がりになる．

　すくい角誤差が生じる原因は，再研削のときにホブと砥石との位置不良があるためである．すくい角がついたホブを再研削するときには，図17に示すように，ホブの軸心と砥石とのオフセット量を正しく保たなければならない．ホブの外半径を r_h，すくい角を σ とす

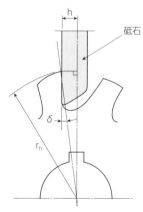

図17　砥石のオフセット

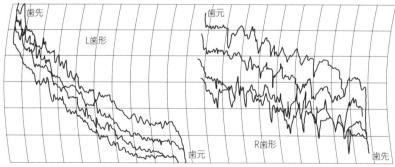

工作物：モジュール4.5, 圧力角20°, 歯数27, 24°LH　被削材：SCM420H
ホブ：ソリッドホブ, φ105mm, 2条, LH, TiNコーティング, 溝数12
切削条件：V = 81m/min, f =1.5mm/rev

図18　極端な歯先下がり（圧力角・大）

ると，オフセット量hは

$$h = r_h \times \sin \sigma \qquad (7)$$

と表される．

　溝のリードに誤差がある場合，一方の切れ刃はピッチが軸方向に伸び，反対側は一様に縮む．したがって，ホブ切りされた歯車の圧力角は左右の歯面で大小が現れる．

　ホブの誤差が原因となって圧力角誤差が出る例として，ソリッドホブは要注意である．第3章3.3で説明したように，有効使用刃幅を越えてソリッドホブを使用すると，思わぬトラブルを引き起こすことがある．

　図18は極端な圧力角誤差（歯先下がり）を示した症例である．調べてみると，有効使用刃幅を大きく越えて使用されたペラペラの薄いソリッドホブ（図19）だった．

　薄くなったソリッドホブが大きな圧力角誤差の原因になるメカニズムとはどういうものか．ソリッドホブの歯形研削では，次の刃に干渉しないように砥石を引き上げる必要がある（図20）．領域ACIJは正しい歯形に仕上げられている．しかし，領域CDGIは砥石が逃げる途中で研削された面なので，正しい歯形に仕上げられていない．したがって，Iを通って新品時のすくい面であるAJに平行なKIがこのホブの使用限界ということになる．

　BHはこのホブのすくい面の位置を示している．この状態で切れ刃の歯先側は正しい歯形が確保されているが，途中で砥石が引き上げられるので，歯元付近は正しい歯厚よりも厚くなっている．これによって，歯車の歯先側が多く削られ，結果的に歯先上がり（圧力角・大）になったもの

図19　薄くなったソリッドホブ

である．

　こういう事象が起こり得るのだということを技術者自身が知っておくべきであることはもちろんであるが，現場にも管理標準として知らしめることが重要である．現場の技術者たるもの，机上の切削理論だけでなく，工具の製造方法も知っておく必要がある．

⑵ **工作物の取り付け不良による圧力角誤差**

　ホブ切りのときの工作物の取付けが拙い場合にも圧力角が生じる．これは歯すじ誤差の場合と同様である．具体的には工作物の偏心や倒れがある．

　工作物の内径が大きいと，ホブ切りのときに偏心する．したがって，円周4等分で4ヶ所の歯形データを調べると，歯先が上がったり下がったりする．図21のような圧力角のばらつきが生じる．

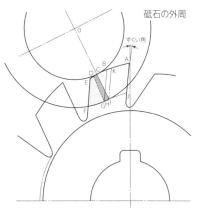

図20　ソリッドホブの歯形研削と有効使用刃幅

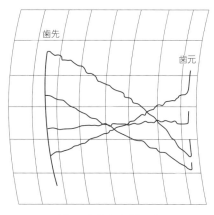

図21　圧力角のばらつき

111

また，軸付き歯車ではセンタ穴の傷や打痕によって工作物が倒れ，やはり圧力角のばらつきが生じる．

4.3.5 歯先面取量

歯車の歯先には相手歯車の歯元への干渉や歯車の損傷を防ぐために，わずかな量の面取りを施すことがおこなわれる．歯先面取量の過小は相手歯車の歯元への干渉や歯車の損傷の原因につながる．逆に歯先面取量の過大はかみ合い率が小さくなったり，歯先強度が低下する原因になる．

ホブ切り時の歯先面取量は，シェービングや歯車研削をおこなったときに適正な大きさになるように，仕上げの取りしろの分だけ大きくしておく．

歯先に面取りを加工するには，トッピングホブ（歯先面取りと同時に外周も仕上げる）あるいはセミトッピングホブ（歯先面取りのみ行ない，外周は切削しない）という面取り刃付きのホブが使用される．現場では後者が多い．図22はセミトッピングホブによる歯先面取りの過程を示す創成図である．

歯数が異なる複数の歯車に同一のセミトッピングホブを共用した場合，歯数が少ないほど歯先面取量が小さくなることは日常的に経験する．図23は歯数，転位係数が異なる歯車を同一のホブで加工した場合に，歯先面取量がどうなるかを示している．転位係数が同じであれば，歯数が少ないほど歯先面取量は小さくなる．同じ歯数であれば，転位係数が小さくなるほど（つまり歯車の歯厚が小さくなるほど），歯先面取量は大きくなる．

このように，セミトッピングホブを共用する場合には，所定の歯厚に仕上げたときの歯先面取量が許容範囲を満たしているかどうかを十分に吟味する必要がある．

現場で見られる歯先面取量にまつわるトラブルには，次のようなものが挙げられる．

① 歯溝の振れによる歯先面取量のばらつき
② ホブ切りの歯厚不良による歯先面取量の
過大あるいは過小
③ 旋削時の外径寸法不良による歯先面取量の過大・過小
④ ホブ盤の定寸精度不良による歯先面取量のばらつき
⑤ ホブサドル傾斜角の設定ミス
⑥ ホブの製作誤差による歯先面取量の不良

①は第4章 4.3.3（1）で説明したように，歯溝の振れが大きいために，歯1枚おきに歯先面取量の大小が発生する症状である．これは2条ホブで偶数歯を加工する場合によく見られる．このような症状が出ると，シェービングしても矯正できないことが多く，重症になると歯1枚おきに歯先面取の有無が生じることもあ

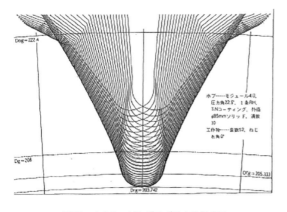

図22　セミトッピングホブによる創成図

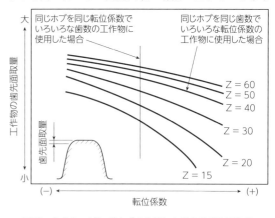

図23　セミトッピングホブを共用した場合の歯先面取量

る．歯溝の振れが主原因なので，対策はホブの取付け
の偏心を抑えることである．

③は旋削のときの外径不良によって歯先面取量に影
響が出る場合である．要因としては，以下の点が挙げ
られる．

・外径の大小による歯先面取量の大小
・外径旋削分割による歯先面取量のばらつき

図24は外径旋削の工程が分割されている例である．
この場合には外周部に段差が生じる．したがって，1
枚の歯の歯幅方向で歯先面取量の不均一が発生する．
ブランクスの加工については，ポイントを第3章3.2
で詳しく説明した．

④はホブ盤の半径方向切込み量の再現性が悪いた
め，歯車の歯厚が均一にならないことによって歯先面
取量のばらつきが生じるものである．

⑤はホブを取り付けるときのホブサドル傾斜角 λ
（図25）の設定にミスがある場合である．歯切時ピッ
チ円筒上ねじれ角を β，ホブのピッチ円筒上進み角を
γ とすると，λ は

$$\lambda = |\beta - \gamma| \qquad (8)$$

として求められる．ただし，同巻きホブ切りのとき
は γ > 0，逆向きホブ切りのときは γ < 0 とする．

ホブサドル傾斜角の誤差が大きくなると，歯形には
影響しないが，同じ切込み量で加工しても歯車の歯厚

は減少する．したがって，正規の歯厚で加工しようと
すると切込み量が浅くなってしまい，歯底径が大きく
なる．そのため歯先面取量が小さくなる．

これを防ぐには，式(8)で求められるホブサドルの傾
斜角に対する誤差が ± 15′ 以内に収まるようにセット
すればよい．

⑤に関するトラブルでもっとも多いのは，加工能率
向上を目的としてホブ条数を変更したために，進み角
λ が変わった場合である．このときに元の λ の値でホブ
を取り付けてしまい，歯先面取量が取れなくなって
しまう症例がある．

4.3.6 表面品位

ホブ切りが最終工程になる場合でも後工程でシェー
ビングなどの仕上げをおこなう場合でも，歯面の品位
は重要な加工品質である．表面品位は歯形や歯すじ精
度とは別個に考えるべきである．

(1) 幾何学的な形状誤差

インボリュートを創成するホブの切れ刃は直線なの
で，その歯面は多角形になっている．モジュールを m,
工具圧力角を a_0，ホブ条数を Z_0，歯数を z，ホブ溝数
を N とすれば，多角形誤差は式(9)で求められる．こ
のように多角形誤差はホブ条数と溝数で決まり，加工

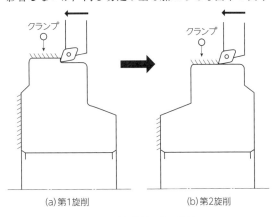

(a)第1旋削　　　　(b)第2旋削

図24　外径旋削工程の分割

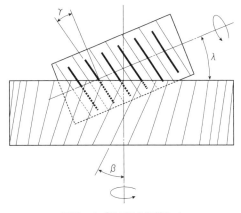

図25　ホブサドルの傾斜角 λ

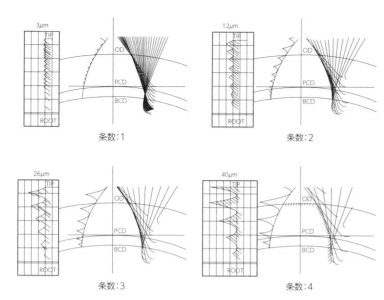

3μm
TIP
ROOT
OD
PCD
BCD
条数:1
12μm
TIP
ROOT
OD
PCD
BCD
条数:2
26μm
TIP
ROOT
OD
PCD
BCD
条数:3
40μm
TIP
ROOT
OD
PCD
BCD
条数:4

図26　ホブの条数と多角形誤差との関係（歯数13，ホブの溝数12の場合）[1)]

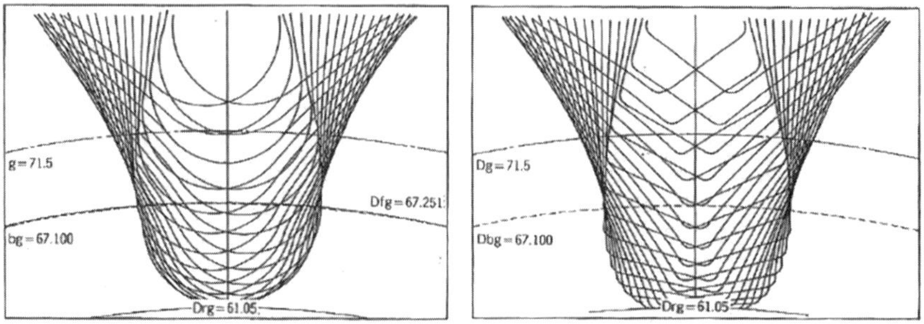

能率とトレードオフの関係にある．同じ歯車を異なる条数のホブで創成したときの多角形誤差をシミレーションしたものを図26に示す．

$$\varDelta S = \frac{\pi^2 \times \mathrm{m} \times \sin\alpha_0 \times \mathrm{Z}_0^2}{4 \times \mathrm{N}^2 \times \mathrm{z}} \tag{9}$$

ホブの切削機構から，歯形方向の多角形誤差に加えて，歯底および歯面の歯すじ方向に送りマークが残ることは避けられない。

歯底送りのマーク高さ f_R，歯すじ方向の送りマーク高さ f_S はそれぞれ式(10)，(11)で求められる．

$$f_R = R - \sqrt{R^2 - S^2/4} \tag{10}$$

$$f_S = f_R \times \sin\alpha \tag{11}$$

R：ホブ半径　mm
S：垂直送り量　mm/rev
α：圧力角　deg

特に歯すじ方向の送りマーク高さが大きいと，シェービングの取りしろを大きくしなければならない．ホブ外径を大きくし，垂直送り量を小さくする必要がある．

また，歯元付近の細かい段差にも注意が必要である．図27はホブの歯先丸みの違いによって歯元付近の形状にどのような差が生じるかを示したものである．歯先丸みが小さいと，歯元付近には細かい段差が多く発生することがわかる．これは歯元の強度を下げる要因になる．一方で，歯先丸みを大きくし過ぎるとマイナーT.I.F.径を確保できない．これらはお互いにトレードオフの関係にあるが，許される範囲内でホブの歯先丸みを大きく設計することが望ましい．

g=71.5
Dfg=67.251
bg=67.100
Drg=61.05
Dg=71.5
Dbg=67.100
Drg=61.05

(a)フルR（R=2.34）の場合　　(b) R=0.3の場合

ホ　ブ：モジュール5.5，圧力角20°，1条，RH
　　　　φ90，溝数10
工作物：歯数13，ねじれ角0°

図27　ホブの刃先Rと歯元のあらさ

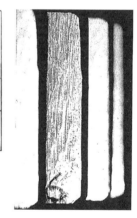

図28　歯面のむしれ

⑵ 歯面のむしれ

延性に富む材料を比較的低速度で切削する場合に，刃先に付着した被削材の一部が，まるで切れ刃のように振る舞う現象が構成刃先である．生成した構成刃先は成長し，あるとき切削力に耐えられなくなると脱落する．切削中は生成，脱落を繰り返す．

構成刃先は刃先を保護したり，すくい角を増大させるなどの効果を生むが，高精度な加工を目指すために

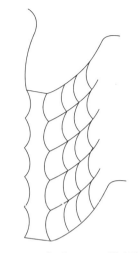

図29　ホブの送りマーク（模式図）

図30　ホブの送りマーク

は都合が悪い．特に厄介なのは，脱落する瞬間に被削材の一部を持ち出してしまうことにより，仕上げ面あらさが悪くなることである．これがむしれと呼ばれる現象であり，加工法を問わず切削加工においては切っても切れない．

図28はホブ切りされた歯面に発生したむしれである．むしれの程度は安定しないため，シェービング後でもホブ切りの面が取り切れないというトラブルが発生する．これがシェービング残り（下切り残り）と呼ばれる症状である（詳細は第6章6.4.4）．

4.3.7 加工面の見た目問題

ここまでホブ切りにおける加工品質について説明したが，もうひとつ頭に入れておくべきことがある．前項で説明したように，ホブ切りの切削機構により，送り目のような幾何学的な形状誤差が避けられない（図29）．図面の要求精度をすべて満たしていても，送り目を問題にされることがある．これがしばしば現場で騒動になる「見た目問題」である．

ホブ切りの加工面は転造やピニオンカッタによる歯車形削りとはまったく異なっている．いわゆる「顔」

が別人なのだ（図30）．後工程でシェービングなどで仕上げる歯車と違い，ホブで切りっ放しになるスプラインは特に注意を要する．ホブ切りの加工面を見慣れていない人が見ると，特に問題視されることが多い．もっと厄介なのは，図面に明記されていないがために，これが良品だという判断を下せる人が誰もいないことである．

仮にホブ切りの「顔」が受け入れられないとなると，垂直送り量を下げざるを得なくなり，量産直前で要求サイクルタイムを満足できないために立上げができなくなるという事態に陥ることもある．

製品図面で要求されている寸法や幾何形状については一生懸命詰めるが，最後の最後に盲点の見た目問題で揉めるということがよくある．このようなトラブルを避けるためには，事前に顧客や自社の検査部門とよく合意しておくことが重要になる．議事録にサインすることは嫌われるが，歯面の写真を添付したメールを交換し，書証として残すくらいのことをやっておく周到さが望ましい．

引用文献
1）日本電産マシンツール㈱ 提供

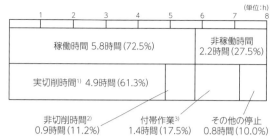

稼働時間 5.8時間（72.5%）　非稼働時間 2.2時間（27.5%）

実切削時間[1] 4.9時間（61.3%）

非切削時間[2] 0.9時間（11.2%）　付帯作業[3] 1.4時間（17.5%）　その他の停止 0.8時間（10.0%）

注　1）実切削時間＝実際に切りくずを出している時間
　　2）非切削時間＝稼働しているが，切りくずを出していない時間
　　3）付帯作業＝段取り，製品の脱着など

図1　ホブ盤の一日（8時間）

表1　ホブ切りの実切削時間を左右する要因

0次	1次	2次	3次	4次
実切削時間	ホブ	外径	***	***
		条数	***	***
		溝数	***	***
		材質	***	***
		コーティング	***	***
	工作物	歯数	***	***
		歯幅	***	***
		ねじれ角	***	***
		歯の高さ	***	***
		材質	***	***
		硬さ	***	***
	切削条件	切削速度	ホブの回転速度	***
		垂直送り	ホブの送り速度	***
		水平送り	ホブの送り速度	***
	ホブ盤	マスターウォーム	スラストベアリング	ガタ
			曲がり	***
			ウォームホイール	バックラッシ
			ねじれ	***
		工作物アーバ	外径	工作物内径とのクリアランス
			曲がり	***
			ねじれ	***
		ホブアーバ	外径	ホブ内径とのクリアランス
			曲がり	***
			ねじれ	***
	段取り	垂直送り	ストローク長さ	開始位置
				終了位置
		水平送り	アプローチ長さ	開始位置
				終了位置
	切削油剤	油種	***	***
		供給量	***	***
		ねらい位置	***	***

4.4　加工能率

　熱処理を別格とすれば，歯車の製造工程でネックになるのはホブ切りであることが多い．したがって，ホブ切りの加工能率向上は大きなテーマである．ここでは単に切削時間だけでなく，非切削時間を含めた広義の加工能率について考えることにする．

　図1はあるホブ盤（非 NC の汎用機）の1日の稼働状態を調べたものである．切削条件のアップや多条化によって実切削時間を短縮することは重要であるが，そればかりではないことがわかる．多品種少量加工になるほど非稼働時間の短縮がポイントになる．ホブ切りの加工能率を左右する因子をまとめると表1のようになる．

4.4.1 切削時間の短縮

　歯車1個あたりの実切削時間 T は式(1)によって求めることができる．

$$T = \frac{z \times L \times N}{F \times n \times Z_w} \qquad (1)$$

　それぞれの諸元は図2および表2のとおりである．実切削時間 T を短縮するためには，生産側で選択できる諸元（★で示す）を工夫しながら改善する．

　これらを考えれば，切削時間を短縮するための選択肢は，次にあげる(1)〜(4)の4種類であることがわかる．

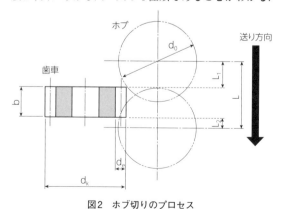

図2　ホブ切りのプロセス

(1) ホブの空走距離を短縮する

ホブ切りに限らず，空走距離（いわゆるエアカット）を短くすることは切削時間の短縮に効果的である．ホブの小径化が有効であることは，L_1，L_2 の計算式によって裏付けられる．

(2) ホブの回転速度を上げる

切削速度が同じ場合，小径化することによってホブの回転速度が上がる．それによって加工能率が上がる．

メカ式ホブ盤の場合，ホブの回転速度は親ウォーム軸の最高回転速度による制約を受ける．つまり親ウォーム軸の回転速度が過大にならないようにホブの回転速度を制限しなければならないのである．親ウォーム軸の毎分回転速度 N は式(2)で求められる．かつホブ盤の機種によって指定され，取扱説明書に記載されていることが多い．この式(2)から逆算した n が，許容されるホブの最高回転速度になる．

$$N = \frac{n \times Z_\mathrm{w} \times N_\mathrm{w}}{z} \qquad (2)$$

n：ホブの回転速度　min^{-1}

Z_w：ホブ条数

N_w：親ウォームホイールの歯数

z：被削歯車の歯数

テーブルの回転速度 Nt は式(3)によって求められる．

$$Nt = z_\mathrm{w} \times \frac{n}{z} \qquad (3)$$

したがって，毎分の垂直送り速度 F mm/min は式(4)によって求められる．

$$F = f \times Nt$$
$$= f \times Zw \times \frac{n}{z} \qquad (4)$$

f：テーブル 1 回転の垂直送り量 mm/rev

(3) 垂直送り量を大きくする

ホブ切りの送り量は被削歯車 1 回転あたり（テーブル 1 回転あたり）の垂直送り量で示されるのが一般的である．垂直送り量を大きくすれば切削時間は短縮で

表2　ホブ切りの切削時間を決める諸元

		記号		諸元	単位
歯車		z		歯数	―
		b		歯幅	mm
		β_0		ねじれ角	deg
		dk		歯先円直径	mm
ホブ	★	dc		外径	mm
		hk		歯末のたけ	mm
		he		切込み深さ	mm
		α_e		圧力角	deg
	★	Zw		条数	―
	★	γ		進み角	deg
		Φ		取付け角	deg
	★		$\Phi = \beta_0 - \gamma$	ホブと歯車のねじれ方向が同じ場合	
			$\Phi = \beta_0 + \gamma$	ホブと歯車のねじれ方向が異なる場合	
	★	L		総移動距離 $L = L_1 + b + L_2$	mm
		L_1		空走距離(接近時)	mm
	★		平歯車	$L_1 > \sqrt{h_e(d_c - h_e)}$	
			はすば歯車	$L_1 > \sqrt{h_e\left(\dfrac{d_c + d_k - h_e}{\cos^2\phi} - h_k\right)}$	
		L_2		空走距離(離脱時)	mm
	★		平歯車	$L_2 > 0$	
			はすば歯車	$L_2 > \dfrac{d_c \times \cos\beta_0 - \tan\phi}{\tan\alpha_c}$	
	★	F		垂直送り量	mm/rev
	★	n		回転速度	min^{-1}
	★	N		切削回数(切込み回数)	―

▨ 式(1)に含まれている諸元
★ 生産側に選択の余地が与えられている諸元

きるが，歯面あらさやホブ切り特有の送りマークと密接に関係しているため，加工品質を見ながら設定する必要がある．ホブの用途による垂直送り量の目安を表3に示す．

表3　垂直送り量の目安

用　途	垂直送り量 mm/rev
仕上げ	0.8〜2.0
シェービングの前加工	2.0〜4.5
歯研前	2.0〜6.5

(4) ホブ条数を増やす

　式(4)から，多条化は切削時間の短縮にダイレクトに効くことがわかる．ただし，多条化することによって，式(5)で求められるホブの進み角 γ が大きくなることを頭に入れておかなければならない．

$$\gamma = \sin^{-1} \frac{m \times z_w}{dc - 2 \times h_k} \qquad (5)$$

m：モジュール

Zw：ホブ条数

dc：ホブ外径

h_k：ホブの歯末のたけ

　進み角が大きくなると，左右の切れ刃角にアンバランスが生じる（図3）．その場合はねじれ溝ホブ（ヘリカルリード）とする必要がある．できるだけ進み角が8°を越えないようにすることが望ましい．

　また，多条化すると切削抵抗の影響によって歯すじ曲りが発生するので，垂直送り量を幾分下げなければならないことが多い．

　1条ホブで歯すじ曲りが発生しない垂直送り量を f_1 とすれば，n条ホブでの垂直送り量 f_n の目安は式(6)となることが知られている．過去の経験から，これはかなり信頼できると考えられる．

$$f_n = 0.7^{n-1} \times f_1 \qquad (6)$$

4.4.2 非稼働時間の短縮

　稼働時間の短縮には限界があるので，生産性を向上するためには段取り時間をはじめとする非稼働時間を短縮することが欠かせない．NCホブ盤では苦労しないことも，従来形のメカ式ホブ盤ではたいへんな作業であることが多い．しかし，そこに手をつけなければ，生産性向上は望めない．

　メカ式ホブ盤の場合，ホブサドルの傾斜角を変更する段取りは重労働である．傾斜角 λ は式(7)によって求められる．量産工場では，ねじれ角が等しい歯車を集めて加工することが多い．式(7)を使ってホブの設計を工夫して進み角を統一することにより，ホブサドルの傾斜角を変更する段取りを省略することができる．

$$\lambda = | \beta - \gamma | \qquad (7)$$

β：歯車のピッチ円筒上ねじれ角

γ：ホブのピッチ円筒上進み角

$\gamma > 0$：同巻きホブ切りの場合

$\gamma < 0$：逆巻ホブ切りの場合

ホブ盤では，次のような換え歯車の交換が必要になる．図4はそれを収めたギヤボックスのようすである．

・歯数割出し換え歯車

・差動装置換え歯車（以下，差動歯車）

・ホブの回転数換え歯車

・垂直送り換え歯車

・水平送り換え歯車

　ホブ切りではホブの回転とテーブルの回転を同期させる必要がある．そのための差動歯車の交換はホブ盤の段取りの中でも重労働のひとつである（平歯車では差動歯車を使用しない）．

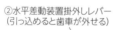

②水平差動装置掛外しレバー（引っ込めると歯車が外せる）　①歯数割り出し換え歯車

③ホブの回転数換え歯車　④差動装置換え歯車　⑤垂直送り換え歯車

図3　ホブの進み角　　　図4　差動装置換え歯車（カシフジKS-14型）

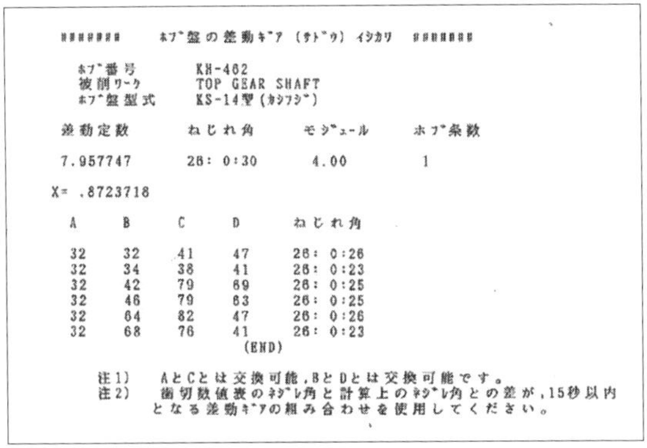

```
######    ホブ盤の差動ギア (ナトウ) イシカワ    ######
ホブ番号      KH-462
被削ワーク    TOP GEAR SHAFT
ホブ盤型式    KS-14型 (カシフジ)

差動定数     ねじれ角      モジュール     ホブ条数

7.957747    28: 0:30      4.00          1

X= .8723718

A      B      C      D      ねじれ角

32     32     41     47     26: 0:26
32     34     38     41     26: 0:23
32     42     79     69     26: 0:25
32     46     79     63     26: 0:25
32     64     82     47     26: 0:26
32     68     76     41     26: 0:23
                    (END)

注1)    AとCとは交換可能，BとDとは交換可能です．
注2)    歯切数値表のネジレ角と計算上のネジレ角との差が，15秒以内
        となる差動ギアの組み合わせを使用してください．
```

図5　パソコンを利用した差動歯車の計算

図6　水平送り換え歯車 (カシフジ KS-14型)

必要な差動歯車は4枚の歯車で構成される．それぞれの歯数は第4章4.3.2(3)で説明した要領で求める．

量産工場の例をとれば，モジュール，ねじれ角が等しく，歯数のみが異なる歯車のシリーズを1台のホブ盤に集めて加工することが望ましい．あとはホブ条数を統一すれば，差動歯車の組み合わせを変えないで済む．このような地道な工夫をしておかないと，非稼働時間の短縮は望めない．

4枚の差動歯車の組合わせは無限に存在し，計算が煩雑である．しかも，せっかく求めた組合わせも，中心距離の制約で実際には組付け不能ということもある．そこにも工夫が必要である．

図5はパソコンを利用して4枚の差動歯車の組合わせを自動計算で求めたものである．これは手持ちの差動歯車の中から1枚の歯車の歯数だけを指定すれば，残りの3枚の歯数および計算上のねじれ角がすべてプリントアウトされるように作ってある．さらには計算上のねじれ角がねらい値に対して15秒以内に収まる組合わせだけがプリントされるようになっている．計算プログラムは各自で使いやすいように工夫するとよい．これを利用すれば，ねじれ角が異なるシリーズへの段取りの場合でも，差動歯車を総取り替えしなくて済む．

サイクルタイムを短縮することばかりに気を取られてはならない．たいていの工作機械は非稼働時間が高い比率を占めているからである．差動歯車が統一されていないと，段取り時間が増えるばかりか，差動歯車の保管スペースや管理の面でも不都合が多い．その選定には十分配慮し，できるだけ種類を増やさないように努めることが必要である．

図6は水平送り換え歯車のギヤボックスである．水平送り速度とともに，アプローチ長さを短縮するためには水平送りの開始位置を調整することも重要である．

参考文献
三菱マテリアル㈱　技術資料　C-008J-H

4.5　加工のポイント

ここまでホブ切りに不可欠な基本事項について説明した．しかし，現場を回すためにはさらに多くの実践的なノウハウが求められる．本項では過去の失敗例や反省も含め，それらについて述べることにする．

4.5.1　加工方法の選定

加工方法はホブの回転方向と垂直送りの方向の相対的な関係から，コンベンショナルカットとクライムカットの2種類がある．おもな違いを表1に示す．お互いに相反する長所・短所があり，何を重要視するか

表1 コンベンショナルカットとクライムカット

	コンベンショナルカット	クライムカット
加工方法		
切削機構による分類	アップカット（上向き削り）	ダウンカット（下向き削り）
	刃先の回転方向と工作物の移動方向が逆	刃先の回転方向と工作物の移動方向が同じ
切りくず厚みの変化	薄く入って厚く抜ける	厚く入って薄く抜ける
優位性（下段は理由） 工具寿命（逃げ面摩耗）	× 食い付き時のすべり・大 → 食い付きが悪い	○ 食い付き時のすべり・小 → 食い付きがよい
仕上げ面あらさ	刃先のすべり・大による	刃先のすべりが少ない
切りくず排出性	厚い切りくずは刃先が離脱する直前まで発生しない	× 厚い切りくずが初期に発生し，詰まりやすい
切りくずのかみ込み	× 薄い切りくずが初期に発生し，かみ込みやすい	○ 刃先が離脱する直前まで薄い切りくずが発生しない
食い付き時の衝撃	○ 食い付き時の切りくず厚み・小	× 食い付き時の切りくず厚み・大
古い設備での加工	○ 食い付き時の衝撃・小	× 食い付き時の衝撃・大

を明確にして加工方法を選択する．

(1) コンベンショナルカット

コンベンショナルカットはホブが上から下に向かって送られる加工法で，ミーリングのアップカット（上向き削り）に相当する．切りくず厚さがゼロから切削が始まり，しだいに厚くなって最大の厚さになったところで切削が終了するというサイクルを繰り返す．つまり薄く入って厚く抜けるのである．それも最初から食い付くのではなく，十分な力が加わってから食い付きが始まるので，すべりが発生する．したがって，逃げ面摩耗に対しては不利である．その一方で，衝撃が少ないため，古い設備でも比較的安心して加工できるという長所がある．

コンベンショナルカットでは切りくずがもっとも厚くなる頃には刃先の離脱が近いので，クライムカットに比べて切りくずの排出性は優れている．その反面，初期に発生した薄い切りくずがかみ込みやすいという短所がある．

(2) クライムカット

クライムカットは逆にホブが下から上に向かって送られる加工法であり，ダウンカット（下向き削り）に相当する．最大の切りくず厚さから切削が始まり，厚さがゼロになったところで切削が終了するというサイクルである．食い付くときに切りくずの厚さが最大になるので，衝撃が大きく，チッピングしやすいことが短所である．一方，初期のすべりが少ないため，逃げ面摩耗には有利である．

クライムカットでは食い付き初期にもっとも厚い切りくずが発生するため，排出性はやや劣る．その一方で，かみ込みやすい薄い切りくずが食い付き初期に出ないので，かみ込みが比較的発生しにくいことが長所である．

(3) 加工サイクル

コンベンショナルカット，クライムカットそれぞれに対し，アキシャル送り（垂直方向の送り）のみによる

加工，ラジアルカット（半径方向の切込み）を伴う加工が代表的である（表2）．

一般的にはアキシャル送りのみによる加工を選択するのがよい．しかし，切り上がりを伴う場合やホブが干渉する場合には工作物の軸方向に抜け切ることができないので，ラジアルカットを伴う加工がおこなわれる．段付き歯車ではピニオンカッタによる歯車形削りが選択されることが多い．

4.5.2　加工基準と取付け具

加工方法を問わず，加工基準の取り方や取付け具の構造は非常に重要である．歯車の精度を大きく左右するので，これを疎かにして高品質な歯車は望めない．

ブランク材加工のポイントおよび歯切用治具全般にわたるポイントについては第3章3.2で説明したとおりである．ここでは事例を中心にホブ切りで特筆すべき留意点について説明する．

(1) 取付け具のポイント

加工に適した取付け具は生産形態（大量生産か小量生産か）によって異なる．図1は何を優先させるべきか，その概念を示したものである．丸数字は備えるべき優先順位を意味している．設計するうえで留意すべき点をつぎに列挙する．

① 機械本体などへの干渉がないこと．
② 強度やクランプ力が十分であること．
③ 心を出しやすい構造であること．
④ ブランク材の着脱が容易であること．
⑤ 段取り替えが容易であること．
⑥ 切りくずが付着および堆積しないこと．

取付け具の強度はそれ自体の剛性だけでなく，ホブ盤における取付け位置にも大きく影響を受ける．できるだけ低い位置に取付け具を置き，重心を低くすることがポイントである．高い位置に置くほど余計なモーメントがかかるので，よいことは何もない．

大量生産では効率も考慮しなければならないので，

表2　代表的な加工サイクル

	アキシャル送りのみ	ラジアルカットあり
クライムカット		
コンベンショナルカット		
適用	右記を除く一般的な工作物	アキシャル送りのみでは干渉が発生する工作物の場合 ・切り上がりがある歯車 ・ホブが干渉する歯車

加工対象品種の多寡に関わらずすべてを具備した設計とする．小量生産ではそのたびに専用取付け具を新作するわけにいかないので，工作物の着脱や段取り替えの容易性は劣っても，汎用性，強度，クランプ力，加工精度を確保することを重視するのが一般的である．

歯切加工では旋削のように切りくずが絡む心配がないので，切りくず処理は話題にならない．しかし，治具の加工基準面への付着は加工精度不良の原因になる．また，熱を持った切りくずが機械内部に堆積することによって熱変位が生じ，加工精度に影響することがある．また堆積によって清掃が困難になり，いわゆる手扱いが増えて稼働率を低下させる要因になる．取付け具にはそれらに対する配慮が必要であるが，既存

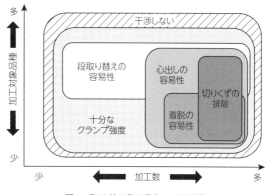

図1　取り付け具が備えるべき要件

のものを改造するのは金も手間もかかる．設備の設計
標準に盛り込んで機械の発注段階で取り入れたり，納
入立会い時の確認項目に入れておくことが必要である．

(2) 穴付き歯車の取付け

穴付き歯車のホブ切りでは，端面を受けて内径基準
で加工することが基本になる．図2に取付け具の事
例を示す．取付け具の構想は生産数によって異なるが，
いずれの場合もできるだけ歯底付近をしっかり受ける
ことがポイントである．上から押さえるクランプも同
様の考え方とする．

a)はスポット生産における事例である．加工数が極
端に少ない場合には，できるだけ汎用治具とすること
が望ましい．本来は内径部を基準にして心を出すが，
ブランク材の外周部で心出しを行なう方法が取られる
こともある．この場合，ブランク材の製作時に外周部
と内径との同心度，外周部と基準になる端面との直角
度を確保することが重要になる．段取りの手順として
は外周部にダイヤルゲージを当ててゆっくり回転さ
せ，プラスチックハンマーでごく軽く叩きながら心が
出たところでクランプボルトを仮締めする．外周部の
振れを確認しながら本締めを行なう．

b)は心出しを容易化するために，マンドレルを使
用した事例である．マンドレルとは緩やかなテーパが
ついた丸棒である．マンドレルの外周のテーパがブラ
ンク材の内径のばらつきを吸収するので，精度のよい
心出しが比較的容易に可能である．したがって，a)の
ような煩わしい心出しが不要になる．その一方でブラン
ク材を注意深く取り付けないと，傾いてクランプさ
れることがある．この点はa)と同様である．また，
無理に押し込むとかじりが発生することがある．ブラ
ンク材の内径部に潤滑剤を塗布し，プラスチックハン
マーなどで軽く叩きながら慎重に取り付けることが求
められる．

c)は量産向き取付け具の事例である．心出しととも
に着脱の容易性を上げるために，コレットを使用して
いる．油圧で作動するドローバーでコレットを引き込
んで拡張し，くり返し正確に心を出すことができる．

(3) 軸付き歯車の取付け

軸付き歯車でもっとも注意しなければならないこと
は取り付けたブランク材の倒れである．倒れを抑える
ことはすべての基本である．

図3は代表的な取付け具の事例である．a)は上部
をセンタ支持とし，下部の外周部をコレットで保持す
るタイプである．どちらかというと小量生産に向いて
いる．ブランク材の製作時に両端のセンタ穴を結ぶ軸
心に対する外周部の振れ精度をできるだけ上げておく
ことがポイントである．

b)は上下ともにセンタ支持とし，工作物の回り止

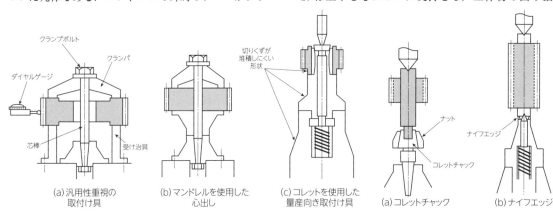

(a) 汎用性重視の　　(b) マンドレルを使用した　(c) コレットを使用した　　(a) コレットチャック　(b) ナイフエッジ
　　取付け具　　　　　　心出し　　　　　　　量産向き取付け具

図2　穴付き歯車の取付け具　　　　　　　図3　軸付き歯車の取付け具

めとして下部端面にナイフエッジを利かせている．ただし，この場合は端面に食い込んだナイフエッジの痕跡が残るので，図面に規定されていない「見た目問題」になりやすい．事前に顧客に説明し，合意を得ておくことがトラブルを回避するための最善の方法である．工作物が細くて回される心配がない場合には，ナイフエッジを設けないことがある．

図4はナイフエッジとセンタを併用したホブ盤の事例である．この場合は，ばねで受けた下部センタが沈み込んで心を出しつつ，ブランク材をナイフエッジに食い込ませて把持する構造になっている．センタの外周のクリアランスが大きいと，ブランク材の偏心や倒れによって，歯すじ誤差，歯溝の振れの原因になる．歯溝の振れが規格を満足しない場合はセンタの外周部にメッキ処理を施してクリアランスを最小に抑えると歯溝の振れが驚くほど改善されることがある．現場的な応急処置の方法ではあるが，知っておくとよいだろう．

図4　ホブ盤のナイフエッジ

4.5.3　加工能率向上の留意点

高速加工が叫ばれており，ホブ切りの切削速度の上昇も著しい．工具材質，コーティングの進歩が大きく寄与している．しかし，ホブ盤による制約があることを忘れてはならない．

ホブ盤には機種ごとに定められたテーブル最高回転速度が規定の最高回転速度を超えない範囲で加工することが必須である．詳細を第4章4.4.1（2）で説明した．

4.5.4　ホブのシフト

歯車のホブ切りでは全切れ刃のうちの一部だけが関与している．そのまま同じ位置で使用を続ければ異常摩耗につながる．したがって，一定の加工数や切削長ごとにホブのセッティング位置をホブの軸方向に移動させ，切れ刃の摩耗を分散させることがおこなわれる．これがホブのシフトであり，ホブを有効に使用するために欠かせない機構である．シフトの仕組みを図5に示す．このとき，ホブ，工作物，ホブヘッドが干渉しないように注意が必要である．

図6はホブの取付け中心位置が決まった場合のシフト範囲を示している．ほぼホブ取付け中心の両側にそれぞれk0の幅を持つ歯形創成領域ができる．ここでkは外周切れ刃が創成に関与する作用長さである．このkはいろいろな要素によって変化するので一概に決まらないが，図7～9を目安に決めるのがよい．

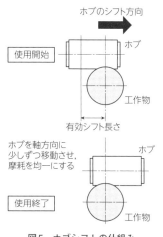

図5　ホブシフトの仕組み

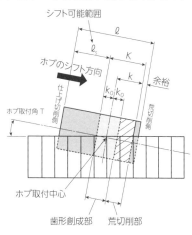

図6　ホブのシフト範囲

123

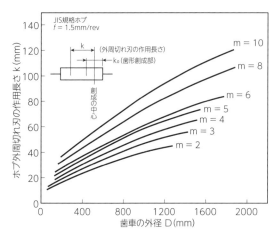

図7 外周切れ刃の作用長さ（平歯車のホブ切り）[1]

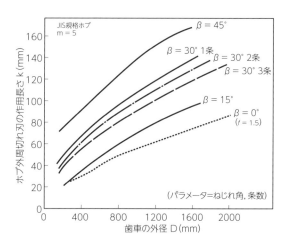

図8 外周切れ刃の作用長さ（はすば歯車のホブ切り）[2]

ホブの切れ刃が切削に関与する総作用長さを K とすれば，以下の関係がある．ただし，ha はホブ歯末のたけ，γ はホブの進み角，a_s は正面圧力角，a_n は軸直角圧力角，β は歯車のねじれ角である．

$$K = k + k_0 \qquad (1)$$

$$k_0 = \frac{ha \cdot \cos \gamma}{\tan a_s \cdot \cos \beta} \qquad (2)$$

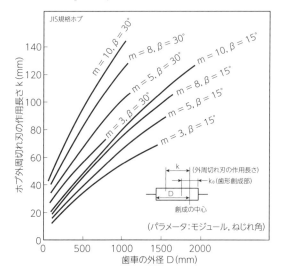

図9 外周切れ刃の作用長さ（はすば歯車のホブ切り）[3]

$$\tan a_s = \frac{\tan a_n}{\cos \beta} \qquad (3)$$

ホブを全長にわたって有効に使用するためには，完全切れ刃の始点から外周切れ刃の作用長さ k の位置をホブの取付け中心位置とし，ここからシフトするのがよい．このときホブの不完全切れ刃が関与しないように，少し余裕を持って始点を決める必要がある．

ホブの切れ刃部の長さを ℓ とすれば，シフト可能範囲の長さ ℓ_s は式(4)のとおりである．ℓ_s の範囲は切削に関与しない．ホブを使用するときは，取付け中心から仕上がり側に向かって歯形創成部の長さが k_0 以上残っていることが必要である．

$$\ell_s = \ell - K = \ell - (k_0 + k) \qquad (4)$$

一方，ホブの発注時に全長を決める場合には，1 ロットあたりの加工数を考慮し，ホブを有効に使用できるようにすることがポイントである．また，現場的にも有効に使用できるように取付け中心位置を決めることが欠かせない．

これらの管理を怠ると，図10 のようなトラブルが発生する．これはロングホブを局部的にくり返して使用したために，クレータが進行して欠損している症例である．中央が局部的に使用されたことによって深い

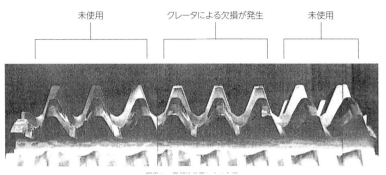

未使用　　　　　クレータによる欠損が発生　　　　未使用

図10　局部的使用による欠損

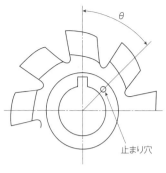

θ

∅

止まり穴

図11　取付けミスを防ぐポカヨケ

クレータが発生し，欠損している．取付け中心位置の設定が悪いために，右側に未使用の完全切れ刃がある．かつ左側にも広い範囲の未使用部があり，1ロットあたりの加工数に見合わない状態になっていることがわかる．

　ホブを全長いっぱいにシフトできるほど1ロットあたりの加工数が多くない場合，どうしてもこのような現象が発生しやすくなる．途中まで使用して，次回の加工ロットでホブの取付け中心位置を正確に段取りすることは現場ではやりにくい．したがって，ホブの全長は生産形態や1ロットあたりの加工数を考慮し，むだなく使用できるように決めることが必要である．

4.5.5　ホブの取付けミス対策

　ホブの内径にはキー溝があり，これをホブアーバのキーに合わせて取り付ける．しかし，逆向きに取り付けてしまうと，高価なホブが一発で破損することになる．したがって，取付けミスを防ぐためのポカヨケを設けておくことが望ましい．図11はその一例である．

　ハブ端面のキー溝中心から角度θだけずれた位置に浅い止まり穴を加工しておく．ホブアーバ端面には同径・逆位相でピンを立てておく．逆向きに取り付けようとすると，ピンが穴に入らないため，ホブを取り付けることができない．これによって逆向きに取り付けることを未然に防止するものである．ただし，穴やピ

ンの周囲にはゴミが付着しやすく，振れの原因になりやすい．したがって，取付け時には入念な清掃を怠ってはならない．

　熟練者の減少が切実な問題になっているだけに，このようなポカヨケは安定生産のために欠かせない．いうまでもないが，このような場合には耐久品（ホブアーバ）よりも消耗品（この場合はホブ）の方を安価につくりやすく，交換しやすくするという設計思想を持つことがポイントである．それは鉄道の架線とパンタグラフとの関係を考えれば明らかである．

4.5.6　水溶性ホブ切りとドライホブ切り

　かつてホブ切りは不水溶性切削油剤を大量に供給するのが常識だった．現在でも不水溶性が主流ではあるが，環境負荷への配慮から，水溶性あるいはドライ加工へのシフトが積極的に行なわれている．

　労働生産人口の減少により，優秀な人手の確保が困難になりつつあり，今後さらにその傾向が顕著になると推測できる．切削加工の現場では職場環境を良好に保たなければ，人が集まりにくいという側面もある．

　またブランク材の旋削を水溶性でおこない，歯切を不水溶性でおこなうと，異なる油種が混入することになり，切削油剤の劣化を招く．それを防ぐために工作物の洗浄などの作業が増えて生産効率が悪くなる．そこにもかつての不水溶性一辺倒から水溶性化あるいは

表3　水溶性ホブ切りとドライホブ切りの比較

	水溶性	ドライ(エア供給)
一般的な切削速度	150m/min	200m/min
切りくずの排出性	○	×
切削油剤の管理	×	○
高速加工への対応	×	○
工作物の熱変位	○	×
その他	切削油剤の管理が煩雑	エア消費による電力費用が大

○：一方に対して有利，×：一方に対して不利

ドライ化を目指す理由がある．

表3は水溶性とドライカットの棲み分けの例をまとめたものである．切削速度に関しては，不水溶性の100m/min に対し，冷却性にすぐれる水溶性は150m/min 程度が目安になる．その反面，水溶性切削油剤は管理が煩雑になることが短所である．ドライ加工は切りくずのカール半径を大きくし，クレータが刃先から遠ざかるようにする設計的な工夫がポイントになる．また，酸化開始温度が高いコーティング膜を選定することも重要である．

4.5.7　安全な作業のために

ホブ切りに限らないが，安全より優先させるべきものは存在しない．過去の経験から災害の事例および留意点を紹介する．

①ホブを素手でつかんで発生した事例

工具交換のためにホブを素手で運んでいる最中に発生した災害である．誤って手を滑らせ，取り落としそうになったホブを慌てて手でつかもうとして指に切創を負ったもの．ホブはシャープエッジが鋸刃のように並び，かつ重量があるので，裸のホブを素手で運ぶことは避けなければならない．必ず手袋を装着し，箱などに入れて運ぶことである．

②惰性で回転中に手を出した事例

加工の自動サイクルが完了し，治具から工作物を取り外そうとして，惰性で回転しているホブに巻き込まれた事例である．惰性で回転していても，ホブと工作物が同期して強制的に回転していることを忘れてはいけない．近年はインタロック機構がついた安全扉が完備しているが，従来型の汎用ホブ盤では十分に注意が必要である．

引用文献
1) 円筒歯車の製作(歯車の設計・製作②)
大河出版　p.34
2)・3) 円筒歯車の製作(歯車の設計・製作②)
大河出版　p.35

4.6　ホブの損傷

ホブは非常に高価な工具であり，正常摩耗させて再研削しながら使用しないと，大幅なコストアップにつながる．摩耗しない工具は製作できないから，ホブを破損させずに摩耗と上手につきあうことを考えるべきである．

ホブ切りで見られる代表的な損傷の形態は，ほぼ図1のように分類することができる．ここではその形態について述べる．

4.6.1 逃げ面摩耗

逃げ面摩耗は工具摩耗の代表ともいうべきもので，おもに被削材に含まれている非常に硬い粒子がホブの逃げ面を擦過することによって発生する．発生場所により，外周逃げ面摩耗，側逃げ面摩耗，かど摩耗(歯先コーナ部の摩耗)に分けられる．

逃げ面摩耗は正常な部分との境界が不明確であることが多い．正常な部分と逃げ面摩耗がある部分との境界には切削油剤が焦げついて黒褐色に変色した領域が認められる．この変色した部分を逃げ面摩耗幅に含んでしまうと，再研削量が増えてしまい，コストアップにつながる．正確な測定には経験が必要である．

一般論としての逃げ面摩耗の対策には，つぎの方法が挙げられる．

・コーティングによって逃げ面の耐摩耗性を上げる．

・切削速度を下げる．

・潤滑性に優れる切削油剤を使用する．

・大量の切削油剤をピンポイントで供給する.

切れ刃の外周と側面が交わるコーナ部の逃げ面には摩耗が集中しやすい. これがかど摩耗と呼ばれるものである. 図2はその発生機構を示したものである.

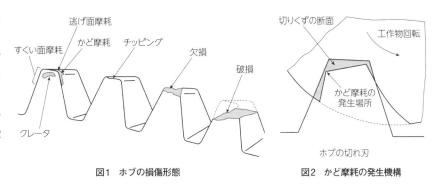

図1 ホブの損傷形態　　　図2 かど摩耗の発生機構

これを図3によって詳しく考えてみる. a)は1枚の切れ刃によって生み出される切りくずの断面形状を示したものである. 切れ刃の側面に比べて, 外周付近から厚い切りくずが発生していることがわかる. そのため, 負荷が増える歯先コーナ部と側面切れ刃との境界部に大きい摩耗が発生する. これがかど摩耗である.

b)に示すように, 刃先コーナ部では切れ刃の外周部と側面部の両方から生み出される切りくずが交わり, 逃げ面へのかみ込みが発生しやすくなる.

かど摩耗幅は現場で容易に測定できるので, 再研削のタイミングを知らせるサインとして利用される. 定数交換を行なう場合でも, かど摩耗幅を基準とすることが多い.

一般には, かど摩耗幅が0.2～0.3mmになった時点で再研削をおこなうのがもっとも経済的である. 比較的緩やかに進行する逃げ面摩耗やすくい面摩耗に比べて, かど摩耗はある切削個数を越えると一気に進行する傾向がある. しばしば欠損を引き起こす原因になるので, 特に注意が必要である.

逃げ面に切りくずがかみ込むメカニズムを図4で考えてみよう. 前の切れ刃が歯面を削り終わった後, 次の切れ刃が通過するときには, すでにすき

まができている. このすきまに, 切りくずがかみ込むのである. その対策としては切りくずが流れる方向を変えることによってかみ込みが発生しにくくすることが効果的である. 具体的にはホブヘッドの旋回角を変える, 切りくずの流れを変えるように歯先丸みを検討するなど, ホブの設計を変えることが一般的である.

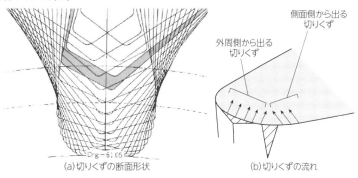

図3 切りくず形状と切れ刃の損傷

(a)切りくずの断面形状　　(b)切りくずの流れ

(a)創成図

(b)コーナ付近の拡大図

①・②・③・④の順に切削が進む.
④が切削しているとき,
色がついている部分にはすでに隙間ができている.

図4 切りくずがかみ込むメカニズム

4

ホブ切り

127

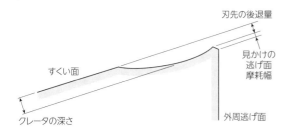

図5 見かけの逃げ面摩耗

4.6.2 すくい面摩耗

すくい面摩耗はすくい面に生じるくぼみ状の摩耗であり，クレータ摩耗とも呼ばれる．これは一般的に切りくずが高温高圧ですくい面を擦過するときの熱拡散によって発生するとされている．コーティング技術の飛躍的な進歩によって逃げ面摩耗に対する信頼性は格段に向上したが，その一方で切れ刃の欠損につながるクレータが問題化することが多くなっている．クレータが発生したホブのすくい面は，切りくずの擦過によって高温に晒されて軟化しているという報告もある．

もっとも警戒すべきはクレータが進行することによって発生する切れ刃の決壊である．再研削のタイミ

(a) 1条ホブ   (b) 2条ホブ

被削材質：SCM420H
モジュール：3.5，圧力角：20°，歯数：41，28°右ねじれ
ホブ溝数：12
切削速度：77m/min，垂直送り量：2.0mm/rev

図6 同一切削条件でホブ切りした切りくずの比較

ングを誤ると，逃げ面摩耗が少なくても切れ刃が欠損することがあるので要注意である．

図5はあるホブのすくい面摩耗の深さを測定したデータである．すくい面摩耗による外周切れ刃の後退が認められる．切れ刃の後退が生じると，見かけの逃げ面摩耗幅は実際よりも小さくなり，これが再研削のタイミングを誤る原因になる．コーティングの進歩によって逃げ面が摩耗しにくくなった現在，すくい面摩耗の進行による切れ刃の後退は特に要注意である．

クレータの深さは現場的な測定がむずかしいので，再研削の目安にはなりにくい．あえて目安を挙げるとすれば，摩耗の最深部の位置が切れ刃に近い場合は0.03 ～ 0.04mm，切れ刃から比較的遠い場合は0.05 ～ 0.08mmとするのがよい．いずれにしても逃げ面摩耗幅とセットで観察することが必要である．

一般的なすくい面摩耗の対策としては，つぎの方法が挙げられる．

・切削速度を下げる．
・高コバルトハイスあるいは高バナジウムハイスを使用する．
・多条ホブを使用する．
・ホブシフト量を大きくする．
・すくい角をつける．
・大量の切削油剤をピンポイントで供給する．

すくい面摩耗は熱拡散がおもな原因なので，切削点の温度を下げることが対策のポイントになる．

切削中の工具は高温における硬さの低下が少ないことが求められる．ハイスの硬さは500-550℃を越えると急激に低下することが知られている．高コバルトあるいは高バナジウムハイスは高温での硬さが大きく，耐摩耗性に優れている．したがって，コバルトやバナジウムの含有率が高い工具材種を選定することが望ましい．

切りくず形状のコントロールも重要である．図6は同一の切削条件で1条ホブと2条ホブによる切りくずを比較したものである．切りくずそのものは前述の図3 a）のシミュレーションのとおりの形状になっているが，

2条ホブの方が厚い切りくずが発生することがわかる．切れ刃からクレータの最深部までの距離は，切りくずが厚くなるほど遠くなる．これはクレータの進行による切れ刃の決壊を防ぐ効果がある．

4.6.3　チッピング

チッピングは切れ刃に微小な欠けが生じたものをいい，機械的衝撃型とクレータ進行型とに分けられる．

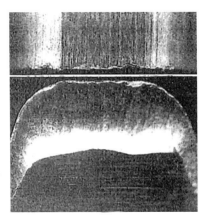

図7　クレータの進行によるチッピング

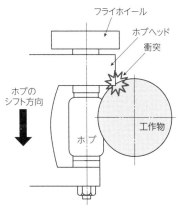

図8　工作物とホブヘッドとの衝突

前者は文字どおり切削中の衝撃に切れ刃の強度が負けることによって発生する．後者は新品のホブにいきなり発生するのではなく，クレータの進行によって切れ刃の強度が低下することが原因である（**図7**）．

チッピングの対策はつぎに挙げるように，切れ刃の強度を低下させないことが中心になる．

・アキシャル送り量を下げる．
・ホブ交換のタイミングを誤らないようにする．
・多条ホブを使用する．
・靭性にすぐれた材質（粉末ハイス）を選ぶ．
・すくい面のあらさをよくする．

ただし，多条ホブを推奨する目的は前述のように切りくずを厚くすることによってクレータの最深部を切れ刃から遠ざけて決壊しにくくすることである．機械的衝撃型のチッピングに多条ホブを使用すると逆効果になる．切れ刃のチッピングが発生した場合は正しい診断を下したうえで対策を行なうことが求められる．

4.6.4　欠損

欠損はチッピングが大きくなったものを指す．単純なチッピングとは大きさで分類する．現場での習慣として，再研削の取りしろを越えているか否かを目安とすることが多い．その形態としては，つぎのものが挙

げられる．

　① 機械的衝撃形
　② クレータ進行形
　③ チッピング起因形

対策はチッピングとほぼ同様であるが，特に②は要注意である．

4.6.5　破損

再使用不能な程度の大きさに達した欠けである．より小規模なチッピングや欠損が大破に至るものだけでなく，教科書には載っていないような低レベルなものも多い．過去に経験した破損の原因には，つぎのようなものがあった．

　① ホブヘッドへの工作物の干渉（**図8**）
　② 工作物のクランプミス
　③ 溝への切りくず詰まり

いずれの場合も，破損したホブを見ただけでは真の原因がわからないことが多い．原因不明のまま放置すると再発し，大幅な損失が発生する．

参考文献
・日本電産マシンツール㈱　技術資料
・三菱マテリアル㈱　技術資料
・切削工具の手引書　日本工具工業会

4.7 ホブの再研削と管理

一般的に歯切加工は高コストであり，高価な工具をいかに有効に使用するかが非常に重要である．特に切削負荷が高いホブは使い方によって大きい差が出る．ここでは単に再研削だけでなく，もう少し広い意味でホブを有効に使いこなすための留意点について説明する．

4.7.1 工具寿命の設定

生産形態に関わらず，工具寿命の設定を誤ることは再研削のタイミングを失うことにほかならない．

第4章4.6.2で触れたように，もっとも警戒すべきホブの損傷形態はクレータの決壊による切れ刃の欠損である．

逃げ面摩耗とすくい面摩耗を比較すると，測定は前者の方が容易である．ところがコーティング技術が進歩したおかげで逃げ面摩耗が改善され，かえってクレータの進行に気づくのが遅れることがある．一般的にはクレータが決壊しないようにすくい面の状態を観察しながら，かど摩耗幅の目安を0.2〜0.3mmとしてホブの全長にわたって，むだなく使えるようにシフト量を決めるのが最善の方法である．

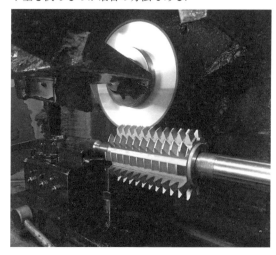

図1　ホブの再研削

4.7.2 再研削のポイント

ホブの再研削は溝に沿って砥石を入れ，往復させながらすくい面を研削する（**図1**）．最重要管理項目は向心度（すくい角）と溝分割誤差である．両者をしっかり管理すれば正しい歯形が守られるようにできている．

研削面が過熱すると硬さが低下するので，摩耗しやすくなる．研削焼けを防ぐために，砥石の結合度はやや軟らかめ，組織もやや粗とする．これは砥石が摩耗しないうちに自生作用によって砥粒を脱落させ，つねに新鮮で鋭利な砥粒で研削するためである．ホブが大きくなるほど砥石とホブの接触面積が広くなるので，研削焼けが発生しやすくなる．一般砥粒の場合，粒度は#60〜90，結合度はG〜I，組織は9程度が一応の目安になる．

できればCBN砥石を使用し，湿式クリープ研削するのが理想的である．CBN砥石は砥粒自体が硬いので，結合度を上げても切れ味が落ちにくいことが特徴である．しかも，一般砥粒よりはるかに熱伝導率が大きいので，研削熱がホブに伝わらず，砥石の方に逃げてくれる．したがって，研削焼けが発生しにくくなり，大きな圧縮残留応力層を形成する．研削能率，研削性状のいずれをとっても有利である．

あらかじめ目盛付きのルーペで逃げ面摩耗幅を測定し，再研削の取りしろを決める．粗研削では1回あたりの切込み量を0.05mm以下とし，切込み量ゼロの仕上げ研削（スパークアウト）をおこなうのが一般的である．

能率を上げるために切込み量を大きくして強引な研削をおこなうと，研削焼けが発生してホブの硬さを低下させてしまうことがある．さらには引張り応力が発生し，再研削やホブ切りの最中にホブを破損させる恐れがある．

ホブが偏心した状態で再研削すると，溝分割誤差の原因になる．したがって，ホブ研削盤にホブを取付けるときには，偏心が生じないように細心の注意を払うことが必要である．

ホブの偏心を抑えるためには，ホブアーバの設計や

劣化，異物の付着にも注意が必要である．図2は拡張式コレットを利用したホブ研削用アーバである．ホブを取付けた状態でボルトを締め込む．これによってピンでカラーが押されて力を加え，薄肉の拡張式コレットの外径を拡大してホブの内径部を把持するものである．

この拡張式コレットにはくり返し使用回数に限界がある．再研削精度を確保するためには，定期交換が必要である．

図3は再研削の段取りのようすである．ホブアーバの外径部やセンタ穴に摩耗・傷・打痕がないことを入念に確認し，ホブとホブアーバをきれいに洗浄してからセットする．研削盤への取付け作業も同様で，センタの先端に異常がないことを確認する必要がある．

すくい面のあらさはできるだけよくすることが望ましい．すくい面が粗いと，切れ刃のエッジに微小なギザギザが生じて強度が低下する．JIS B 4354 に規定されている 0.8a 程度には抑えたい．

CBN 砥石の場合でも，定期的なドレッシングをおこなうことが望ましい．WA スティックを軽く砥石外周部に接触させれば，結合剤と砥石面に付着した研削くずを除去することができる．これによって，目詰まり状態を解消し，研削焼けを防げる．

再研削が終わったら，摩耗が完全に除去されていることを確認する．摩耗が残っていると，よりひどい損傷につながるので，入念に検査することが必要である．

その後，第 4 章 4.2 で説明した要領で刃先の振れ，溝分割誤差，向心度（すくい角）を測定するのが一般的である．これらの検査が済んだら，研削中に生じた磁気を脱磁装置で除去する必要がある．磁気を帯びたま

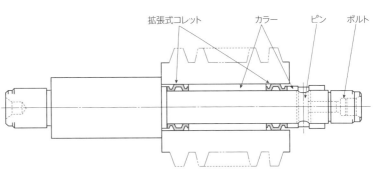

拡張式コレット　カラー　ピン　ボルト

図2　ホブ研削アーバの構造

(a)ホブアーバへの取付け状態　　　　(b)ホブ研削盤への取付け作業

図3　ホブ研削の実際

ま放置すると，溶着や摩耗を促進させることがある．

4.7.3 管理のポイント

標準歯車は別として，自動車用をはじめとする多くの歯車は専用設計される．数点の歯数違いの歯車を除けば，ホブも専用設計されるのが一般的である．旋削やミーリングとは異なり，工具の標準化はあまり期待できない．

ホブは高価で，製作には長い納期を要する．代替えが利かないので，在庫を少なくすると欠品によるラインストップに怯えることになる．そうかといって在庫を多く抱えるわけにもいかない．ここが歯切工具の在庫管理のむずかしさである．

管理の方法はいろいろな現場で工夫されているが，ここでは二つの事例を紹介する．

ホブ管理カード						
ホブ						
工具番号						
製造番号			有効使用刃幅			
再研削回数	使用日		機械番号	加工数 (pcs/reg)	再研削量 (mm)	特記事項
	開始	終了				
New						
1						
2						
3						
4						
5						

図4　ホブの管理カード

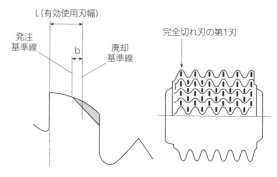

図5　ホブの発注基準線

(1) 管理カードによる管理

1個のホブに管理カード1葉を添付し，これに加工数や再研削量を記入する．加工数は加工現場，再研削量は工具研削室で記入する．管理カードの事例を図4に示す．

管理カードは個々のホブの生涯を記録するカルテのようなものである．欠損や異常摩耗などのトラブルが発生した場合に，特定のホブやホブ盤に問題がないか，異常が新品時に発生するのかなどを知るための手がかりになる．この管理カードをもとに次のホブを発注す

る．この方法には多くのメリットがあるが，管理が煩雑になるのが難点である．

(2) 発注点管理方式による管理

きめ細かい管理には不向きであるが，便利な方法である．ホブの有効使用刃幅と生産数をもとに，発注のタイミングを決める．これにより，ホブの在庫を最小限に抑え，かつスムーズなホブの供給を図ろうとするものである．

この方式の基本は図5に示すような発注基準線をホブの現品に加工することである．発注基準線の位置は式(1)によって決める．同時使用数とは，同じ歯車を複数のホブ盤で加工している場合にその台数に相当する．

$$b = \frac{1}{n} \times L \times a \times c \times s \qquad (1)$$

L：有効使用刃幅　mm

a：ホブの月平均使用数　個／月

n：同時使用数　　　　　個

c：ホブの製作リードタイム　　　月

s：安全係数

ここで，bの値が1.0に満たない場合は，すべてb=1.0とする．bの値によって，両端の完全切れ刃の第一刃背面に逃がし加工を施す．このようにして再研削を重ね，切れ刃面が発注基準線に達したら，次のホブを発注する．もとのホブには次のホブが発注されていることを示す目印を印字しておく．これによって過

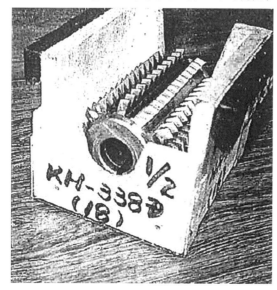

図6　ホブの専用工具箱

大な在庫を抱えずにスムーズにホブを供給できる.

発注点管理方式を運営するには,以下の点に注意が必要である.

・正常摩耗させて使用する。

・発注基準線(b寸法)のメインテナンス

この方式は正常摩耗を前提としている. 欠損が生じると, ホブの製作リードタイムが足りなくなり, 混乱の原因になる. したがって, 異常な損傷に対する対策を迅速におこなうことが必須である.

生産数はもちろんのこと, ホブの製作リードタイムまでもが景気の変動などの影響によって大きく変化することがある. また, ホブ盤の新設やレイアウト変更によってa, nの値が変化することにも注意を払う必要がある.

新規のホブを発注する場合には, ホブの発注仕様書にaの予測値およびnの値を明記しておく. 工具メーカからホブ図面が出図されたら, 発注基準線の加工指示があることを確認しておく.

ホブを取り扱う場合には, 落下させたり, ぶつけたりしないように注意が必要である. 安易に扱うと, 思わぬ災害につながることがある(第4章4.5.7). したがって, 専用の工具箱を用意することが望ましい. 図6は木製の専用工具箱である. この箱は鋭い切れ刃を持つホブを入れても破損しない頑丈な箱で, 切れ刃も保護できる. また, ホブを取り出すときの安全性を考慮し, 指を入れやすいように穴の部分がくり抜いてある.

箱の外回りには工具番号や使用場所(ライン名あるいはラインサイドの工具棚の番号)などを明記しておく. 1/2と書いてあるのは工場内での流通数(加工中, 再研削済み, 再研削待ちのいずれか)が2個で, そのうちの1個であることを示している.

4.7.4 ホブ切りの工具費

一般に歯車加工の工具費でもっとも問題になるのはホブ切りである. 現場では高速高送り化が進み, ホブ切りの負担が増している.

表1 ホブ切りの工具費を左右する要因

0次	1次	2次	3次
工具費	ホブ	モジュール	***
		外径	***
		全長	***
		条数	***
		溝数	***
		溝リード	ストレート
			スパイラル
		刃形	プロチュバランス
			セミトッピング
			トッピング
		材質	***
		コーティング	***
	工作物	モジュール	***
		歯数	***
		歯幅	***
		ねじれ角	***
		材質	硬さ
	加工	切削条件	切削速度
			垂直送り量
		送り方向	クライムカット
			コンベンショナルカット
		切削油剤	油種
			供給量
		シフト量	***
		生産形態	生産数
			ロット数
		交換周期	***
	再研削	砥石	***
		取りしろ	***
		研削精度	すくい面のあらさ
			研削焼け
		研削油剤	

歯車の生産工程と1個当たりの歯車にかかる工程別の工具費の比率を調べてみると, ホブ切りの工具費が高い比率を占めていることがわかる. 工具が高価なうえに, 重切削によって工具寿命が比較的短いことが影響しているためである.

表1はホブ切りの工具費に影響を与える要因をまとめたものである. コーティングなどのハード面の対策だけでは不十分で, むしろシフト量や摩耗量の管理などのソフト面を改善しなければ, 十分な効果が得られない.

4.8 トラブルシューティング

製造現場では日々さまざまなトラブルが発生する．総論は第3章3.5で触れたので，ここではホブについて工具に関するトラブル（チッピングや欠損など），工作物に関するトラブル（おもに品質）に分け，症状別におもな要因，方策あるいは着目のポイントを考える．

他の加工法にも共通している内容を含んでいるため，ボリュームが大きくなっている．他の加工法の場合でも参考にしてほしい．

症　状		おもな要因	方策あるいは着目のポイント
工具	A：逃げ面摩耗	①切削速度・過大	実際の切削速度を確認．可能であれば下げる．
		②表面硬度・不足	表面被膜の酸化開始温度に着目．(Al，Ti)N系被膜を検討．
		③ホブの使用過多	交換基準の見直し．
			シフト量見直し．
			往復使用の中止．
		④切削油剤の不適	摩耗状態を確認し，潤滑性・冷却性を考慮して見直し．
		⑤切削油剤の供給量不足	吐出量，吐出圧を上げる．
			主配管と切りくず流しを分離．
			タンク内の切りくずを清掃．
			潤滑油，作動油の混入対策．
	B：すくい面摩耗	①切削速度・過大	(A-①に準ずる)
		②ホブ材質・不適	高コバルト，高バナジウムハイスまたは粉末ハイスを検討
		③ホブの使用過多	(A-③に準ずる)
		④切りくずが薄い	垂直送り量を上げる．
			多条化．
		⑤切削油剤の不適	(A-④に準ずる)
		⑥切削油剤の供給量不足	(A-⑤に準ずる)
	C：かど摩耗	(A，Bに準ずる)	(A，Bに準ずる)
	D：チッピング／欠損	①垂直送り・過大	垂直送り量を下げる．
		②クレータの進行	(B-①〜⑥に準ずる)
		③再研削時の研削焼け，亀裂	切込みを抑える．
			砥石の番手を粗くする．
		④すくい面のあらさ不良	あらさを3.2S以内に抑える．
		⑤ホブ材質・不適	コバルト量をやや低く抑える．
工作物	E：歯形誤差	①溝分割誤差・大	割り出し誤差(特に再研削時)
			再研削時の取付けの偏心を抑える．
		②ピッチ誤差	ホブ単体の回転ピッチ誤差を確認．
		③ホブの歯形誤差	ホブの歯形誤差を確認(製作時)．
		④すくい面の中凸または中凹	溝のねじれを確認．ねじれがあると，すくい面はねじ面になるので中凸になる．
			砥石の部分摩耗．
		⑤ホブ取付けの偏心	ホブ内径の精度確認．
			ホブアーバの偏心，摩耗，幅を確認．
			ホブ取付け時にハブの端面に異物がかみ込んでいないか．
		⑥ホブ軸径方向の振れ	ホブ先メタルの修理．
		⑦ホブ軸方向のガタ	ホブ軸スラストの調整．
		⑧テーブルの回転むら	親ウォームのスラストベアリングを調整・交換する．

	症　状	おもな要因	方策あるいは着目のポイント
工作物	F：歯すじ誤差	①ホブ盤の静的精度不良	親ウォームとウォームホイールのバックラッシを小さくする.
			ホブサドル上昇時のテーブル中心に対する平行度を確認する.
		②親ウォーム軸スラスト受けのガタ	スラストベアリングの調整，交換
		③ホブ軸方向のガタ	主メタルのクリアランスを小さくする→ 焼付きに注意.
		④親ウォーム軸のねじれ	垂直送りを下げる.
		⑤ホブ軸のねじれ	(F-④に準ずる)
		⑥工作物アーバのねじれ	(F-④に準ずる)
		⑦差動歯車の選定ミス	ねじれ角の理想値と計算値の差を±15秒以内に抑える.
		⑧工作物の取付け不良	ホブ盤上で工作物の倒れを確認.
			機外で工作物の内径に対する端面の倒れを確認. 問題があれば，前加工(旋削)を調査.
			重ね切りをやめる.
		⑨見かけの歯すじ誤差 (正しく加工されているが，測定が適切でない場合)	歯車試験機上で工作物の倒れを確認.
			工作物のセンタ穴に打痕や異物の付着はないか.
			歯車試験機のねじれ角設定にミスはないか.
	G：圧力角誤差	①ホブのすくい角誤差	砥石のオフセット量が正しいか確認. ホブの外径が変化するとき，オフセット量を一定として再研削すると，すくい角が変化することに注意.
		②溝のリード誤差	ホブ研削盤のスライドの走り.
			ホブ研削アーバの曲げ剛性.
		③ホブの圧力角誤差	ホブの圧力角を測定(工具顕微鏡).
		④刃厚が薄いソリッドホブを使用している場合	ホブの有効残存刃厚(設計値)と実際の刃厚を確認.
		⑤工作物の取付け不良	(F-⑧に準ずる)
		⑥見かけの圧力角誤差 (正しく加工されているが，測定が適切でない場合)	(F-⑨に準ずる)
	H：歯溝の振れ	①ホブ取付けの偏心 (条数と歯数の関係に注意)	(E-⑤に準ずる)
		②工作物取付け時の偏心	ホブ盤上で工作物外周の振れを確認.
			工作物の内径を確認.
			工作物アーバの外径を測定.
	I：歯先面取量・大	①ホブの設計が工作物の諸元に合っていない.	歯先面取量の理論値を確認.
		②指定歯厚より小さい歯厚で加工している.	指定歯厚で加工する. 不可の場合はホブの設計変更.
		③ホブの面取刃開始位置の不良.	ホブの面取刃開始位置を工具顕微鏡で確認.
		④工作物の外径・大	ブランク材の外径を確認.
	J：歯先面取量・小	①ホブの設計が工作物の諸元に合っていない.	(I-①に準ずる)
		②指定歯厚より大きい歯厚で加工している.	(I-②に準ずる)
		③ホブの面取刃開始位置の不良.	(I-③に準ずる)
		④工作物の外径・小	(I-④に準ずる)

症　状		おもな要因	方策あるいは着目のポイント
工作物	J：歯先面取量・小	⑤ホブサドルの傾斜角の誤差・大	ホブサドルの傾斜角を正しくセッティングする．
	K：歯先面取量のばらつき（各歯で周期的にばらつく）	ホブ取付けの偏心	（E-⑤に準ずる）
	L：片側しか歯先面取りされない．	ホブの左右歯面で面取刃の開始位置が異なっている．	（I-③に準ずる）
	M：1枚の歯の歯すじ方向で歯先面取りが不均一	①ホブ盤の静的精度不良	ホブサドル上昇時のテーブル中心に対する平行度を確認．
			コラムのスライド面とベッドのスライド面との直角度を確認．
		②旋削時の外径加工不良	外径を同時加工とする（分割しない）．不可の場合，つなぎ目の段差を抑える．
	N：工作物の歯厚がばらつく	①ホブ盤の静的精度不良	切込み方向の位置決め精度を確認．
			送りねじの偏摩耗の有無を確認．
		②取付け状態でホブの片側だけが偏心している	（E-⑤に準ずる）
	O：面あらさが悪い	①切削速度が低いことによる溶着	切削速度を上げる（効果を確認するために，ひとまず寿命無視で切削速度を大胆に上げてみるのも一法）．
		②垂直送り量	垂直送り量を下げる．
		③ホブの切れ味低下	切れ刃の摩耗対策をする．
			ホブの交換周期の見直し．
			すくい角を大きくする．手持ちのホブのすくい角だけを変更するのは，圧力角が変わってしまうので不可．
		④ホブの設計	溝数を増やす．
			ホブ外径を大きくする（歯底付近のあらさ改善に効果あり）．
			刃先丸みを大きくする（歯底付近のあらさ改善に効果あり）．
		⑤切削油剤	対溶着性，潤滑性に優れた油種を選定．
			供給量を増やす．
			供給のねらい位置の見直し．
		⑥切りくずのかみ込み	（O-⑤に準ずる）

第5章 歯車形削り

本章ではピニオンカッタを使用したギヤシェーパ（ギヤシェーパ）によるインボリュート歯車の加工について考える.

工作機械を指す歯車形削り盤あるいはギヤシェーパ，工具を指すピニオンカッタは一般名称として現場に定着している. しかし，加工方法そのものを簡潔に表す適切な用語がないことが悩ましい. 単に「形削り」とすると，平面や溝の加工を含んでしまう. また英語でシェーピングshapingとすると，シェービングshavingと紛らわしい. そこで，本書では加工法を指す場合はあえて歯車形削りと表記し，工作機械を指す場合は現場で定着しているギヤシェーパ，工具はピニオンカッタと表記することにする.

5.1 歯車形削りの概要

5.1.1 特徴と適用領域

　歯車形削りはギヤシェーパに取付けて上下運動させたピニオンカッタを工作物とかみ合わせながら回転させることによって歯車を加工する加工法である. 創成法と成形法という視点では，ホブ切りと同じ創成法に分類される.

　図1は歯車を創成する工程を示している. これが切削の1サイクルであり，この一連の動きをストローク，ピニオンカッタの片道の移動距離をストローク長さと呼ぶ. ヘリカルガイドを使用することによってはすば歯車の加工も可能である.

　ピニオンカッタが上から下に向かうときに切削がおこなわれる. 下がり切ったところでピニオンカッタが半径方向にわずかに逃げて上端に戻る. このときの逃げる動作をリリービングという. 下から上に戻る工程では切削は行なわれない. したがって，切削機構としては同じ断続切削であっても，ホブ切りに比べて断続度合いが高いために振動が大きいことが短所であり，加工能率でも劣る.

　その一方で往復運動であるがために，ピニオンカッ

タならではの長所があり，利用価値が高い. 図2はピニオンカッタで加工できて，ホブでは加工できない形状の例である. 段付き歯車（ショルダギヤ）の小歯車の加工は，ホブが大歯車に干渉してしまうため，歯車形削りが適用されることが多い. また，内歯車は歯車形削りの適用範囲である. このあたりがホブ切りとの棲み分けのポイントである. 逆に図3のような切り上がりを持つ工作物はピニオンカッタでは加工できない.

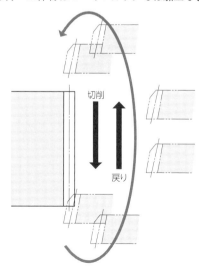

切削

戻り

図1　ピニオンカッタによる歯車形削りの工程

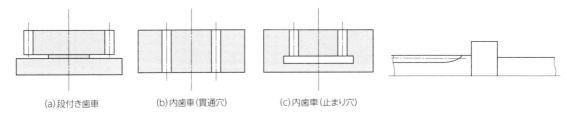

(a) 段付き歯車　　(b) 内歯車(貫通穴)　　(c) 内歯車(止まり穴)

図2　ピニオンカッタで加工できて，ホブで加工できない形状

図3　ピニオンカッタで加工できない形状

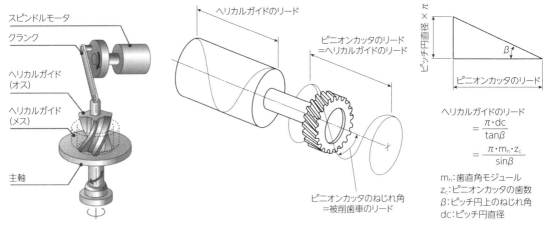

スピンドルモータ
クランク
ヘリカルガイド(オス)
ヘリカルガイド(メス)
主軸

ヘリカルガイドのリード

ピニオンカッタのリード＝ヘリカルガイドのリード

ピニオンカッタのねじれ角＝被削歯車のリード

ヘリカルガイドのリード
$$= \frac{\pi \cdot dc}{\tan\beta}$$
$$= \frac{\pi \cdot m_n \cdot z_c}{\sin\beta}$$

m_n：歯直角モジュール
z_c：ピニオンカッタの歯数
β：ピッチ円上のねじれ角
dc：ピッチ円直径

図4　ヘリカルガイドの働き[1]

図5　被削歯車のねじれ角とヘリカルガイドのリード[2]

表1　ピニオンカッタの比較

	ディスク形	ベル形	シャンク形
形状	[3]	[3]	[3]
特徴	・第一選択 ・再研削で幅が薄くなると，締付ナットが飛び出て治具などに干渉することがある	・再研削で幅が薄くなっても，治具などへの干渉が発生しにくい ・ディスク形に比べて高価	・シャンク部はモールステーパが主体 ・小径の内歯車に適している ・細身のため，低剛性 ・歯数が少ないので，短寿命 ・他のタイプに比べて高コスト

ギヤシェーパではヘリカルピニオンカッタと雌雄のセットになっているヘリカルガイド(図4)を使用することによってはすば歯車を加工することができる．図5は被削歯車のねじれ角とヘリカルガイドのリードとの関係を示したものである．

歯車形削りは長所と短所を併せ持つ加工法であるが，再研削の容易性ではホブに大きく勝る．すくい角を正確に保てば，比較的安価な設備で再研削や精度測定が可能であることも長所である．

5.1.2　ピニオンカッタの種類

(1) 形状による分類

JIS B 4356 では穴付きのディスク形，ベル形，柄付きのシャンク形の3種類が規定されている．それぞれ工作物の形状によって使い分けることが多い．特徴を

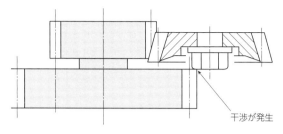

図6 ディスク形ピニオンカッタにおける締付ナットの干渉

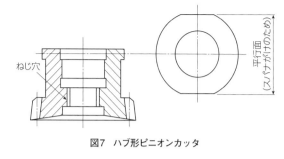

図7 ハブ形ピニオンカッタ

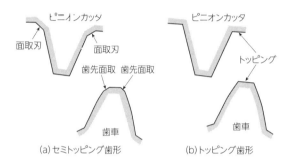

(a)セミトッピング歯形　　(b)トッピング歯形

図8 ピニオンカッタの歯形

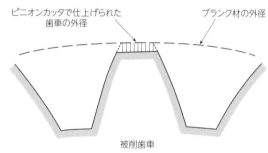

図9 トッピングされた歯車

含めて表1にまとめた.

　ディスク形，ベル形は穴を基準として芯を出し，底面を締付けナットで締め付けることによって保持する. もっとも広く選択されているのはディスク形である. 図6のように締付ナットが治具や工作物に干渉する恐れがある場合は，締付ナットが飛び出しにくいベル形を選択するのがよい. シャンク形はモールステーパを主体とするテーパシャンク部を持つ.

　このほかに基準穴と同心のめねじを持つハブ形がある（図7）. ハブ形はねじの締付によってアーバに取り付けるもので，ボディにはスパナをかけられるように平行部が設けられている.

(2) 歯形による分類

　歯先面取りをおこなうセミトッピング歯形，外径部も同時に加工するトッピング歯形があることはホブと同様である（図8）. 図9はトッピングされた歯車を示している.

　歯車形削りは後工程でシェービングなどによって仕

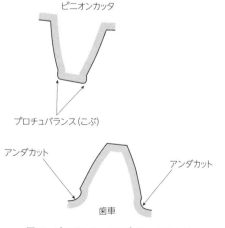

図10 ピニオンカッタのプロチュバランス

表2　ピニオンカッタの歯形

分　類	セミトッピング（歯先面取り）	プロチュバランス（こぶ）	歯　形	概　要
セミトッピング歯形	○	×		歯車に歯先面取りを施すために，ピニオンカッタの歯底にセミトッピング（面取り刃）を設けたもの．
プリシェービング歯形	○	×		シェービングの前加工用．シェービングの仕上げしろを見込んで，ピニオンカッタの歯厚を薄くしてある．
	○	○		シェービングの前加工用．シェービングの仕上げしろを見込んで，ピニオンカッタの歯厚を薄くしてある．かつ歯先にプロチュバランス（こぶ）をつけて歯切り時に歯元を適度にえぐっておくための歯形．これにより，シェービング後の歯車の歯元に発生する段差を抑える．
	×	×		シェービングの前加工用．シェービングの仕上げしろを見込んで，ピニオンカッタの歯厚を薄くしてある．歯車の外径部を削らないように，ピニオンカッタの歯の高さを高くしてある．
	×	○		シェービングの前加工用．シェービングの仕上げしろを見込んで，ピニオンカッタの歯厚を薄くしてある．かつ歯先にプロチュバランス（こぶ）をつけて歯切り時に歯元を適度にえぐっておくための歯形．これにより，シェービング後の歯車の歯元に発生する段差を抑える．歯車の外径部を削らないように，ピニオンカッタの歯の高さを高くしてある．

○：あり　×：なし

上げをおこなうことが多い．したがって，ピニオンカッタにはホブと同様に仕上げを念頭に置いたプロチュバランス（こぶ＝**図10**）を設けた歯形がある．セミトッピング歯形と組み合わせ，いろいろなタイプがある．概要を**表2**に示す．

5.1.3　ピニオンカッタの構造

　代表的なものとして，**図11**にディスク形の構造を示す．ピニオンカッタは歯車の端面に切れ刃を持つ工具であり，構造は比較的単純である．いずれも外周と側面に逃げ角を持っており，摩耗した場合はすくい角が正しくなるようにすくい面だけを再研削することによって再使用できる．再研削によって外周逃げ角の分だけ外径が小さくなるが，側面にも逃げ角がついているので，金太郎飴のように何度でも同じ歯形が得られ

るようにできている．この点はホブと同じである．しかし，溝の分割誤差やリード誤差をはじめとする多様な精度が要求されるホブに比べれば，再研削の難易度はやや低い．

　なお，右切れ刃および左切れ刃はホブと同様にJIS B 0174によって以下のように定義されている．

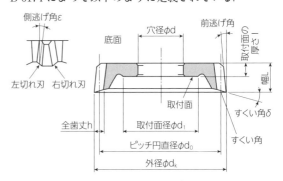

図11　ピニオンカッタの構造（ディスク形）

・右切れ刃・・・軸中心線より上に刃部を置いて，すくい面に向かって歯の右側の切れ刃.

・左切れ刃・・・右切れ刃と反対側の切れ刃.

したがって，図11のとおりとなる．また，右切れ刃を含む面が右歯面，左切れ刃を含む歯面が左歯面と定義されている.

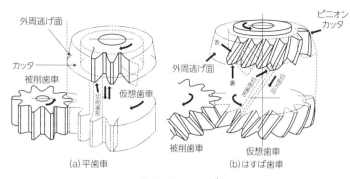

外周逃げ面 　ピニオンカッタ
カッタ
被削歯車　仮想歯車
外周逃げ面
被削歯車　　仮想歯車

(a)平歯車　　(b)はすば歯車

図12　歯車形削り[4]

5.1.4　ギヤシェーパの構造と加工の原理

被削歯車とかみ合う相手歯車を仮想歯車として，ピニオンカッタを上下方向に往復運動をさせながら歯溝を創成する．はすば歯車の切削ではヘリカルガイドを使用し，歯車のねじれ角に見合った円周方向のねじれの動きを加えながら上下方向に往復運動をさせて切削する．いずれもかみ合わせながら回転させる点では同じである．図12はそのようすを示している.

ピニオンカッタの戻り工程では，歯面に干渉しないようにピニオンカッタを被削歯車から離すリリービングという動作がおこなわれる．そのため，ギヤシェーパにはテーブル逃がし機構が設けられている．これをバックオフ機構あるいはリリーフ機構という.

ホブ切りでは多くの切れ刃が順々に一つの歯溝を分担して削るが，歯車形削りでは一つの切れ刃が一つの歯溝を創成する．切削機構からは同じ創成歯切法に分類されるが，これがホブ切りとの最大の違いである．したがって，ピニオンカッタのピッチ誤差が歯車に影響しやすいが，それさえしっかりしていれば比較的正しい歯形が得られやすいという長所がある.

図13に代表的な駆動機構の概略を示す．モータによって回転するクランクシャフト⑨が揺動アーム⑦を揺動させる．これによりカッタスピンドル⑥が上下方

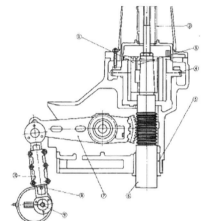

図13　ギヤシェーパの駆動機構[5]

番号	名称
①	固定側ガイド
②	バランス用ばね
③	運動側ガイド
④	親歯車
⑤	ガイド
⑥	カッタスピンドル
⑦	揺動アーム
⑧	調整ねじ
⑨	クランクシャフト
⑩	ストローク調整装置

向に往復運動をし，切削がおこなわるという仕組みである.

引用文献
1) ・4)　日本電産マシンツール㈱ 提供
2) ・3)　㈱不二越 提供
5)　円筒歯車の製作（歯車の設計・製作②）　大河出版　p.68

5.2　ピニオンカッタの精度

ピニオンカッタの要求精度は測定方法とともにJIS B 4356で規定されている．モジュールの区分ごとに歯溝の振れ，隣接ピッチ誤差，累積ピッチ誤差，歯厚という4項目の精度により，AA級，A級，B級の3

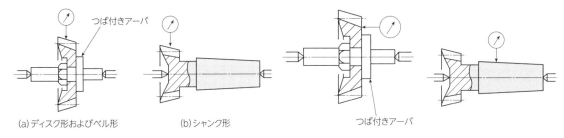

図1　外周の振れの測定 （a）ディスク形およびベル形 （b）シャンク形

図2　底面の振れの測定

図3　シャンクの振れの測定

等級に分けられている．ホブほどの複雑な内容ではなく，一部を除けば現場で容易に測定が可能である．種類を問わず，工具の要求精度や測定方法を熟知しておくことは，現場のあらゆる場面で重要である．

ここではピニオンカッタの要求精度と測定方法について解説する．JISの規格と照らし合わせて読んで欲しい．

5.2.1　穴径

ディスク形，ベル形の穴径はギヤシェーパに取付けたときの芯を出すために重要な精度項目である．穴径の許容値は等級により H3，H4，H5 と決められており，空気マイクロメータあるいは使用範囲内で 0.001mm 以下の精度を持つ内側測定具を使用して測定することが規定されている．

5.2.2　外周・底面・シャンクの振れ

図1は外周の振れを測定する要領を示している．ディスク形，ベル形の外周の振れは，つば付きアーバにはめ込み，両端のセンタ穴で支持し，取付面をつば

付きアーバに突当てる．その状態で外周にあてたテストインジケータによって振れを測定する．シャンク形は両端のセンタ穴で直接支持し，同様の測定を行なう．

底面の振れも同様の手順を踏み，底面にあてたテストインジケータで測定する（図2）．

シャンク形におけるシャンク部の振れは加工精度に大きく影響する重要な測定項目である．図3に示すように，測定は容易である．センタ穴，センタに傷や異物の付着がないように注意が必要である．

5.2.3　取付面の振れ

取付面の振れは外周やすくい面の振れと密接な関係がある．振れが大きいと，回転中心に対して傾いて取り付けられることになるので，被削歯車の歯形精度に影響する．両センタ支持で底面にテストインジケータを当て，ゆっくり回転させながら測定する（図4）．

5.2.4　すくい面の振れ

すくい面の振れが大きいと，被削歯車の歯形精度に影響する．したがって，再研削後の重要な管理項目である．測定は外周・底面・シャンクの振れと同じ手順で，テストインジケータをすくい面に当てておこなう（図5）．

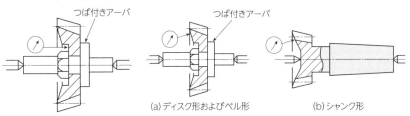

図4　取付面の振れの測定

（a）ディスク形およびベル形 （b）シャンク形

図5　すくい面の振れの測定

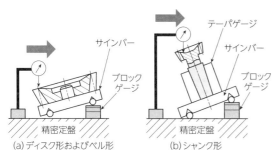

図6 外周すくい角の測定

（a）ディスク形およびベル形

（b）シャンク形

表1　逃げ角の測定

	側逃げ角	外周逃げ角
ディスク形 ベル形	歯すじ方向測定器	外周逃げ角 つば付きアーバ
シャンク形	歯すじ方向測定器	外周逃げ角

5.2.5　外周すくい角

　外周すくい角は現場での管理面において，もっとも重要な項目である．その測定は特殊な機器や技能を必要とせず，比較的容易である．ピニオンカッタのタイプに関わらず同じで，JISで図6のように規定されている．

　手順としては，まずブロックゲージを積んでピニオンカッタをあらかじめすくい角と同じ角度だけ傾けてセットする．セットが完了してからサインバーを動かすと，傾きが変わってしまうので，注意が必要である．その状態ですくい面にテストインジケータを当て，外周側から中心に向かって水平に滑らせて読みの変位を見る．テストインジケータの読みが変らなければ，すくい角が正しいことがわかる．

5.2.6　逃げ角

　ピニオンカッタの逃げ角には両歯面の歯すじ方向の側逃げ角，外周の軸方向の外周逃げ角がある．すくい角が正しくても側逃げ角の誤差が大きいと，被削歯車には再研削回数が増えるごとに圧力角誤差が大きくなるという影響が出る．

　いずれの逃げ角もディスク形，ベル形はつば付きアーバにはめ込んで測定する．シャンク形は両センタ支持による測定である．測定方法の概略を表1に示す．

　側逃げ角はアーバごと歯すじ方向測定器にセットし，ピッチ円近くに当てた測定子を歯すじ方向に滑ら

せ，測定子の歯すじ方向の移動量と読みの変位から角度を算出する．外周逃げ角も同様の段取りで，測定は工具顕微鏡によっておこなう．

5.2.7　歯溝の振れ

　ピニオンカッタは1枚の歯で一つの歯溝を創成する．したがって，ピニオンカッタの歯溝の振れはそのまま被削歯車の歯溝の振れに影響する．

　歯溝の振れはピニオンカッタのピッチ円付近で両歯面に接する球状の測定子を歯溝に挿入し，半径方向の位置の出入りをテストインジケータで読むことによって測定する（図7）．

　タイプによってつば付きアーバを使用するか，両センタ支持とするかだけの違いであり，測定方法は同じである．

5.2.8　ピッチ誤差

　ピニオンカッタのピッチ誤差は被削歯車にもピッチ誤差として表れる．図8に示すように，円ピッチ測

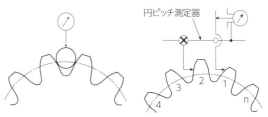

図7　歯溝の振れの測定　　図8　ピッチ誤差の測定

表2 ピッチ誤差の算出方法

歯の番号	読み	b_i	読みの累積値	e_i
1と2	a_1	$b_1 = \lvert a_1 - a_2 \rvert$	$c_1 = a_1$	$e_1 = c_1 - d$
2と3	a_2	$b_2 = \lvert a_2 - a_3 \rvert$	$c_2 = a_1 + a_2$	$e_2 = c_2 - 2d$
・・・		・・・	・・・	・・・
iとi+1	a_i	$b_i = \lvert a_i - a_{i+1} \rvert$	$c_i = a_1 + a_2 + \cdots + a_i$	$e_i = c_i - id$
・・・		・・・	・・・	・・・
nと1	a_n	$b_n = \lvert a_n - a_1 \rvert$	$C_n = \displaystyle\sum_{i=1}^{n} a_1$	$e_n = c_n - nd$

読みの平均値 $d = \dfrac{C_n}{n}$

隣接ピッチ誤差の測定値=b_i の最大値
累積ピッチ誤差の測定値=$e_1 \cdots e_n$ の最大値と最小値の差

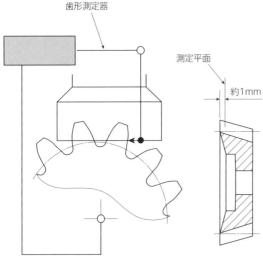

図9 歯形誤差の測定

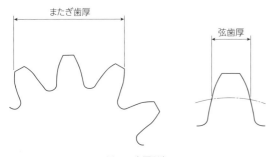

またぎ歯厚

弦歯厚

図10 歯厚測定

定器に取り付けた2個の測定子を隣り合った歯のピッチ円付近に接触させ，測定子間の距離を読む．その測定を順次全歯にわたっておこなう．

ピッチ誤差には隣接ピッチ誤差と累積ピッチ誤差がある．表2にそれぞれの算出方法を示す．前述の方法で得られた読みの差の絶対値の最大値を隣接ピッチ誤差という．また，読みの累積値と平均値との差を求め，その最大値と最小値の差をもって累積ピッチ誤差とする．

5.2.9　歯形誤差

ピニオンカッタの歯形誤差は被削歯車の歯形精度に直接影響する．歯形測定器にピニオンカッタを取り付け，すくい面から底面あるいはシャンクに向かって1mm入った歯面の軸直角歯形と定義されている（図9）．

5.2.10　歯厚

歯厚は歯厚マイクロメータ，歯厚ノギス，工具顕微鏡によってまたぎ歯厚あるいは弦歯厚を測定する（図10）.

5.3　加工品質

ここではホブ切りとの違いを意識しつつ，歯車形削りにおける加工精度について考える．

5.3.1　歯形誤差と歯溝の振れ

歯車形削りにおいては，被削歯車の歯形誤差と歯溝の振れが密接に関連している．歯車精度に影響を与えるおもな要因は以下のとおりである．
・ピニオンカッタの歯形不良
・ピニオンカッタの偏心
・すくい角の誤差
1個の歯溝はピニオンカッタの1枚の歯によって創成される（図1）．複数の切れ刃で創成するホブ切りとの違いはそこにある．したがって，ピニオンカッタの

歯形精度は被削歯車の精度に直接的な影響を与える．これはピッチ精度においても同じである．

ピニオンカッタ自体が高精度にできていても，偏心して取り付けられれば，やはり歯形誤差やピッチ精度誤差の原因になる．それは図2のように，偏心によって各切れ刃が実際に切削する位置が本来の正しい創成の位置からずれてしまうからである．これは結果的にピニオンカッタ自体の歯形誤差が大きい状態と同じことになる．

ピニオンカッタを取り付けるときに，アーバと穴とのクリアランスが大きいなどの理由で偏心が生じると，ピニオンカッタは図3に示すように振れて回ることになる．このとき仮に歯数が同じだとすると，被削歯車にはピニオンカッタの偏心と同じ周期の歯溝の振れが発生する．1個の歯溝を1枚の歯で創成するので，前述の歯形誤差が発生する理屈と同様に創成の位置がずれて，歯溝の振れが発生するのである．ピニオンカッタの偏心がある場合の歯溝の振れは同じメカニズムである前述の歯形誤差と複合的に発生することが多い．

歯数が小さい被削歯車ではかみ合い率が小さくなるため，創成中の切削負荷の変動が大きくなることによって歯形にうねりが発生することがある．この場合はストロークあたりの送り量を下げて対策する．

5.3.2 切上がり段差

ピニオンカッタが振れていると，被削歯車1回転の

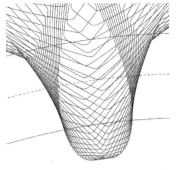

図1 ピニオンカッタによる歯溝の創成[1]

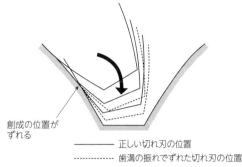

図2 ピニオンカッタの偏心による歯形誤差・歯溝の振れ

正しい切れ刃の位置
---- 歯溝の振れでずれた切れ刃の位置

創成の位置がずれる

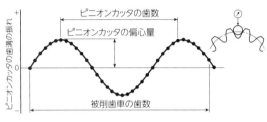

図3 ピニオンカッタの偏心の影響

図4 切上がり段差

ピッチ精度が不連続になり，1枚の歯の歯面に切上がり段差（図4）が発生することがある．その発生メカニズムを図5に示す．サインカーブはピニオンカッタ1回転の振れを意味する．歯車A，B，Cがそれぞれピニオンカッタのどの歯で創成されるかによって，切上がり段差の状態が変わる．歯車Aでは創成開始と終了とで振れが相殺され，切上がり段差がほとんど目立たない．歯車Bでは振れの影響を強く受けて切上が

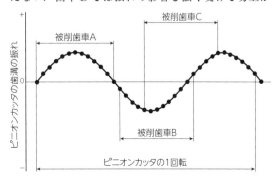

図5 ピニオンカッタの偏心と創成開始位置との関係

り段差が発生する．もっとも大きい振れの影響を受けるのは歯車Cである．

切上がり段差を防ぐためには，ピニオンカッタ，ブランク材の両方に振れがないように取り付けることが重要である．

5.3.3　圧力角誤差

歯形誤差の中でも現場で注意を要するのは圧力角誤差である．ピニオンカッタの再研削はすくい面研削によっておこなわれる．他の要求精度は工具メーカから納入された時点で決まっているが，すくい面の振れとすくい角は使用者側の再研削によって変動する．このうちピニオンカッタの要求精度の中で，現場で管理すべき最重要項目がすくい角である．誤差があると正しい歯形が得られず，これが圧力角誤差の原因になる．

図6は正しいすくい角を持つ切れ刃（実線）に対し，すくい角誤差（すくい角が大きい場合）がある切れ刃を比較したものである．両側面には側逃げ角がついているため，歯先から歯元に向かうにつれてピニオンカッタの歯が痩せてくることがわかる．すくい角が理想値より小さい場合は逆に歯元に向かうにつれてピニオンカッタが太ることになる．矢視Aの方向から投影すると，すくい角が大きい場合はピニオンカッタの歯形が痩せ，逆にすくい角が小さい場合は太る．それらのピニオンカッタで創成した歯車の歯形がどうなるかをまとめたのが表1である．このように順を追って考えれば理解しやすいだろう．これがピニオンカッタのすくい角が被削歯車の圧力角誤差として表れるメカニズムである．

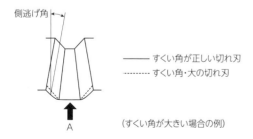

図6　すくい角誤差が圧力角誤差に影響する理由

ブランク材の倒れは圧力角誤差を防ぐうえで要注意である．特に全長が長い軸物工作物では両センタやブランク材のセンタ穴における打痕や異物の付着に細心の注意を払いたい．

5.3.4　歯すじ誤差

ホブ切りに比べれば歯すじ誤差の問題が発生する頻度は少ないが，それでも注意すべき点はある．

はすば歯車の加工では，図7のように食付き時と抜け際にピニオンカッタの片歯面しか切削しない瞬間が必ず発生する．この時に力のバランスが崩れることにより，食付き時と抜け際付近で歯すじが曲がる症状が見られることがある．

ドリルの食付きや抜け際が斜めになっている場合に同様の症状を経験するが，歯車形削りではドリルのように食付き時や抜け際だけ送り量を下げるということができない．したがって，クランプ力を上げて回されないようにすることが必要になる．また，親ウォームの遊びを抑え，スピンドルとスリーブのクリアランスを改善することも効果がある．

ガイドの精度不良は歯すじ誤差に大きく影響する．ほかの機械的要因にも該当するが，歯すじ誤差の推移を監視することによって摩耗の進行を早めに察知して対応することが必要である．

ブランク材の倒れも歯すじ誤差を防ぐうえで要注意であり，圧力角誤差と同様である．特に全長が長い軸物工作物では，倒れによる歯すじ誤差が発生しやすい．

5.3.5　歯厚誤差

ひと口に歯厚誤差といってもいろいろな要因があるので，状況を正確に把握することが大事である．

連続的に徐々に変化する場合は，熱変位を疑う．切削油剤の温度管理などが有効である．

突発的に変化する場合には，切りくずのかみ込みやクランプ力不足による工作物のすべりなどを疑う．

周期的に変化する場合は，ピニオンカッタの振れが影響していることがある．特にピニオンカッタと被削歯車の歯数の差が大きい場合，ピニオンカッタが仕上げる位置が歯車ごとに変わる．このときにピニオンカッタの振れがあると，被削歯車によって切込み深さが変わるので，歯厚がばらつく原因になる．

ピニオンカッタの振れを小さく抑えたり，ピニオンカッタによる創成を円周方向の定位置から開始させることによって改善が見込める．

表1 ピニオンカッタのすくい角誤差と被削歯車の圧力角誤差との関係

	すくい角・大の場合	すくい角誤差がない場合	すくい角・小の場合	備考
ピニオンカッタの歯形（図6の矢視A）	理想より痩せた歯形	理想の歯形	理想より太った歯形	すくい角が正しい切れ刃 / すくい角誤差がある切れ刃
被削歯車の歯形	理想より太った歯形	理想の歯形	理想より痩せた歯形	すくい角が正しい切れ刃で創成した歯形 / すくい角誤差がある切れ刃で創成した歯形
被削歯車の歯形曲線	歯先下がり=圧力角・小	水平=正しい圧力角	歯先上がり=圧力角・大	

内歯車の加工でビトウィンピン径を測ると十文字方向で差が出る(いわゆる楕円)症状が見られることがある．

ピニオンカッタと歯車の歯数の比が1:2の場合にピニオンカッタに振れがあると，いわゆる楕円になることがある．そのようすを図8に示す．点Aでは深く切り込み，点Bでは浅く切り込む．歯数比が1:2なので，深い切り込みと浅い切り込みが90°の周期でおこなわれ，結果として十文字方向のビトウィンピン径の差が大きくなることがある．ただし，この場合には切上がり段差は発生しない．ピニオンカッタが公転して元に戻ったときに切込みが同じになるからである．

また薄肉の内歯車の加工では，スプリングバックという現象が発生することがある．そのメカニズムを図9に示す．強い力でクランプした状態で精度よく加工しても，アンクランプと同時に力が開放されることによって工作物が変形するためである．これによって十文字方向のビトウィンピン径に大きな差が出て楕円になる．

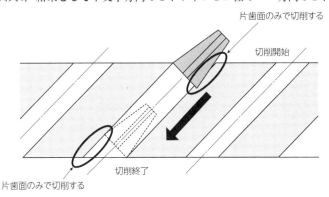

図7 切削力による歯すじの曲がり

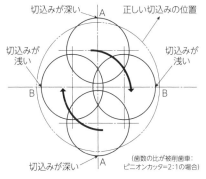

（歯数の比が被削歯車：ピニオンカッタ＝2:1の場合）

**図8 ピニオンカッタの偏心によって
内歯車が楕円になるメカニズム**

147

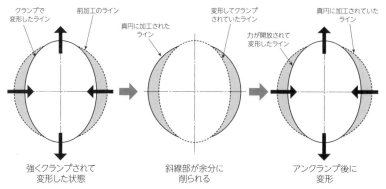

図9　スプリングバックによる楕円が発生するメカニズム

第5章5.1.1で説明したリリービングができていないと，半径方向に逃げながら上端に戻るべきピニオンカッタが歯面に触れてしまい，歯面を傷つける．これをリリービング干渉といい，内歯車の加工では時に注意を要する．

引用文献
1）日本電産マシンツール㈱提供

参考文献
円筒歯車の製作（歯車の設計・製作②）
大河出版

5.3.6　歯先面取量のばらつき

ピニオンカッタの面取刃（セミトッピング）の位置が最初に思い浮かぶ要因であるが，その精度が原因で歯先面取量のばらつきが発生することは少ない．むしろブランク材の外径寸法不良，ブランク材を治具に取付けたときの振れ，ピニオンカッタの切込み深さ不良などが原因であることが多い．

また，ピニオンカッタの設計値に対してすくい角の誤差が大きいと，面取刃が正しい位置からずれる．したがって，正しい歯厚で加工しても，指定の歯先面取量が確保できないことがある．

5.3.7　表面品位

ホブ切りの多角形の加工面とは異なり，歯車形削りでは比較的良好な表面品位が得られる．しかし，現場でよく見られる現象は，歯面のむしれである．切削油剤を十分に供給し，潤滑性を上げることが重要である．

ピニオンカッタを再研削するときにすくい面のあらさが悪いと，逃げ面と交わって形成される切れ刃のシャープさが失われる．この状態で切削すると，構成刃先がつきやすく，それが離脱したときに歯面をむしってしまい，表面品位を悪くする原因になる．

5.4　加工能率

工具が回転して切削するホブ切りやシェービングとは異なり，往復運動が基本になる歯車形削りの加工能率には特有の視点が必要である．ここではそれを左右する因子を挙げながら，加工能率について考えることにする．

5.4.1　加工能率を左右する因子

図1は荒加工後に仕上げが入る一般的な加工サイクルを示したものである．加工サイクルの開始時点ではピニオンカッタはブランク材から離れており，まずは接近する必要がある．この工程をアプローチといい，その距離は現場によってエアカット量あるいはアプローチ長さと呼ばれる．

ブランク材に食付いたピニオンカッタを半径方向に送りながら荒加工が始まる．仕上げの取りしろを残して半径方向の切込みが完了すると，円周方向の送りが始まり，テーブルが1周＋αだけ回転するまで荒加工が続く．

次に仕上げ加工に入る．仕上げの取りしろに相当する分を半径方向に切込み，そこから円周方向の送りが始まる．荒加工と同様にテーブルが1周＋αだけ回転

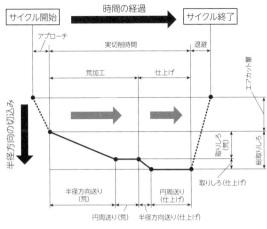

図1 一般的な加工サイクル

表1 歯車形削りの加工能率を左右するおもな因子

因子	アプローチ	荒加工	仕上げ
エアカット量 (mm)	◎		
ストローク速度 (str/min)		◎	◎
半径方向送り量 (mm/str)		◎	○
切込み回数		◎	◎
テーブル回転角度 (deg)		◎	◎
円周方向送り量 (mm/str)		○	◎

◎：強く関与する　○：関与する。

するまで仕上げ加工が続く．仕上げの円周送りが完了すると，ピニオンカッタが退避して加工サイクルが完了する．加工能率を左右する因子を表1に示す．

40〜80m/min が一般的である．加工幅が25mm を越える場合には，1インチ（25.4mm）増すごとに切削速度を10%程度低くするというのが目安になる．

5.4.2 主軸ストローク速度と切削速度

主軸ストローク速度は毎分のストローク数つまりピニオンカッタが1分間に上下運動する回数である．ピニオンカッタの切削速度の最大値は，この主軸ストローク速度の最大値を越えないように，式(1)によって求める．瞬間の切削速度は常に変化する．詳細は5.5.3で説明する．

$$V = \pi \cdot S \cdot \frac{L}{1000} \quad (1)$$

V：切削速度　m/min
S：主軸ストローク速度　str/min
L：全ストローク長さ　mm

ストローク長さは図2に示すように被削歯車の加工幅と両端の余裕長さの和である．

切削速度は被削材料と工具材料との関係から目安が決まっており，式(1)を逆算して得られるストローク速度によって加工をおこなう．代表例として自動車の変速機用歯車に使用される浸炭鋼の場合，切削速度は

5.4.3 切込み回数と取りしろ

切込み回数は円周方向送りにおいてテーブルを何周させるかを意味する．要求精度に依存するので一概には決められないが，モジュール3までは2〜3回とするのが一般的である．モジュールが大きい場合やむしれやすい被削材料では回数を増やす．

取りしろも要求精度に依存するが，おおむね以下の目安に沿って決めるとよい．荒加工の取りしろは中仕上げおよび仕上げを除いた量である．

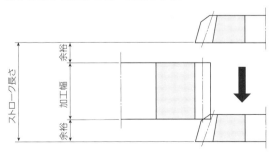

図2 ストローク長さ

・中仕上げ　0.3～0.8mm

・仕上げ　0.2～0.4mm

5.4.4　送り量

　半径方向送り量（ラジアル送り量）と円周方向送り量がある．いずれも1ストロークあたりの送り量で表される．浸炭鋼の場合，次の数値が一般的な目安になる．

・半径方向送り量　0.002～0.01mm/str

・円周方向送り量　0.2～0.3mm/str

　半径方向送り量は1ストロークあたりの半径方向の送り長さを意味する．これを大きくすると最大切削主分力が増えて切れ刃の欠損や加工精度に悪影響を生じるので，大きくし過ぎないようにする．

　一方の円周方向送り量は1ストロークあたりのピッチ円周上での送り長さを意味する．円周方向送り量を大きくしても，切りくずの最大厚さと断面積はほぼ一定になるので，切削力を抑えることができる．図3は円周方向送り量を抑えた従来の加工法と円周高送りによる加工法による切りくずの違いを示したものである．従来の加工法ではピニオンカッタのかど部に負荷が集中し，トレーリング側には薄くて長い切りくずが発生し，これが摩耗を助長させる．一方の円周高送りによる加工では切りくずが厚く分断されるので，摩耗が抑制される．したがって，加工能率が向上するだけでなく，工具寿命が長くなる．

　このような背景から，近年は現場で俗に「りんごの皮むき」と呼ばれる円周高送りとする加工法が加工能

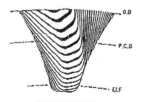

従来の加工法	円周高送り
かど部に摩耗が集中．トレーリング側に薄くて長い切りくずが発生．	切りくずが厚く分断される．

図3　摩耗に対する円周高送りの効果[1]

率，工具寿命の両面で効果を発揮している．被削材の硬度にもよるが，1.0mm/str を越え，2.0～3.0mm/str に達する高送り加工も行なわれている．

引用文献
1）日本電産マシンツール㈱提供

5.5　加工のポイント

　歯車形削りは往復運動による加工なので，ほかの加工法にはないむずかしさがある．ここでは現場的な留意点も含めて，歯車形削りのポイントについて考える．

5.5.1　ピニオンカッタの選定

　ピニオンカッタにはディスク形，ベル形，シャンク形，ハブ形がある．それらの種類や寸法を決めるのに迷うが，工作物や治具の制約を総合的に考えて選ぶことが大事である．

　特に制約がない場合は，より汎用的なディスク形が選択肢の筆頭に挙がる．モジュールごとに JIS B 4356 で規定された標準的な形状・寸法の中から選ぶことが望ましい．

　大歯車・小歯車の直径の差が大きい段付き歯車で小歯車を加工するときは，ベル形を選ぶとよい．このような場合にディスク形を採用すると，再研削によって歯厚が薄くなったときに締付ナットが大歯数の歯車に干渉することがある（第5章5.1.2）．ベル形であれば，その危険を少なくすることができる．冒頭に挙げた工作物や治具の制約とは，このような事象を指すと考えればよい．内歯車では被削歯車のピッチ円径よりも小径としなければならないので，シャンク形が選ばれることが多い．

5.5.2　ツーリング

　片持ちの丸棒の先端に曲げる力がかかる場合，先端のたわみ量は突出し長さの3乗に比例し，直径の4乗

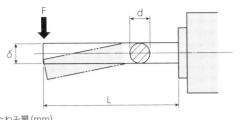

δ：たわみ量 (mm)
F：切削抵抗 (N)
L：突出し長さ (mm)
E：材料の弾性係数 (MPa)
d：丸棒の直径 (mm)

$$\delta\ \mathrm{mm} = \frac{64 \times F \times L^3}{3 \times \pi \times E \times d^4}$$

図1 丸棒にかかる曲げ応力とたわみ量

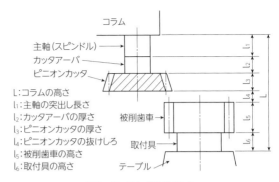

L：コラムの高さ
l_1：主軸の突出し長さ
l_2：カッタアーバの厚さ
l_3：ピニオンカッタの厚さ
l_4：ピニオンカッタの抜けしろ
l_5：被削歯車の高さ
l_6：取付具の高さ

図2 ツーリングのポイント

に反比例する（図1）．したがって，いかなる場合でも「工具は太く，突出しは短く」が鉄則である．歯車形削りも例外ではなく，干渉しない範囲でこの鉄則を守ることがポイントである．

すべての切削加工において，ツーリングの基本は生産に不利な要素を排除することにある（図2）．コラムの高さが高ければ，いろいろな工作物を加工できるので汎用性が増す．その反面，剛性が低下するので，可能な範囲で低く抑えることがポイントである．同時にテーブルにおける取付具の高さも低く抑え，不要なモーメントがかからないように配慮することが必要である．

工具は軸方向のスラスト力には耐えても，横方向に曲げる力には弱いことが多い．ピニオンカッタの突出し長さもできるだけ短くしておかないと，びびりや折損の危険が増す．一方で，再研削によってピニオンカッタが薄くなると，ツーリング全長が短くなり，スピン

ドルの端面が工作物に干渉する危険がある．したがって，ピニオンカッタの突出し長さを決めるときには，再研削しろを十分に考慮しておく必要がある（図3）．ピニオンカッタの外径がスピンドル径より小さい場合には特に細心の注意を払うべきである．

段付き歯車，止まり穴の内歯車ではピニオンカッタが抜けたあとの十分な逃げのためのスペースを確保しておく．ピニオンカッタの破損を防ぐために，下死点での工作物端面への干渉や切りくず排出には十分注意を払うことが必要である．そこに切りくずが詰まったり，堆積した状態で加工すると，現場で俗に"どん突き"と称する状態になって，ピニオンカッタを欠損させる危険がある（図4）．このような場合には，切削点に供給する配管とは別個に切りくずを排除するための配管を設け，切削油剤を大量に供給するなどの切りくず流しの工夫をすることが望ましい．

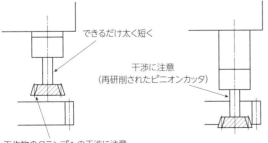

できるだけ太く短く

干渉に注意
（再研削されたピニオンカッタ）

工作物のクランプへの干渉に注意
（ピニオンカッタの早送りでの移動）

図3 カッタアーバの突出し

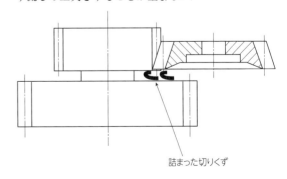

詰まった切りくず

図4 段付き歯車の切りくず詰まり

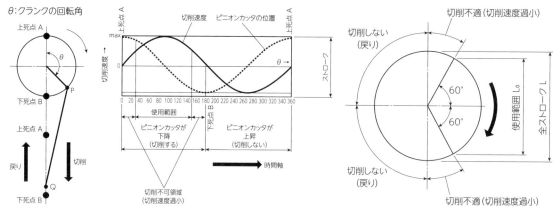

θ：クランクの回転角

図5　クランクの回転と切削速度の関係

図6　クランクの回転と切削可能範囲

5.5.3　段取りの留意点

(1) ストロークの決め方

　クランク機構でピニオンカッタの上下運動をさせている場合，回転しているクランクの位相によって切削速度が周期的に変化することを考慮に入れておかなければならない．これは回転運動を直線運動に変換する場合には避けられない現象である．図5はクランクの回転位相とピニオンカッタの切削速度との関係を示したものである．上死点Aの位相をゼロとする．実線は切削速度，破線はピニオンカッタの位置を示している．2つのサインカーブは周期が同じで，位相が90°ずれている．上死点・下死点でピニオンカッタの上昇・下降が逆転するので，その瞬間は切削速度がゼロになる．90°で切削速度が最大になる．180°から360°まで

は計算上の切削速度は負の値になるが，これは戻り工程なので無視してよい．

　厳密にはピニオンカッタの瞬間の切削速度は，式(1)で求められる．このうち主軸ストローク速度Sは歯車形削り盤の機種によって決まる固有の数値である．計算で求める数値ではなく，機種ごとにあらかじめ決まっている固有の最大値(定数)であり，カタログや仕様書に記載されている．

$$V = \pi \cdot L \cdot \sin\theta \, \frac{S}{1000} \qquad (1)$$

　V：切削速度　m/min

　L：全ストローク幅　mm

　θ：クランクの回転位相　deg

　S：主軸ストローク速度　str/min

　ピニオンカッタが上死点あるいは下死点に近づく

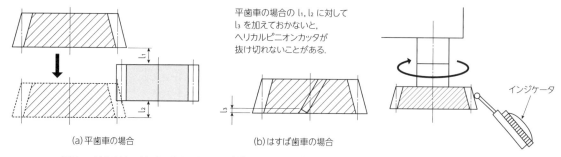

(a)平歯車の場合

平歯車の場合の l_1, l_2 に対して l_3 を加えておかないと，ヘリカルピニオンカッタが抜け切れないことがある．

(b)はすば歯車の場合

インジケータ

図7　ヘリカルピニオンカッタのストロークを決めるときの留意点

図8　機上での振れの確認

と，切削速度は急激に低下する．ストローク長さの中央で θ が 90°つまり $\sin \theta = 1$ となるので，切削速度は最大値に達する．ストローク長さの中央で最大値に達した切削速度は中央から外れるほど低くなり，上下両端ではゼロになる．切削速度が低下する領域で切削すると，歯面のむしれやピニオンカッタの破損などにつながることがある．したがって，上下両端に余裕長さを設ける必要がある．加工時間を短縮しようとして余裕長さを短くすると，被削歯車の上下両端では極度に低い切削速度で加工せざるを得ないことになるので，注意が必要である．

具体的には図6に示すように，切削速度が最大値を示す位置を中心として，両側 60°の範囲に被削歯車の歯幅が入るように全ストロークと上死点・下死点の位置を決めるのがよい．干渉物があると理想どおりに余裕長さを確保できないことがあるが，現場の段取り手順書にしっかり明記して継承することがトラブルを未然に防ぐためのポイントである．こういうことは技術者の頭の中に知識としてしまってあるだけではダメで，現場が失敗しないように手順書にまとめて周知しておくべきである．

ヘリカルピニオンカッタは歯すじに直角に刃付けがおこなわれる．したがって，平歯車の場合に加えて，図7の l_3 の分を上下端に加味してストロークを決める必要がある．

(2) ピニオンカッタの取付け

主軸にピニオンカッタを取りつけたら，偏心していないことを確認する．インジケータを外周部に当て，静かに回転させながら振れの有無を確認する（図8）．振れが大きいと，被削歯車の歯形精度が悪くなる．通常は振れが 0.01mm 以下であれば問題ない．

表1 ピニオンカッタの断面の変化

断面	外歯車用ピニオンカッタ				内歯車用ピニオンカッタ			
	①(新品)	②	③	③以降	①(新品)	②	③	③以降
歯底径	正規	大きくなる	正規	急激に小さくなる	正規	大きくなる	正規	急激に小さくなる
歯先面取量	正規	小さくなる	正規	急激に大きくなる	正規	大きくなる	正規	急激に小さくなる
フィレット発生径	最大	→———→		最小	最小	→———→		最大
トリミング干渉					危険	→———→		安全
インボリュート干渉	最小	→———→		最大	最小	→———→		最大

5.5.4　有効使用歯幅と歯車諸元の変化

ピニオンカッタはすくい面を正確に再研削することによって，実用上は同じ歯形が得られるようにできている．しかし，実際には再研削が進んでピニオンカッタの歯幅（軸方向の歯の幅）が薄くなるにつれて，被削歯車の諸元が微妙に変化することを頭に入れておかなければならない．

表1は新品時から再研削によって使用限界まで歯幅を薄くしていったときに，被削歯車の諸元にどのような変化が生じるかをまとめたものである．

ピニオンカッタには側逃げ角がついているので，再研削によって歯厚（こちらはまたぎ歯厚）と外径が減少し，転位係数が小さくなる（図9）．指定の歯厚に仕上げたときの被削歯車の歯底径，フィレット径，歯先面取量などの諸元を一定に保つためには，ピニオンカッタの歯厚の変化に応じて外径や面取刃の高さを変

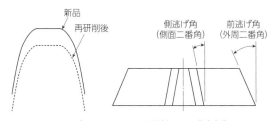

図9　ピニオンカッタの再研削による寸法変化

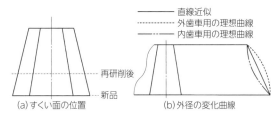

凡例
—— 直線近似
------ 外歯車用の理想曲線
—— 内歯車用の理想曲線

再研削後
新品

(a) すくい面の位置　　　(b) 外径の変化曲線

図10　ピニオンカッタの理想的な外径の変化曲線

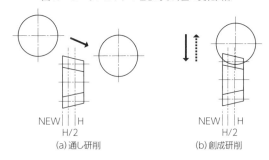

NEW | | H　　　　NEW | | H
H/2　　　　　　　H/2
(a) 通し研削　　　　　(b) 創成研削

図11　ピニオンカッタの歯形研削法

化させることが必要なのだ.

　つまり歯厚が薄くなった分に見合う分だけ外径も小さくしないといけないのであるが，計算上の理想の外径は，図10に示すように曲線的に増減する（外歯車用では凸曲線，内歯車用では凹曲線）. しかし，外径を曲線形状に加工することはピニオンカッタの製造工程にとって困難が伴う. したがって，実際には直線形状（円錐形状）に近似させて外径研削がおこなわれる. この理想曲線と近似した直線との誤差が被削歯車の諸元を変化させる要因である.

　図11はピニオンカッタの歯形研削法の一例である. あくまで一般論として考えてほしい. 通し研削は軸方向に砥石を通す工法であり，NC技術の進歩によって主流になっている. 歯先面取量の変化量を小さく抑えるために，ピニオンカッタの歯底径をコントロールするうえでも有利に働く. 一方の創成研削はシェービングカッタの歯形研削と似た工法である. 砥石は軸方向には移動せず，1枚ずつ歯を創成していく. 比較的単純なピニオンカッタに採用される.

　再研削による被削歯車の諸元の変化は歯形研削法の如何を問わず生じる現象である. しかし，研削法によって諸元の変化の度合いに差があることを知っておくことが必要である.

　切削工具は動物に似ている. 自分は仲良くなったつもりでも，習性を深く理解し，愛情を持って正しく接しないと，思いがけず手を咬まれることがある. 再研削による諸元の変化はその一例である.

　切削工具の製造方法は日進月歩である. 現場の切削技術者たる者，自社で生産している製品の工程だけでなく，使用する工具の基本的な製造工程およびその進歩に関する知識を身につけておきたい. 工具の習性はそれを実行して初めて理解が深まるものである.

5.5.5　内歯車加工の留意点

　内歯車をピニオンカッタで加工するときに問題になるのは工具と工作物との干渉である. 干渉には表2に

表2　内歯車と平歯車（外歯車）の干渉

干渉の種類	内歯車と平歯車（外歯車）のかみ合い	内歯車の歯車形削りに置き換えると・・・	
		現　象	原　因
インボリュート干渉	平歯車の歯元に内歯車の歯先が食い込んで，回転できなくなる現象.	内歯車の歯先が削り取られる.	内歯車とピニオンカッタの歯数の差が大きい.＝ピニオンカッタの歯数が少ない.
トリミング干渉	そのかみ合い位置から平歯車を半径方向に移動することができない現象.	ピニオンカッタの歯先が内歯車の歯先に干渉する現象.	内歯車とピニオンカッタの歯数の差が小さい.＝ピニオンカッタの歯数が大きい.
トロコイド干渉	平歯車の歯先が歯溝から抜け出るときに内歯車の歯先と干渉する現象.	インボリュートを創成したピニオンカッタの歯が食い込むことによって内歯車の歯面を削り取る現象.	内歯車とピニオンカッタの歯数の差がさらに小さい.＝ピニオンカッタの歯数がさらに大きい.

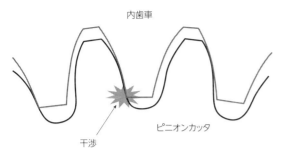

図12 インボリュート干渉

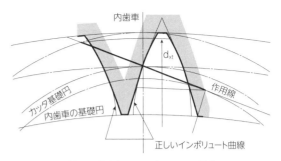

図13 内歯車のインボリュート干渉[1]

示すようにインボリュート干渉，トリミング干渉，トロコイド干渉の3種類がある．工具の仕様を決めるときには必ず頭に入れておかなければならない．

(1) インボリュート干渉（図12）

インボリュート干渉は内歯車とピニオンカッタの歯数の差が大きいときに，内歯車の歯先が削り取られる現象である．内歯車の歯先は正しいインボリュート曲線と滑らかにつながる歯先の逃げを形成する（図13）．ピニオンカッタで創成される範囲はすべてインボリュート曲線になり，基礎円の内側で歯形修整部が削られて，両者は滑らかにつながっている．したがって，インボリュートの部分で干渉が発生しているわけではないので，実態としてはインボリュート干渉とは呼べない状態である．

(2) トリミング干渉（図14）

トリミング干渉は内歯車の切削に特有の現象であ

る．インボリュート干渉とは逆に，内歯車とピニオンカッタの歯数の差が小さいときに発生する．加工初期あるいは戻りストロークのときに，ピニオンカッタの歯先が内歯車の歯先に面取りを施すかのように干渉する現象である．加工初期つまりピニオンカッタが切込み始めるときに発生するので，切込み干渉とも呼ばれる．

内歯車とピニオンカッタの歯数の差を大きくしていくと，トリミング干渉は解消される．図15はそのようすを示したものである．内歯車の歯先のかどと，ピニオンカッタの対応する歯先のかどからピッチ点までの距離をそれぞれ a, b とし，その差を δ とすると，δ がゼロになる状態のピニオンカッタの歯数が，その内歯車に対してトリミング干渉を発生させない限界歯数（トリミング限界）になる．歯数の差が大きくなるということは，曲率の差が大きくなることを意味する．それをイメージすれば，歯数の差が大きくなるにつれてピニオンカッタの歯先が内歯車の歯先に干渉せずに回り切ることが理解できるだろう．

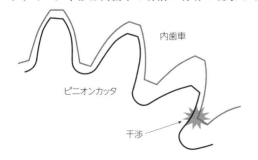

図14 トリミング干渉

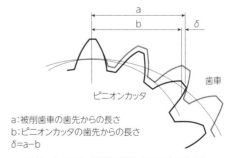

a：被削歯車の歯先からの長さ
b：ピニオンカッタの歯先からの長さ
δ=a−b

図15 トリミング干渉が発生する限界の考え方

表3. 内歯車用ピニオンカッタのトリミング限界[2]

ピニオンカッタ	内歯車の最小歯数		ピニオンカッタ	内歯車の最小歯数	
歯数	圧力角20°低歯	圧力角20°並歯	歯数	圧力角20°低歯	圧力角20°並歯
10	22	24	30	50	54
12	26	29	32	52	56
14	29	32	36	57	61
16	32	36	40	62	66
18	34	39	44	66	71
20	37	41	48	71	76
22	39	44	52	75	81
24	42	47	56	80	86
26	45	49	60	84	90
28	47	52			

表3はピニオンカッタの歯数によってトリミング干渉を発生させずに加工できる内歯車の最小歯数の一例を示している。低歯よりも並歯の方がトリミング干渉に対しては不利なので、限界歯数が大きくなることがわかる。

トリミング限界は圧力角によっても異なり、圧力角が小さいほど不利になる。これは圧力角20°よりも14.5°の方が歯が立っていることをイメージすれば、同じ歯数の差であっても干渉しやすいことを理解しやすい。

(3) トロコイド干渉

トロコイド干渉はインボリュートを創成したピニオンカッタの歯先が食い込むことによって内歯車の歯面を削り取るものである。ピニオンカッタと内歯車の歯数の差がトリミング限界からさらに小さくなると発生する現象なので、トリミング干渉が発生しなければ、トロコイド干渉は発生しない。

引用文献
1) 円筒歯車の製作(歯車の設計・製作②) 大河出版 p.92
2) 円筒歯車の製作(歯車の設計・製作②) 大河出版 p.94

5.6 ピニオンカッタの損傷

歯車形削りは往復運動による切削なので、ピニオンカッタの刃先に大きい衝撃が加わる過酷な加工である。それだけにホブ以上に欠損・破損が発生しやすい。常に損傷の状態を観察し、不具合に対しては迅速に対処することが重要である。

5.6.1 正常摩耗

工具の損傷の形態はホブ(第4章4.6)と重複するので、詳細は省略する。損傷には正常摩耗と異常摩耗があるが、正常摩耗させ、安定して再研削しながら生産することがポイントになる。

正常摩耗には逃げ面摩耗とすくい面摩耗(図1)があるが、一般的には逃げ面摩耗幅の方が大きい。ピニオンカッタによる歯車形削りにはリーディング側とトレーリング側があり、その違いを図2に示す。通常、逃げ面摩耗量はトレーリング側の方がリーディング側よりも大きくなる。したがって、再研削の取りしろはトレーリング側の逃げ面摩耗量で決まることが多い。そのため、トレーリング側の側逃げ角をリーディング側よりも大きめにすることも行なわれてきた。

リーディング側、トレーリング側における逃げ面摩耗、すくい面摩耗の傾向を表1に示す。先行して切り込むリーディング側は新たな歯溝を切削していく。

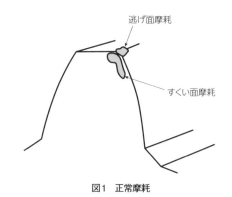

図1 正常摩耗

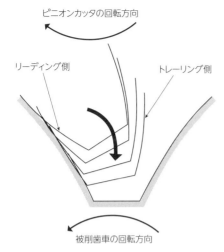

図2 ピニオンカッタのリーディング側とトレーリング側

表1 ピニオンカッタの摩耗 ～ リーディング側とトレーリング側

	リーディング側	トレーリング側
切削状態		
切込み	先行して切り込む	後追いで切り込む
切りくず	厚い	薄い
擦り	弱い	強い
逃げ面摩耗	小	大
すくい面摩耗	大	小

一方,トレーリング側は後追いで切り込み,リーディング側によって作られた歯溝の残りの不要な部分を切削するというように,役割が異なる.

したがって,リーディング側では厚い切りくず,トレーリング側では比較的薄い切りくずが発生する.そのためリーディング側では逃げ面よりもすくい面の負荷が高くなる.一方,トレーリング側では擦りの要素が強くなるために逃げ面摩耗が大きくなり,すくい面摩耗は比較的小さい.これがリーディング側とトレーリング側で摩耗の程度が異なるメカニズムである.

5.6.2 異常摩耗

異常摩耗はその程度によって微小なチッピング,小さい欠けを伴う欠損,使用不能になるほどの大きい欠損を伴う破損などがある(図3).再研削のときのすくい面のあらさが悪いと,切れ刃にチッピングが生じやすくなる.

図4のような欠損や破損が発生した場合は,異常な要因を視野に入れて調査する必要がある.確認すべき要因にはクレータの決壊,ピニオンカッタあるいは工作物のクランプ力不足,リリービング干渉,過大な送り量などがある.また再研削時の切込み過大によるクラックに起因する欠損も要注意である.段付き歯車や止まり穴になっている内歯車の場合には,切りくずの堆積に注意すべきである.

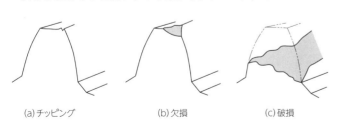

図3 異常摩耗

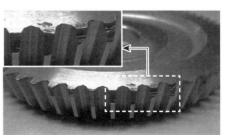

図4 ピニオンカッタの欠損

5.7 ピニオンカッタの再研削と管理

工具が高価で加工が高コストである点はホブ切りと同様である．ここでは再研削や寿命管理をはじめとする工具管理全般について説明する．

5.7.1 工具寿命の設定

ホブと同様にもっとも警戒すべきことはクレータの決壊である．大きい欠損を招き，再使用不能になる．

逃げ面摩耗幅の目安は 0.2 ～ 0.3mm とするのが一般的である．しかし，コーティングが進歩したことによって逃げ面摩耗の進行が遅くなる傾向がある．逃げ面摩耗ばかりに気を取られていると，クレータ摩耗の進行に気づくのが遅れ，決壊を招くので注意が必要である．クレータが決壊しないように逃げ面摩耗幅を管理することがポイントになる．量産現場では逃げ面摩耗幅を切削個数に置き換えて工具交換の判断基準にすることが多い．

5.7.2 再研削のポイント

ピニオンカッタの再研削（図1）はホブに比べれば単純で，比較的安価な設備で作業が可能である．図2に示すようにすくい角の分だけ傾けた状態でピニオンカッタをセットし，研削砥石をすくい面に当て，円錐面を形成しながら逃げ面摩耗幅の分だけ追い込む方法がとられる．

このとき研削砥石の母線が，ピニオンカッタのすくい面を形成する円錐面の母線上にあるようにセットすることが重要である．ピニオンカッタを再研削するための段取りのポイントは以下の2点である．

・ピニオンカッタを正確にすくい角の分だけ傾ける．
・研削砥石の母線をすくい面の円錐面の母線に正確に合わせる．

なお，ヘリカルピニオンカッタの場合は，さらに図3のようにセットして再研削を行なう．

ピニオンカッタの再研削でもっとも重要な管理項目はすくい角である．すくい角誤差 $\Delta \gamma$ は被削歯車の圧力角誤差 $\Delta \alpha$ として表されるが，その関係は以下の(1)で求められる．

$$\Delta \alpha \fallingdotseq \sin^{-1}[\tan \delta \{\tan \gamma - \tan(\gamma + \Delta \gamma)\} \cdot \cos^2 \alpha]$$

(1)

δ：ピッチ円上側逃げ角
γ：すくい角
α：ピニオンカッタの圧力角

NC技術の進歩が工具製造の分野にも拡大している．図4はNC工具研削盤によるヘリカルピニオンカッタのすくい面研削のようすである．ドリル，エンドミルなどの多種多様な切削工具の再研削を扱う現場では，そのフレキシビリティを最大限に生かすことが可

図1 ピニオンカッタの再研削

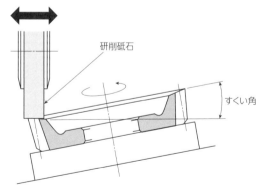

図2 ピニオンカッタの再研削

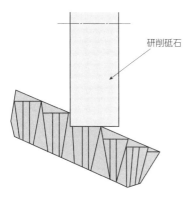

研削砥石

図3 ヘリカルピニオンカッタの再研削

図4 CNC工具研削盤によるヘリカルピニオンカッタのすくい面研削[1]

能である．またプログラミングに対話方式を取り入れている工具研削盤が多く，比較的初心者でも入りやすくする工夫が施されている．熟練者が減少する中，それらの技術を活用した技術的なバリアフリー化も重要度を増している．

図5は一般的に多くみられる3種類の圧力角について，すくい角誤差が圧力角誤差に与える影響を示したものである．圧力角が小さくなるほどすくい角誤差の影響を強く受けるので，より細心の注意を要することがわかる．

すくい角誤差がある場合，セミトッピング歯形の場合は歯先面取量，プロチュバランス付き歯形の場合は歯元付近の形状に狂いが生じる．

すくい角の測定原理（第5章5.2.5）は単純であるが，ピニオンカッタの取り扱い点数が多くなると段取りがたいへんである．現場では，JISの測定方法を生かした専用の測定器を工夫して使用するとよい．

図6はその事例である．インジケータを取り付けた精密スライド治具，ピニオンカッタを載せたヘリカル角度変更治具，それらを固定する治具ベースの3点で構成されている．インジケータはリニアガイドによってX軸方向に精密かつ自由に移動させることが可能である．ピニオンカッタはインロー合わせで自由に回転でき，あらかじめX軸方向にすくい角（一般的には5°）の分だけ傾けられている．ヘリカルピニオン

カッタの場合は，スイベル機構によってU軸方向に必要な角度だけ傾けることができる．インロー治具の中心とインジケータの測定子がY軸方向において同じ位置になるようにセットする必要がある．ヘリカル

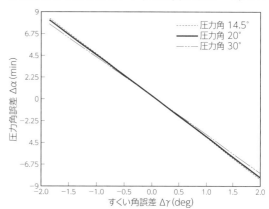

図5 すくい角誤差が圧力角誤差に与える影響

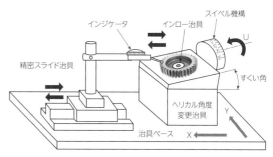

図6 現場的なすくい角測定器[2]

ピニオンカッタを対象としない場合にはスイベル機構は不要であり、さらに簡素な測定器にすることができる。

すくい角 a は以下の式(2)によって求められる。

$$a = \frac{\Delta h}{L} \qquad (2)$$

Δh：インジケータの読みの変化量　mm

L：インジケータの移動量(x 方向) mm

すくい面の振れはすくい面を形成する円錐面の偏心を意味しており、重要な管理項目である。すくい面が振れていれば切れ刃も振れていることになり、被削歯車の歯形誤差として表れる。振れはすくい角を測定するときに同時に確認できる。

ピニオンカッタは1枚の歯で1個の歯溝を創成するので、歯面の品位に直結する摩耗やチッピングの取り残しがないようにする。研削焼けは亀裂の原因になるので、切込み深さ、送り量、研削砥石を強く当てないことなどに注意が必要である。

すくい角の精度が確保できたら、あとはとにかくすくい面のあらさが悪くならないように管理することがポイントである。すくい面のあらさが悪いと、逃げ面との交線で形成される切れ刃がギザギザになり、歯面あらさを悪くしたり、切れ刃がチッピングしやすくなる。すくい面のあらさは JIS では 3.2 μ mRy 以内と規定されているが、このような理由からあらさをよくして悪いことは何もない。

5.7.3　管理のポイント

図7　ピニオンカッタの工具箱

ピニオンカッタの管理はホブやシェービングカッタに比べれば容易であるが、それでも留意すべきことはある。工具メーカーから納入された荷姿のまま保管している現場が多い

が、歯切工具は高価なもの。できれば図7のような頑丈な木製あるいは樹脂製などの箱を用意し、取扱い上の安全性や刃先の保護に配慮することが望ましい。

再研削回数を重ねると、被削歯車の諸元が変化することは第5章5.5.4で説明したとおりである。それに強度的な要素を加え、ピニオンカッタの有効使用刃幅が決まる。工具メーカーとよく連携し、被削歯車の公差幅と照らし合わせたうえで有効使用刃幅を決め、現場でしっかり管理することがポイントになる。

強度的な面からの使用刃幅は使用条件によるので一概には決められないが、おおむね新品時の歯厚の1/2程度とすることが多い。

5.7.4　歯車形削りの工具費

歯車形削りの工具費はホブ切りと並んで高額になることが多い。ピニオンカッタの摩耗状態、生産数、寿命(交換頻度)などを監視しながら管理する。数ヶ月先までの生産数の見込みがわかる場合には、その推移も観察しておくことが望ましい。

量産の場合では、購入費用だけでなく、1個当たりの工具費(原単位)で管理する。原単位には理論原単位、実績原単位の2種類がある。前者は寿命(交換定数)、工具単価、使用可能回数(インサートであればコーナ数)から計算した理論値である。後者は工程に投入した工具の金額の実績値と生産数から計算した実績値である。

理論原単位だけ見ていては、突発の破損があった場合に工具費の急激な増加を見落とすことが多い。そのために実績原単位を併用することが必要である。両方の原単位の推移を注視することによって正しい手が打てるようになる。

同一の製品を複数の生産ラインで加工する場合には、原単位はラインごとに管理することが基本である。

引用文献
1) 牧野フライス精機㈱ 提供
2) ㈱不二越 提供(写真のみ)

5.8　トラブルシューティング

　歯車形削りは断続切削の比率が高いので，他の加工法に比べて工具の欠損が多く発生する傾向がある．また1個の歯溝をピニオンカッタの1枚の歯が切削するので，カッタの取付けの偏心が非常に重要なポイント

になることが多い．

　歯車形削りのトラブルシューティング表を次に示すが，ホブ切りのトラブルシューティング表に記載した内容が歯車形削りにも応用できるものがある．併せて考えるのがよい．

	症　状		おもな要因	方策あるいは着目のポイント
工具	A：逃げ面摩耗		①ストローク数・過大	実際のストローク数を確認．可能であれば下げる．
			②リリービング干渉	干渉の有無を確認し，リリービング量を改善．
			③工具材質の不適	母材の見直し．
			④表面硬度の不足	表面被膜の見直し．
			⑤切削油剤の不適	摩耗状態を確認し，潤滑性・冷却性を考慮して見直し．
			⑥切削油剤の供給不足	吐出量，吐出圧を上げる． 主配管と切りくず流しを分離． タンク内の切りくずを清掃． 潤滑油，作動油混入の対策．
			⑦交換基準の不適	寿命判定基準，交換周期の見直し
	B：すくい面摩耗		①ストローク数・過大	（A-①に準ずる）
			②工具材質の不適	（A-③に準ずる）
			③切削油剤の不適	（A-⑤に準ずる）
			④切削油剤の供給不足	（A-⑥に準ずる）
			⑤交換基準の不適	（A-⑦に準ずる）
	C：チッピング／欠損		①衝撃によるもの	損傷状態を確認し，真因に合った対策を打つ． （A-①～⑦，B-①～⑥に準ずる）
			②摩耗の進行によるもの	
			③切削条件の拙さによるもの	
			④カッタの抜けしろ・過小	上死点・下死点に近づくほど切削速度が下がることに注意（第5章5.5.3）．
			⑤すくい面のあらさ不良	面あらさが悪いと，エッジがチッピングしやすい．
			⑥切りくず詰まり	段付き歯車の切りくず詰まりは要注意（第5章5.5.2）．切削油剤で切りくず流しを確実におこなう（A-⑥に準ずる）．
工作物	D：歯形誤差		①カッタの歯形誤差	発生頻度は少ない．これを疑う前に，D-②を調査．
			②カッタ取付けの振れ	・カッタの穴とアーバとのクリアランス → 穴精度，アーバ外径・振れ． ・テーパシャンクの精度不良および傷・打痕．・穴，テーパへの異物付着．
	E：歯すじ誤差・大		①ギヤシェーパの精度	・ガイドの精度，経年劣化．
			②ブランク材の取付け精度	・取付け精度を確認し，対策する → 穴精度，倒れ，軸物のセンタ穴（傷・打痕・異物），ギヤシェーパのセンタetc
			③送り量・過大	特にはすば歯車切削時のカッタ抜け際の歯すじ曲り（第5章5.3.4）．
			④ギヤシェーパの精度	ヘリカルガイドの摩耗
	F：圧力角誤差・大		①カッタの圧力角誤差	納入時の精度を確認．
			②カッタのすくい角誤差	再研削時のすくい角を確認．
			③ブランク材の取付け精度	（E-②に準ずる）
	G：ピッチ誤差		①ギヤシェーパの精度	・マスタウォームとホイールの精度 → バックラッシetc． ・換え歯車の精度．
			②カッタのピッチ精度	・納入時の検査成績書を確認．

症　状		おもな要因	方策あるいは着目のポイント
工作物	H：歯溝の振れ・大	①ギヤシェーパの精度	（G-①に準ずる）
		②カッタのピッチ精度	（G-②に準ずる）
		③カッタ取付けの振れ	（D-②に準ずる）
	I：歯先面取量・大	①カッタの精度	面取刃の位置不良 → 歯先から面取刃開始位置までの距離が小さい． すくい角・大．
		②工作物の歯厚不良	歯切寸法を確認 → カッタの設計値に対し，工作物の実際の歯厚が小さい（=切込みが深い）． ギヤシェーパの切込み精度を確認 → 歯切のねらい歯厚は正しいが，実際の切込みが深い．
		③ブランク材の精度	ブランク材の外径・大．
	J：歯先面取量・小	①カッタの精度	面取刃の位置不良 → 歯先から面取刃開始位置までの距離が大きい． すくい角・小．
		②工作物の歯厚不良	歯切寸法を確認 → カッタの設計値に対し，工作物の実際の歯厚が大きい（=切込みが浅い）． ギヤシェーパの切込み精度を確認 → 歯切のねらい歯厚は正しいが，実際の切込みが浅い．
		③ブランク材の精度	ブランク材の外径・小．
	K：歯先面取量のばらつき （各歯で周期的にばらつく）	①工作物の取付け精度	取付け時の外周振れを確認．
	L：1枚の歯の歯すじ方向で歯先面取りが不均一	①旋削時の外径加工不良	外径を同時加工とする（工程を分割しない）．不可の場合，つなぎ目の段差を抑える．
	M：工作物の歯厚がばらつく	①ギヤシェーパの精度	静的精度を確認． 切込み位置精度 → ばらつきを確認．
		②カッタの偏心 ・歯厚が周期的に変化する場合 ・内歯車でビトウィンピン径にX-Y方向の差が出る場合	カッタ取付けの振れ
	N：切り上がり段差	①カッタの精度	歯溝の振れを確認． ピッチ誤差を確認．
		②カッタ取付けの振れ	（D-②に準ずる）
		③工作物の取付け精度	取付け時の外周振れを確認．
	O：面あらさが悪い	①切削速度が不適	原因が溶着の場合 → 切削速度を上げる． 原因が摩耗の場合 → 切削速度を下げる．
		②カッタの抜けしろ・過小	（C-④に準ずる）
		③リリービング干渉	（A-②に準ずる）
		④すくい面のあらさ不良	すくい面のあらさ不良により，切れ刃のシャープさが不足（C-⑤に準ずる）．
		⑤切削油剤の不適	（A-⑤に準ずる）
		⑥切削油剤の供給量不足	（A-⑥に準ずる）
		⑦交換基準の不適	（A-⑦に準ずる）

第6章 シェービング

シェービング(図1)は歯車を仕上げるための量産工法としてもっとも広く行なわれている. 急速に進歩している歯車研削に仕上げ加工を置き換える動きもあるが, 量産性とコストの面から, 依然としてその地位を譲ってはいない.

段取りさえしっかり行なえば, 作業自体に熟練度が求められないことが長所である. その一方で, シェービングカッタ(以下, カッタと表記する)の再研削や管理にノウハウが必要であるため, 全体としてはけっして容易な工法ではない.

ここでは現場の技術者が知っておくべきシェービングの基礎について説明する.

6.1 シェービングの概要

6.1.1 シェービングの歴史

ホブ切りや歯車形削りより遅れて, 1928年にアメリカのナショナル・ブローチ社(National Broach Co.)が初めて実用化したのがシェービング盤の始まりである. 自動車や航空機に使用する歯車を低コストで大量生産する必要性から生み出され, 育てられた技術である. 1950年代後半からは自動車産業以外の多種多様な業種でも歯車の仕上げ加工に採用されている. かつては外歯車専用だったが, 自動車用自動変速機(AT)の普及により, 内歯車の仕上げ加工を行なうインターナル・シェービングの技術も開発され, 広がっている.

日本でも戦前から自動車産業を中心に行なわれていたが, シェービング盤は海外からの輸入に依存していた. 1955年に国産のシェービング盤が市場に出たのに呼応するように, 国産のカッタの普及が始まっている. 現在では機械・工具・応用技術ともに国産化され, 日本の製造現場に合うようにアレンジされて定着している. 海外で生まれた技術を日本流に料理して付加価値をつけるのは日本のお家芸であるが, シェービングも同様である.

6.1.2 特徴

どんな加工法や工具にも長短がある. それを熟知しておくことは工法選択のときだけでなく, トラブルを避けるためにも必須項目である.

(1) シェービングの長所

a：加工精度が向上する

ホブ切り, 歯車形削りなどの荒歯切ではピッチ誤差, 歯形誤差, 歯すじ誤差, 歯溝の振れの満足度が不十分

図1 シェービング

163

表1　加工法の組合せと得られる歯車精度等級の目安

加工法の組合せ		歯車精度等級(旧JIS B 1702)								
		0	1	2	3	4	5	6	7	8
熱処理なしの場合	歯切					◄────────────────►				
	シェービング		◄──────────────►							
熱処理ありの場合	歯切							◄────────►		
	シェービング				◄────────►					
歯車研削(熱処理後)		◄──────────────────►								

であるため，多くの場合に仕上げ加工を必要とする．シェービングを行なうと精度等級で2～3級程度の向上が可能である（**表1**）．自動車用歯車ではさらに高い加工精度が得られる歯車研削の採用も増えているが，要求精度やコストの面を重視して依然としてシェービングが主流になっている．

シェービング前後の歯形チャート（**図2**）を比較すると，歯形精度が向上していることがわかる．この事例では圧力角修正が行なわれ，歯形データが歯先下がりになっているが，品位が格段に向上している．

b：加工能率が高い

シェービングが歯車研削に対してすぐれている点である．歯車1個当たりの加工時間は歯すじの長さにもよるが，数十秒程度であることが多い．これは歯車研削と比べると1桁少ない加工時間である．大量生産の

場合にはオートローダを備えた全自動の工程を組んで無人化にも対応が可能である．

c：コストが安い

カッタは高価であるが，1回の再研削あたりの加工個数が数千個に達する．さらに10回以上の再研削が可能であり，非常に低コストな加工である．これは歯車研削に対する大きなアドバンテージになっている．

d：加工に熟練を必要としない

シェービング盤の段取りさえできてしまえば，作業の内容は工作物の脱着が主体である．したがって，自動化にも対応が容易である．手付けの場合でも熟練を要しないので，初心者でも工程に入ることが可能である．これも歯車研削と比べた長所であり，生産性の高さとともに広く普及している理由になっている．

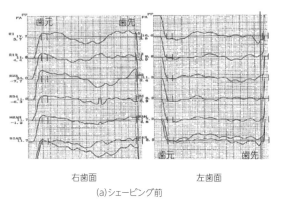

（a）シェービング前　　　　　（b）シェービング後

図2　シェービングによる歯形精度の改善

e：被削歯車の歯形・歯すじ修整が可能

　歯車箱に組み込んだ歯車をかみ合わせて運転する場合，理論どおりのインボリュート歯形が必ずしも理想的でないことの方が多い．その場合は必要に応じてカッタの歯形を修整し，被削歯車の歯形を実状に即した歯形にすることが行なわれる．これはシェービングの長所である．

　かみ合って回っている歯車にとって単体の精度以上に重要なことは歯当たりである．運転中に負荷がかかるので，少なからず変形が発生する．そのために歯すじ方向に膨らみを持たせるクラウニングなどの修整が行なわれる．図3はクラウニングを施した被削歯車の歯すじデータである．

　一般にクラウニングは，シェービング盤のテーブルの揺動によって施す（図4）．プランジカットシェービングでは，カッタの製作あるいは再研削のときに歯すじ方向にホローリード（逆クラウニングリード）をつけることによって施される（第6章6.2.1）．

　熱処理によって歯車は少なからず変形する．特に歯すじが長い場合には，変形を見込んで熱処理前の歯すじを決めておく必要がある．そのような歯すじ修整が可能であることもシェービングの強みである．

（2）シェービングの短所

　a：再研削と管理に技術と設備が必要

　カッタの再研削には，専用のカッタ研削盤とトライアル加工用のシェービング盤が必要である．それだけでは不十分であり，維持・管理するためには，高度な

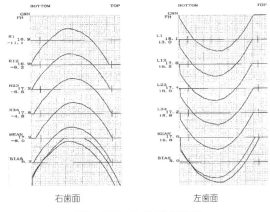

図3　クラウニングがある歯すじ

右歯面　　　　　左歯面

技術と緻密な管理が欠かせない．シェービングの作業自体は容易であっても，カッタの再研削と管理まで内製化しようとすると，ハードルが非常に高い．多種多様な歯車を大量に生産する工場でないと，内製化はコストに見合わない．したがって，専門の歯切工具メーカーに再研削を依存している現場が多い．

　b：歯数が少ない歯車は歯形精度の確保が困難

　これはシェービングの弱点のひとつである．小歯数の歯車では歯形精度を確保するのに苦労することが多い．これはカッタとのかみ合い率が小さくなることによって，かみ合いが不安定になるためである．この場合には歯形チャートの中央付近が中凹になりやすい．対策として再研削のときにカッタの歯形修整をおこな

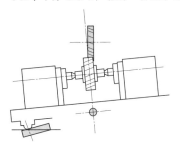

（a）テーブルストロークの左端にあるとき

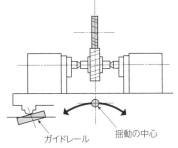

ガイドレール　　揺動の中心

（b）テーブルストロークの中心にあるとき

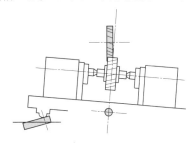

（c）テーブルストロークの右端にあるとき

図4　クラウニングの原理

165

う．しかし，工程外のシェービング盤でトライアル加
工をおこなったとしても，実際の工程では再現しない
ことが多い．これが小歯数の歯車をシェービングする
場合の難点である．

c：段付き歯車の加工精度が出にくい

段付き歯車では十分な軸交差角（後述）を確保できな
いので，切削性能が悪い．したがって，歯面のあらさ，
歯形・歯すじ精度の確保がむずかしくなることが多い．

d：熱処理後の加工ができない

後述するように，シェービングの切削原理は歯面の
すべりである．したがって，被削歯車が硬いと被削性
が悪化する．シェービングで対応可能な硬さは
HB350〜370程度というのが一般的である．

e：切り上がり形状では段差が発生する

後述（第6章6.4.6）のように，ホブの切り上がり形
状を持つ工作物をシェービングすると，シェービング
の加工端で段差が発生する．これは避けられない現象
である．この段差の部分から亀裂が発生することがあ
るので要注意である．

6.1.3　シェービングカッタの構造

図5はカッタの外観である．材質は耐摩耗性を重
視して溶解ハイスや粉末ハイスが使用される．両歯面
にはセレーション溝（図6）と呼ぶ多数の切れ刃溝があ
る．セレーション溝と歯面のランド部が交差するエッ
ジが切れ刃となる．

セレーション溝は歯先から歯底に向かって櫛歯状の
工具を送ることによって加工する．歯元には円弧状の
逃げ溝が設けられている．この逃げ溝は櫛歯状の工具
の先端が歯底側に抜けるときの干渉を防ぐための逃げ
の機能を持っている．

6.1.4　加工の原理

図7はカッタと被削歯車がかみ合うようすを示し
ている．両者はバックラッシがない状態（タイトメッ
シュ）でかみ合っている．被削歯車は駆動源を持たな
いフリーの状態であり，駆動歯車の役目を持つカッタ
によって強制的に駆動されて回転する．したがって，
他の加工法のように正しい運動によって正しい歯形を
創成する強制力がない．そのため，歯面のあらさやピッ

図5　シェービングカッタ

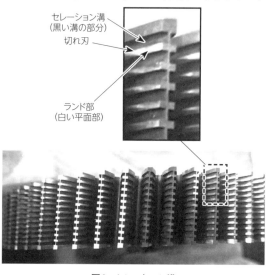

図6　セレーション溝

チ誤差をならして，ある程度改善させるに止まる．

双方の中心軸は平行ではなく，交差している．お互いの中心軸が交差する角度を軸交差角という．この状態で双方の歯面に圧力を加えながら回転させることにより，切削点が図8に示すRの経路に沿って移動するので，歯たけ方向Geと歯すじ方向Gzに相対的なすべりが発生する．このすべりによって，髭を剃るように歯面をわずかに削り取っていく．これがシェービングの名前の由来と加工原理である．

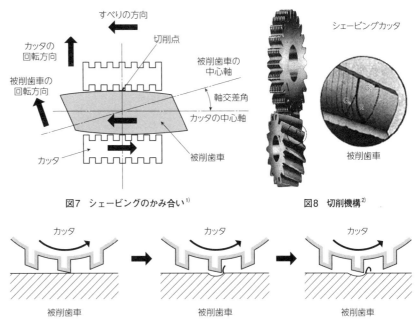

図7　シェービングのかみ合い[1]

図8　切削機構[2]

図9　歯面の切り取り状態

カッタと被削歯車とは理論上は点接触である．軸交差角が小さいほど面接触に近くなる．逆に軸交差角が大きくなるほど歯面上でのすべりが大きくなるので，切れ味がよくなる．その反面，ねじのかみ合いにおける案内性は低下する．

カッタのセレーションの溝と溝との間のランド部はシェービングカッタ研削盤によって歯形研削が行なわれており，ホブやピニオンカッタのように逃げ角が設けられているわけではない．切れ刃となるセレーションのエッジで切削している瞬間はランド部が被削歯車の歯面にベタ当たりするため，過度に切り込んでしまうことはない．図9のように数十μmの取りしろを削り取り，歯面を仕上げるのである．

加工後の歯面には切れ刃で削り取られた痕跡が残る．この痕跡はスカーフと呼ばれる．スカーフは熱処理後にはわかりにくくなるが，シェービングされたことを示す特徴になる（図10）．

歯面全体を仕上げているように見えるが，カッタと被削歯車とのかみ合いはあくまで点接触である．した

がって，横送りするか，プランジカットシェービング法（第6章6.2.1⑷）のようにディファレンシャルセレーションとしてスカーフを満遍なくつける必要がある．

シェービングの切りくずは名前のとおりに髭のように細い形状をしているため，手に刺さると厄介である．特に工作物をエアブローで洗浄するときには極めて危険なので，保護メガネの着用が必須である．

引用文献
1）・2）　三菱マテリアル㈱　技術資料　C-008J-H　p.45

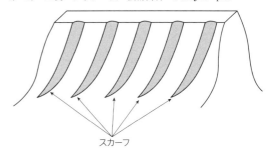

スカーフ

図10　スカーフ

167

6.2 シェービングの切削機構

カッタには逃げ角が設けられていないので，その切削機構はホブやピニオンカッタとは異なる独特のものである．そのため，かみ合い理論の難解さも加わって特殊な領域と見られ，敬遠されがちである．しかし，基本を押えれば歯が立たないということはない．ここでは難解に見えるシェービングの切削機構をできるだけかみ砕いて説明する．

6.2.1 加工法のいろいろ

シェービングの加工方法は表1に示す4種類に大別される．それぞれに長所・短所があるので，被削歯車の形状，要求サイクルタイム，生産数などの条件を加味して選定する必要がある．

(1) コンベンショナルシェービング法

Conventional とは「伝統的な」あるいは「在来の」という意味である．カッタを被削歯車の軸に平行に送るオーソドックスな加工法である．もっとも汎用的な加工法なので，あらゆる業種で広く採用されている．特に歯幅が広い場合や大型の工作物に適しており，テーブルストローク範囲内であれば，工作物の歯幅には制限がない．歯幅の小さいカッタで歯幅の大きい歯車を加工できる．歯数違いの歯車を加工する場合に，カッタの共用範囲が広いことも長所である．

その一方で，歯幅とほぼ同じ送り長さが必要になる

表1 シェービング加工法の特徴

シェービング法	旧来の加工法			プランジカットシェービング法
	コンベンショナルシェービング法	ダイヤゴナルシェービング法	アンダーパスシェービング法	
加工のイメージ ——：被削歯車 ——：カッタ ↔：送り運動の方向 a：送り長さ				
送り方向 (被削歯車の中心軸に対して)	同じ方向	斜め方向	直角方向	半径方向のみ
他の加工法に対して優位性を示せる用途	歯幅が広い被削歯車 大型の被削歯車	歯幅がカッタ幅より少し広い被削歯車	段付き歯車	比較的小型の被削歯車の量産加工
送り長さ	△ 被削歯車の歯幅とほぼ同じ	○ 被削歯車の歯幅より短い	○ 旧来の加工法では最短	◎
加工時間	△	○	○	◎
工具寿命	△	○	○	◎
量産性	△	○	○	◎
汎用性(カッタの共用範囲)	◎	○	○	△
段取り替え	○ 歯幅が広い場合は歯すじ精度が出にくい	△ NC化により向上	○	◎
必要な機械剛性	○	○	○	△ 特に高い剛性が必要
セレーション配列	ノーマルセレーション		ディファレンシャルセレーション	

◎：他の加工法に比べて特に有利　○：優れている　△：他の加工法に比べてやや不利

ので，4種類の加工法の中で加工時間はもっとも長い．また，作用点が歯幅の中央部だけに限定されるので，カッタの寿命が短いことが短所である．

シェービング盤の動きによってクラウニング，テーパをつけることができる．

⑵ ダイヤゴナルシェービング法

Diagonalとは「斜めの」あるいは「対角線の」という意味を持つ形容詞．その名前のとおりで，カッタを被削歯車の軸に対して斜め方向に送る加工法である．

カッタ幅よりもやや広い歯幅を持つ歯車の加工に適している．作用点が歯幅の全体を移動するので，カッタの摩耗量が均一になり，寿命が長くなることが長所である．斜め送りであるために，送り長さが短くて済むので，コンベンショナル法に比べて加工時間が短い．したがって，量産加工に適している．

被削歯車の軸に対する送り方向の角度をダイヤゴナルアングルという．ダイヤゴナルアングルと送り長さは，次の式⑴と，⑵によって求められる．0.75をかけている理由は，カッタの有効歯幅を全歯幅の75%とするためである．

  b_c：カッタの歯幅
  b_g：工作物の歯幅
  ψ：軸交差角
  θd：ダイヤゴナルアングル
  F：送り長さ

$$\tan \theta d = \frac{0.75 \cdot b_c \cdot \sin\psi}{b_g - 0.75 \cdot b_c \cdot \cos\psi} \qquad (1)$$

$$F = \frac{b_g - 0.75 \cdot b_c \cdot \cos\psi}{\cos\theta d} \qquad (2)$$

⑶ アンダーパスシェービング法

被削歯車の軸に対して直角方向に送る加工法である．カッタに比べて歯幅が小さい歯車あるいは軸交差角を十分に確保できない段付き歯車の加工で優位性を発揮する．水平方向の送りを伴う3種類の加工法の中

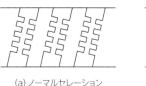 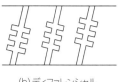

(a)ノーマルセレーション　　　(b)ディファレンシャルセレーション

図1　セレーションの配列[1]

では，送り長さがもっとも短い．ただし，カッタの歯幅を被削歯車よりも大きくする必要がある．作用点は歯幅全体を移動するので，摩耗が均一になって寿命が長いという長所がある．

一方で，横送り運動が与えられないため，ノーマルセレーションでは被削歯車の歯面にカッタのセレーションによるスカーフが残る．したがって，スカーフを消すために，ディファレンシャルセレーションが採用される．

被削歯車とカッタの歯幅の関係は式⑶，送り長さは式⑷で求められる．

$$b_c > \frac{b_g}{\cos\psi} \qquad (3)$$

$$F \geqq b_g \cdot \tan\psi \qquad (4)$$

⑷ プランジカットシェービング法

Plungeとは，「突っ込む」あるいは「押し込む」という意味を持つ動詞．その名のように，カッタを回転させながら，半径方向にのみ切り込む加工法である．最大の長所は生産性の高さにある．4種類の加工法の中でもっとも高い加工能率を誇り，比較的小モジュールの歯車を大量生産する場合に最適である．

横送りしないという点でアンダーパス法と同様であり，段付き歯車も適用対象になる．カッタの切れ刃はディファレンシャルセレーションを採用する．また，歯車の歯すじにクラウニングをつける場合は，図2に示すようにカッタの歯すじにホローリード（逆クラウニングリード）をつける．

長所が多い反面，横送りせずに半径方向に直球で切

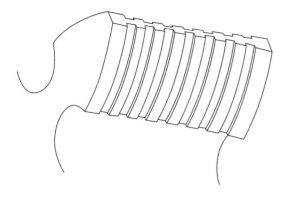

図2　ホローリード

り込むので，シェービング盤の剛性やモータのパワーが必要である．また，カッタの歯幅は工作物の歯幅よりも大きく設計しなければならない．他の加工法と比べて，歯数違いの歯車に対するカッタの共用可能範囲が狭いので，その点では不利である．

6.2.2　加工サイクル

シェービングの加工方法は横送りあるいは直角方向の送りをかけながら切り込んでいく方法，半径方向にだけ切り込んでいくプランジカット法の2種類に大別される．図3に代表的な加工サイクルの違いを示す．横送りの有無と加工サイクルの違いが次項で説明する切込み状態の違いとなって表れる．

旧来の加工法は中仕上げの切込みと横送りを繰り返し，小さい切込みを入れることによって仕上げる．横送りする分だけ加工時間がかかる．

一方のプランジカット法では横送りせず，早送りで接近したあと，半径方向に切り込み，ドウェル（回転は止めずに送りのみ停止させる）を入れてからカッタを逆転させる．その後，仕上げの切込み位置からわずかにカッタを後退させ，被削歯車やアーバなどの弾性変形の影響を取り除く操作が入る．これをバックムーブメントという．図4はプランジカット法の切込みプロセスを時系列的に示したものである．

6.2.3　シェービング法による切削機構の違い

シェービング法によって送りや切込みの方法が異なるので，その切削機構にも違いがある．各シェービング法の長短は切削機構に起因する．

したがって，それぞれの特徴をよく理解しておくことが必要である．

図5は歯面の送りマークの違いを示している．旧来のシェービング法では送りマークが一定であるため，仕上げ回数を増やしても歯面のあらさは改善されない．一方，プランジカット法では送りマークが前の送りマークの中間に来るので，旧来の工法に比べて歯面のあらさが著しく向上する．ここではその切削機構を詳しく考えてみる．

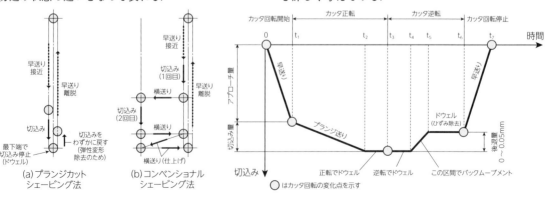

図3　加工サイクル[2]

図4　プランジカットシェービング法の切込みプロセス[3]

⑴ 旧来の加工法

表2は各シェービング法を比較したものである. コンベンショナル法, ダイヤゴナル法, アンダーパス法ではセレーションごとの切削量が不均一になる. その理由をコンベンショナル法の図6を見ながら順を追って考えてみる. 丸数字は切れ刃の番号である.

カッタの円筒と被削歯車の円筒はねじれた状態で接しているので, 切削点が点接触になる. これは比較的容易に理解できるだろう. したがって, 作用点である切れ刃③がもっとも低くなり, 深く切り込まれる. 両隣の②・④, さらに①・⑤の順に切込み位置が高くなるので, 浅い切込みとなる. ④・⑤は荒刃, ③は仕上げ刃と考えればよい.

このときカッタの送り方向にある進み側(③・④・⑤)における理論的な切削量は隣り合う切れ刃の高さの差Δhである. 実はこの切削量は実際にカッタが切り

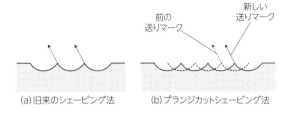

図5 切れ刃による送りマークの違い

(a)旧来のシェービング法　　(b)プランジカットシェービング法

込んだ深さに対して非常に小さくなる. その理由は④では⑤が切削した後を, ③では④が切削した後の残りを削るからである.

逆に送り方向と反対にある遅れ側(①・②)では, すでに進み側の切れ刃による切削が終わった後に切れ刃が入る. したがって, 遅れ側の切れ刃は被削歯車の歯面上で擦るか, あるいは空振りするだけである.

6

シェービング

表2　切削機構の違い[4]

	切込みと送り方向の関係	切れ刃ごとの切削量
コンベンショナルシェービング法	カッタの送り方向 → ① ② ③ ④ ⑤	不均一
ダイヤゴナルシェービング法およびアンダーパスシェービング法	カッタの送り方向 → ① ② ③ ④ ⑤	不均一
プランジカットシェービング法	カッタの送り方向 ↓ ① ② ③ ④ ⑤　ギヤ1回転当たりセレーション送り量	均一

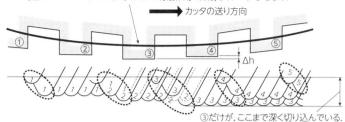

③が作用点でもっとも深く切込み, 他の切れ刃は浅く作用する.
湾曲はホローリードではなく, あくまで切削作用の深浅をイメージしたもの.

③だけが, ここまで深く切り込んでいる.

図6 コンベンショナルシェービング法における切削状態[5]

図6の切れ刃の配列が湾曲しているのはホローリードではなく, あくまで切削作用の深浅をイメージして描いたものだからである. カッタをトラバースさせて点接触を歯幅全体に行き渡らせることによって歯面を仕上げるのである. これがコンベンショナル法のカッタ寿命が短い原因のひとつである.

同じ旧来の加工法の間でも, 図7に示すように切込みの状態には違いがある. コンベンショナル法では, カッタの送り方向が被削歯車の中心軸と平行に移動する. 径方向に切込んだ位置で変曲点が現れ, それ以降は切込まずに水平に移動するだけである.

一方, 被削歯車の中心軸に対して斜め方向に送られるダイヤゴナル法および直角方向に送られるアンダーパス法では, カッタと被削歯車の中心距離が変化しながら切削する. つまり切込まなくても接触位置によって切込み深さが異なるのである. したがって, 切込み深さを示すラインが矢印のように湾曲して表されるのである.

(2) プランジカットシェービング法

一方, プランジカット法ではホローリードによってカッタが被削歯車にべた当たりする形になるので, 歯すじ方向のどの位置でも切れ刃が均等に作用する. したがって, 各セレーションの切削量は均一になる.

図8はプランジカット法における切込みの状態を示したものである. ホローリードがない旧来の加工法の切れ刃 (図6) が湾曲しているのに, ホローリードがあるプランジカット法の切れ刃 (図8) が湾曲していないのは奇異に映るだろう. しかし, これはあくまで切削作用点の深浅をイメージする図だからであり, ホローリードの有無とは無関係である. そこを読み間違えると, この図が意味するものは理解できない.

この場合の丸数字は切れ刃ではなく, 一連の切削のサイクル (送り目のグループ) を意味している. たとえば破線で囲んだグループ①は, 同一の歯や連続した歯の集団ではない. カッタのある歯が切削した後, 被削歯車が1回転して同じ歯溝をカッタの別の歯が切削する. ここでカッタの歯数は被削歯車と互いに素になるように選定するのが原則である. 一例として被削歯車の歯数が10枚, カッタが91枚の場合にカッタのすべての歯に番号をつけたとする. このとき同じ歯溝を切削するカッタの歯の番号は以下の順になり, 互いに素であればこのようにして結局は, すべての歯が1枚の歯の切削に関与することになる.

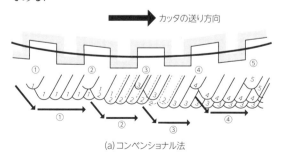

(a) コンベンショナル法

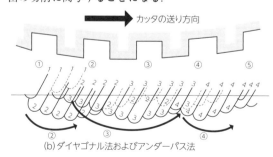

(b) ダイヤゴナル法およびアンダーパス法

図7 旧来の加工法における切込み状態の違い[6]

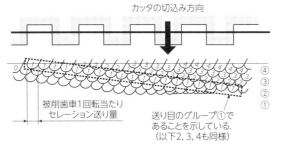

ホローリードがあるので,切れ刃が均一に接触する.
あくまで切削作用の深浅をイメージする図なので,湾曲していない.

図8　プランジカットシェービング法における切削の状態(その1)[7]

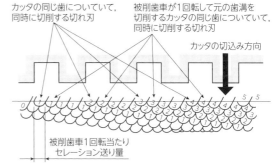

図9　プランジカットシェービング法における切削の状態(その2)[8]

1,　11,　21,　31,　41,　51,　61,　71,　81,　91
10(つまり101番目の歯),　20,　30・・・

このようにしてある特定の歯溝を切削するカッタの歯の集団がグループ①である. 以下グループ②・③・④・・・も同様に考えればよい.

プランジカット法では切削中は, つねに半径方向の切込みが続くが, 各切れ刃はディファレンシャルセレーションなので, 一定の量だけずれていく. 楕円で囲んだ切れ刃のグループが右肩下がりになっているのはこのような理由である.

図9は同時に切削する切れ刃に着目して考えてみたものである. 最初の1, 2, 3, 4・・・は, 同じカッタの歯についた切れ刃による送り目を示している. 隣の1, 2, 3, 4・・・は被削歯車が1回転して同じ歯溝に戻ったときに, 同じカッタの歯についた切れ刃による送り目である(以下同様に続く).

ディファレンシャル量は被削歯車の歯数の分だけ進んだ場合の切れ刃の位置の差である. このように考えれば, 歯車の歯数に応じてディファレンシャル量を変えなければならない理由が理解できる.

引用文献
1)　三菱マテリアル㈱ 技術資料　C-008J-H　p.46
2)　三菱マテリアル㈱ 技術資料　C-008J-H　p.47
3)　・4)　・5)　・6)　・7)　・8)
三菱マテリアル㈱ 技術資料　C-008J-H　p.48
2)　～8)は許諾を得て改編

6.3　シェービングカッタの精度

シェービングカッタ(以下, カッタ)の要求精度は測定方法とともに JIS B 4357 で規定されている. このうち歯溝の振れとピッチ誤差はモジュールの大きさと呼び寸法による区分ごとに許容値が決められている. また, それ以外の精度項目はモジュールの大きさを問わず同じ公差値あるいは許容値が決められている.

ここではカッタの要求精度と測定方法だけでなく, その要求精度を満たさないとどうなるかについても解説する. 現場の作業手順書を書くときの参考になれば幸いである. ホブやピニオンカッタに比べれば単純なので, JIS の規格と照らし合わせて理解してほしい.

6.3.1　穴径

取付けたときの心を出すための基準となる重要な精度項目である. 穴径はモジュールを問わず, 原則として ϕ 63.5 mm であり, 公差は 0 ～ +5 μm と決められている. 穴径の精度が悪いと, カッタが振れて回るので, 被削歯車には歯形誤差, 歯厚誤差, ピッチ誤差として影響することがある.

測定は空気マイクロメータあるいは内側測定具を使用し, 図1のように幅方向の両端 3mm ずつを除いた範囲で行なう. 内径部にあるキー溝の影響を受けないように, キー溝の中心を境に両側 30° ずつを除いた部

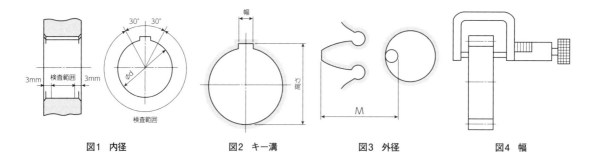

| 図1 内径 | 図2 キー溝 | 図3 外径 | 図4 幅 |

分を検査範囲とすることが定められている.

6.3.2 キー溝

カッタを駆動するためのキーを入れる溝である(図2). 内側の幅と高さが規定されている. 原則として幅は8mmで公差は$0 \sim +90\,\mu\text{m}$, 高さは67.5mmで公差は$0 \sim 300\,\mu\text{m}$と決められている. キー溝の精度が悪いと, 回転時に振動が発生して被削歯車の精度に影響する. また逆転するときにカッタが食い込んで破損することがある.

6.3.3 外径

外径の測定はピンと外側マイクロメータを使用する. 奇数歯であることが多いし, 一般の歯車のように対角線にある歯を挟んで測定しようとすると, セレーションの影響を受けて正確な値が得られない. そこで図3に示すように, 内径面にピンを接触させ, ピンからカッタ外周部までの寸法Mを測定する. その数値から外径を算出するという変則的な方法がJISに規定されている.

外径の公差はモジュールを問わず$\pm 400\,\mu\text{m}$と決められている. そんなにラフでいいのかと思うかも知れないが, 心配は無用. カッタでは単に外径の精度だけでなく, 歯厚との関係が守られていることが重要である(第6章6.3.10). 外径に対して歯厚が過大であれば, マイナーT.I.F.径(第2章2.2.9)が確保できない. 逆に過小であれば, カッタの歯先が歯底付近に干渉することがある. したがって, 歯厚との関係を厳密に守ることが重要なのであり, 外径単独の精度は厳しく押さえる必要がないのである.

6.3.4 幅

幅は公差が$\pm 200\,\mu\text{m}$と規定されているが, 他の精度項目に対して重要度は高くない. 図4のように, 外側マ

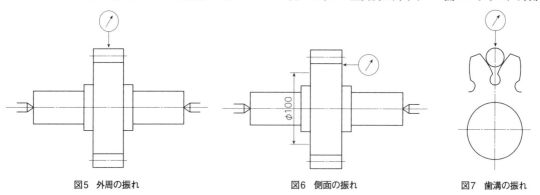

| 図5 外周の振れ | 図6 側面の振れ | 図7 歯溝の振れ |

イクロメータで両側面を挟んで測定する.

6.3.5 外周の振れ

カッタをセンタ台に取り付け, 外周面にインジケータを当て, カッタを回して測定する(図5). 外周の振れがあると, 被削歯車の歯底丸み付近にカッタが干渉するなどの不具合が発生することがある. 外径精度がラフであるのに対し, 振れの許容値は 15μ m と厳しく規定されているのはそういう理由である.

6.3.6 側面の振れ

側面の振れはセンタ台に取り付けたカッタの直径100mm付近にインジケータを当て, カッタを回しながら測定する(図6).

カッタは基準となる両側面をアーバで把持することによってシェービング盤に取り付けられる. そのため, 振れの許容値は 5μ m と極めて厳しく抑えられている.

6.3.7 歯溝の振れ

歯溝の振れがあると, 被削歯車の精度にも影響を及ぼす. 許容値はモジュールの大きさと呼び寸法による区分ごとに決められている. 一般の歯車と同様で, カッタをセンタ台に取り付け, ピッチ円付近で両歯面に接するピンを全歯溝にわたって挿入し, ピンのもっとも高い部分に当てたインジケータによって測定する(図7).

6.3.8 ピッチ誤差

ピッチ誤差として, 隣接ピッチ誤差と相互差が規定されている. いずれも許容値はモジュールの大きさと呼び寸法による区分ごとに決められている. カッタを円ピッチ測定器に取り付け, 隣接する歯の対応する

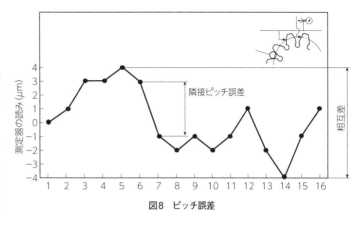

図8 ピッチ誤差

ピッチ円付近に2個の測定子を接触させ, 測定子間の距離を順次読み取ることによって測定する(図8).

隣接ピッチ誤差は隣接する読みの差の絶対値の最大値である. 相互差は読みの最大値と最小値の差の絶対値を意味する.

6.3.9 歯形誤差

カッタを歯形測定器に取り付け, カッタ幅のほぼ中央部の軸直角歯形を測定する(図9).

6.3.10 歯厚

歯厚はもっとも重要な精度項目のひとつである. カッタの再研削を行なう場合, 歯形や歯すじとともに現場で管理すべき最重要項目である. 工具顕微鏡に

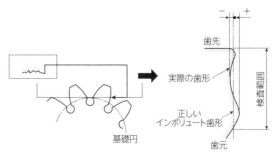

図9 歯形誤差

6

シェービング

175

よって，軸直角平面でまたぎ歯厚または弦歯厚を測定する（図10）．歯厚マイクロメータを使用して軸直角平面でまたぎ歯厚を測定するのは困難である．工具顕微鏡を使用する理由はそこにある．またぎ歯厚よりも工具顕微鏡によって弦歯厚を測定する方が正確かつ容易である．

外径の項（第6章6.3.3）で触れたように，外径と歯厚はセットである．またぎ歯厚で管理する場合は，歯厚に対応する外径を正確に確保しなければならない．弦歯厚で管理する場合には，外径からの距離を指定し，その位置での弦歯厚を確保する．歯厚対応外径が大きい場合，カッタの歯先が被削歯車の歯元に干渉するおそれがある．逆に小さい場合はマイナー T.I.F 径が確保できないことがある．

6.3.11　歯すじ誤差

歯すじ誤差として，方向誤差と対称度が規定されている．方向誤差は理論上の歯すじに対する実際の歯すじのずれ量を意味している（図11）．

方向誤差の許容値はモジュールや呼び寸法を問わず，±7μmと決められている．測定するには，まずカッタを歯すじ方向測定器に取り付け，測定子をピッチ円付近に当てる．そして，正しいリードに合わせてカッタを回転させながら歯すじ方向の相当距離だけカッタあるいは測定子を移動させる．検査範囲内での測定子の動きを読むことによって測定する．

対称度は両歯面の歯すじのずれ量の差を意味してい

る．方向誤差の差を算出することによって求める．許容値はすべて5μmと決められている．

参考文献
JIS B 4357 丸形シェービングカッタ

6.4　加工品質

段取りさえしてしまえばスキルが不要で量産工法として適しているシェービングであるが，そこにたどりつくまでがたいへんである．それは後述するかみ合い自体の不安定さに起因する．ここではシェービング特有のむずかしさを整理し，精度向上のための基本を考える．

6.4.1　歯形誤差

⑴　歯形誤差が生じる要因

シェービングでもっともトラブルが多いのが歯形誤差である．カッタと被削歯車は歯面において理論上は点接触している．その接触点は回転に伴って歯たけ方向，歯すじ方向の両方に同時に移動していく．かみ合い率が1.0以上の場合，同時に2枚の歯がかみ合う瞬間が発生するが，その2点は歯たけ方向にも歯すじ方向にも異なる位置にある．これがシェービングの加工精度における不安定要素のひとつになっている．

さらには，カッタと歯車の歯面の曲率，切れ刃のシャープさ，切削速度（接触点のすべり速度），歯面の接触圧などが影響するので，より複雑になる．正しい

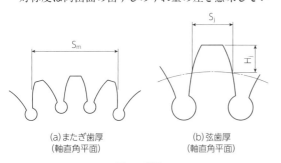

(a)またぎ歯厚
（軸直角平面）

(b)弦歯厚
（軸直角平面）

図10　歯厚

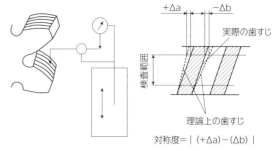

対称度＝｜(+Δa)－(Δb)｜

図11　歯すじ誤差

インボリュート歯形に仕上げられたカッタで加工しても，歯車が正しいインボリュート歯形にならないことが多く，再現性が非常に悪い．良品条件を定量的に決めることがむずかしいため，他の加工法以上にノウハウや経験がものをいうのである．

(2) カッタ歯形のチューニング

そのような理由から，量産現場では工程外にトライアル加工専用のシェービング盤を持っていることが多い．再研削されたカッタを使用し，トライアル加工をおこなうことによって歯車の歯形を確認し，それに応じてカッタの歯形を修整することがおこなわれている．いわゆるチューニング作業である．それとてシェービング盤の機差があるため，完全に再現させることはできないが，チューニング作業なしでは精度の確保が不可能に近い．

表1は正しいインボリュート歯形を持つカッタで加工した場合に歯車が示す歯形の代表的なパターンである．カッタの歯形データが水平な直線であっても，歯車の歯形はさまざまである．かみ合い率が十分に確保されている場合，歯車は正しいインボリュートに近い歯形が比較的得られやすく，歯形データは素直に水平な直線を示すことが多い．しかし，たいていは何らかの誤差を帯びている．

歯車が小歯数でかみ合い率が小さい場合は，歯形が中凹みになる傾向がより顕著になる．経験上，歯数が20枚より小さくなると中凹みの傾向が強くなる．特に平歯車で歯数が15枚を下回る場合にはその傾向が激しくなり，手に負えなくなることが多い．

歯車の歯形誤差はカッタの再研削が進むにつれて傾向が変化する．それは要求された歯車の歯形を得るためのカッタの歯形が徐々に変化することを意味する．したがって，再研削前のカッタ歯形によって歯車の歯形がどうなっていたかを把握して，次回のカッタの歯形を決めることが必要である．

表2はそのチューニング作業の一例をイメージしたものである．正しいインボリュート歯形であれば，

表1 シェービングされた歯形の代表的パターン

6
シェービング

表2 カッタ歯形のチューニング作業の一例

記録用紙には水平な直線として表れる．それはインボリュート歯形そのものではなく，歯形誤差を測定しているからである．誤差を測定しているので，誤差がなければ水平な直線になるというわけである．

カッタの再研削と管理は複雑でノウハウが必要なので，第6章6.6で詳しく説明する．

表3 シェービングされた歯すじの代表的パターン

歯すじの ねらい	シェービング後の歯すじ（加工の結果）	
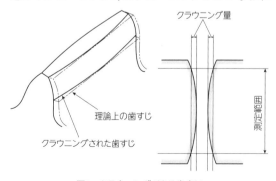	ねらいどおりの歯すじ	途中から変形した歯すじ
	全体にねじれた歯すじ	ねじれ＋変形
	上記の図とは逆方向に ねじれた歯すじ	ねじれ＋変形

6.4.2 歯すじ精度

歯車の歯すじ精度が悪いと，かみ合いに偏り（いわゆる片当たり）が生じ，異音・騒音になりやすい．その程度が酷いと，歯車の損傷につながる恐れがある．したがって，歯形精度と同等以上に管理する必要がある．

その一方で，歯すじ精度の矯正が比較的容易であることがシェービングの特徴である．実用される歯車は外郭形状に起因して，熱処理や運転中の負荷によってさまざまな変形が生じる．したがって，その変形を見込んでシェービング時にチューニングがおこなわれ

る．表3はシェービングで可能な歯すじのチューニングの一例を示している．

さらには運転時の挙動に合わせ，歯すじに積極的に膨らみを設ける修整（クラウニング）が行なわれることも多い．クラウニングを設けることによって歯幅の端部が片当たりすることを防ぎ，歯当たりを歯幅の中央付近に寄せることができる．これによって歯面の損傷や異音・騒音を抑えることができる．クラウニング量を大きくし過ぎると，かえって歯当たりが小さくなるので注意が必要である．図1はクラウニングの例である．いずれも現場での運用や実作業については，第6章6.6で詳しく説明する．

6.4.3 歯溝の振れ

ホブ切りなどの前加工では，少なからず歯溝の振れが発生することが避けられない．シェービングすると歯溝の振れは軽減されるが，振れの傾向を完全に解消することは困難である．図2はその結果を示したものである．

したがって，できるだけ前加工の精度を上げることが必要である．ホブ切りであれば，ホブやブランク材の取付けの振れを抑えるなどの工夫をすることが求められる．シェービングアーバの外径と歯車の内径とのクリアランス，センタの傷や摩耗などによっても歯溝の振れが大きくなるので，重要な点検項目になる．

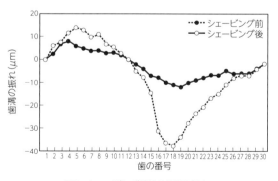

図1 クラウニングがある歯すじ

図2 シェービング前後の歯溝の振れ

6.4.4 表面品位

歯面の表面品位がよくなると，かみ合いが滑らかになるので，歯車装置の静粛性が向上する．表面品位の改善効果はシェービングの利点のひとつである．

図3はシェービング前後で表面品位が改善された事例

(a)シェービング前　(b)シェービング後

図3　シェービングによる表面品位の改善

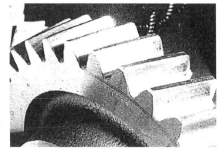

図4　シェービング残り

である．シェービング前はホブ切りの送り目（いわゆる鱗目）が顕著であるが，シェービングによってそれが除去され，表面品位が著しく向上していることがわかる．

切削油剤に切りくずなどの異物が含まれている場合，切削点に巻き込んで歯面に傷をつける原因になる．潤滑性にすぐれていて清浄な切削油剤を十分に供給することがポイントである．日常管理の重要性はこういうところに表れるのだ．

前加工の歯面にむしれがあると，シェービングで所定の歯厚に追い込んでも荒加工の目が取り切れないことがある．これが図4に示すシェービング残り（下切り残り）である．シェービング残りは異音や騒音の原因になるばかりか，歯面のチッピングにつながる恐れがある．しかし，製品を全数目視で丹念に観察することしか防止策がない．そのため，現場では歯形・歯すじ精度や歯溝の振れ以上に，シェービング残りの流出防止に神経を尖らせている．

6.4.5 歯先のかえりと歯元の段差

歯面のあらさが悪いときの対策として，ホブなどの設計を変えずに安易にシェービングの取りしろだけを増やさないようにすることが大事である．シェービングの取りしろを増やそうとして前加工の歯厚を大きくすると，歯先面取量が過小になってしまう．酷い場合には歯先に"かえり"が発生することもある．図5はそのようにして発生した歯先のかえりである．このかえりは相手歯車の歯元に干渉することがあり，異音あるいは損傷の原因になりかねない．

前加工の歯厚を安易に大きくすると，シェービングされた歯車の歯元に段差が発生することがある．図6はその症例である．運転中に歯元段差を起点とする亀裂から破損につながる恐れがある．

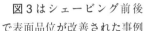
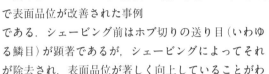

歯先に発生したかえり

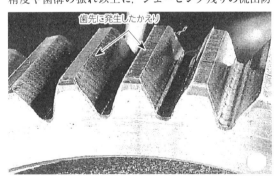

図5　歯先のかえり

歯元に発生した段差

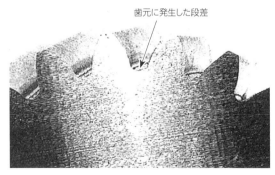

図6　歯元の段差

このような場合には，前加工の歯面のむしれ対策をおこなってシェービングの取りしろを元に戻すか，ホブなどの設計を変更する必要がある．現場の技術者たる者，単に表面品位の問題とせず，歯車強度に直結するから危険なのだという感性を持つことが求められる．

6.4.6 切上がりを持つ歯車の段差

現場のシェービングは教科書のように割り切れる工作物ばかりではない．数々の難加工物にあふれ，それらと格闘しているのである．図7は前加工のホブが切り上がっている厄介な歯車である．これをシェービングすると，ホブ切りとシェービングの境界部に段差が発生することが避けられない．シェービングの取りしろが大きくなるほど段差は大きくなり，酷い場合には毛羽立ちが認められることもある．

ホブ切りのときの加工精度（特に歯面あらさ）を向上させ，可能な限り少ない取りしろでシェービングできるように管理することがポイントになる．また，決められた取りしろを厳守することも重要である．

段差の発生そのものは不可避なので，顧客や自社の開発・検査部門とよく合意しておくことが重要である．相手が切削加工に詳しくない場合は「言った，言わない」の話になるので，特に要注意．誰も製品の良否を判断できないために，生産が止まるということもある．これはホブの送り目による「見た目問題」(4.3.7)と同

類項である．事前に写真を添付したメールなどを交換し，書証として残しておくくらいの周到さが求められる．

6.4.7 不適切な測定による見かけの誤差

歯切に限らず，現場では測定の拙さによる見かけの誤差というものが起きることがある．よく見られるものとしては，次の要因がある．
① 歯車の取付け不良
② センタおよびセンタ穴の傷，異物付着
③ 基礎円直径の設定不良
④ 歯車試験機のねじれ角の設定不良

このうち①は現場でもっとも多くみられる．その一例を図8に示す．同じ歯車の歯形精度をシェービングアーバ，テーパマンドレルに取り付けて測定した結果である．シェービングアーバの外径と歯車の内径にはクリアランスが避けられないので，取付けの偏心が生じる．それによって，データには圧力角誤差として表れ，歯先上がりと歯先下がりがばらばらに認められる．一方のテーパマンドレルでは偏心が抑えられるので，その現象が認められない．

正しい歯すじを持つ歯車が倒れて取り付けられた場合，歯すじの測定データは4方向でばらつきを示す．表4はそのメカニズムをまとめたものである．倒れた状態で測定した場合は，上下で歯すじがテーパになったり，傾いたりを90°回転するごとに繰り返す．

図7 切り上がりを持つ歯車の段差

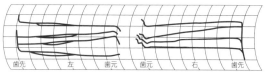

(a)シェービングアーバを使用した場合

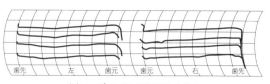

(b)テーパマンドレルを使用した場合

図8 測定時の偏心による見かけの圧力角誤差

表4　測定における歯車の取り付けの倒れと歯すじの関係　　　━○歯車試験機の測定子を示す

	倒れがない場合	倒れがある場合			
		歯Aを測定しているとき	歯Bを測定しているとき	歯Cを測定しているとき	歯Dを測定しているとき
上から見たようす		→90°回転	→90°回転	→90°回転	
横から見たようす		右に倒れた状態	手前に倒れた状態	左に倒れた状態	向こう側に倒れた状態
どのような形状として測定されているのか	すべての歯	歯A	歯B	歯C	歯D
歯すじの測定データ					

その結果，歯すじの測定データがばらばらになる．

②は特に軸物や歯すじが長い歯車を測定するときに影響が大きくなる．センタ穴やセンタを保護するように，格別の配慮をするべきである．

③は圧力角誤差が生じた場合に頭に入れておくべき要因である．図9はシェービングされた同じ歯車の歯形を3種類の基礎円径で測定したものである．理論値よりも大きい基礎円径として測定すると歯先下がり（圧力角・大），小さい基礎円径では歯先上がり（圧力角・小）となることがわかる．

これは見かけの誤差であるが，基礎円板を取り付け

て測定する旧式の歯車試験機では起き得た現象である．筆者が実験的に測定したデータなので，基礎円径には故意に大きい差をつけている．最新の試験機ではこのような心配は少ないが，このようなことが起きうること，傾向がこのようになることは現場技術者としては知っておくべきである．

6.4.8　打痕，圧痕，傷

機械加工の現場は常に打痕，圧痕，傷（以下，総称する場合は瑕疵とする）が発生する危険に晒されている．いくら高精度の歯車を製作しても，瑕疵があると

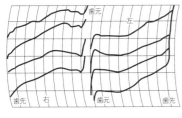

(a) 基礎円径を0.11mm大きくして測定した場合

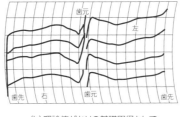

(b) 理論値どおりの基礎円径として測定した場合

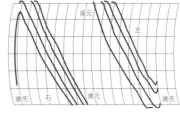

(c) 基礎円径を0.93mm小さくして測定した場合

図9　基礎円径の違いによる見かけの圧力角誤差

6

シェービング

(a)打痕

(b)圧痕

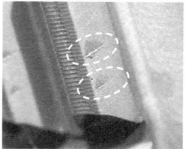
(c)傷

図10　瑕疵(打痕，圧痕，傷)の事例

異音，騒音，破損の原因になる．仮に運転中に異音が発生して，その原因が歯車の打痕と判明した場合，歯車の交換では済まず，ユニット(歯車箱)ごとの交換を強いられる．これは大きい損失である．

また，品質保証のためには不具合製品の対象範囲を特定することが必須であるが，瑕疵の場合，その作業は困難をきわめる．したがって，現場では特に神経をすり減らす問題である．

図10はこれらの瑕疵の事例である．歯車以外の部品の事例も含んでいるが，参考にしていただきたい．このうち圧痕はおもに切りくずなどの異物を巻き込んだままチャックした場合などに発生する瑕疵である．発生しやすい場面としては，工程内搬送(ロボット，シュータなど)，手扱い(入検や段取りのために人が介在するとき)，納入のための移送などがある．

表5に現場で頻度が高い発生要因と対策の方向性をまとめた．瑕疵が発生する危険はあらゆる場面に潜んでいる．歯車では熱理前の最終工程となるシェービングの完了時から熱処理までの間がもっとも警戒すべき危険地帯である．しかし，客先に届くまでが保証範囲と考えるべきである．どうしても工程内だけに注意が集中するが，組立ラインへの移送や顧客への納入のための移送時に発生することも考慮しておかなければならない．対策の基本となる考え方は(1)・(2)の2点である．

(1)衝突や干渉の確率を下げる

搬送，積み替え，手扱いは付加価値を生まないので，工数削減の対象になる．そればかりか，衝突や干渉の頻度が上がるので，瑕疵を作る危険が高くなる．

ここで手扱いとは，段取り，入検，チョコ停などの理由によって人が介在して製品を移動させることを指す．このような場合はイレギュラーな作業になることが多く，特に瑕疵の要因になりやすい．理想はタッチレス，つまり最初からこれらの作業が最小限になるように工程設計をすることが望ましい．

(2)衝突や干渉が発生した場合のダメージを抑える

衝突や干渉に備えて緩衝材を設けたり，動線の最適化による移動距離や落差の軽減がおもなものである．

荷姿には工程間の搬送荷姿，顧客への納入荷姿がある．いずれも後工程や顧客と綿密に打合わせをしながら，慎重に決めるべきである．コストも考慮し，でき

表5　瑕疵の発生要因と対策の考え方(●：特に要注意)

発生	打痕	圧痕	傷	要因	対策
工程内搬送	●		●	製品同士の干渉	・緩衝物の設置 ・段差，落差の軽減 ・搬送速度の抑制
	●		●	冶具，シュータへの衝突	
	●		●	落下	
		●		異物の噛み込み	・チャックや着座面の清掃 ・切削油剤の清浄化
手扱い	●		●	段取り	・緩衝物の設置
	●			入検	
移送(納入時)	●		●	荷姿不備	・梱包，荷姿の最適化

るだけ資材を回収して再利用できる仕組みをつくることが望ましい.

参考文献
円筒歯車の製作(歯車の設計・製作②) 大河出版

6.5 加工のポイント

これをやれば必ず精度が出るという確立された理論がないのがシェービングの悩ましいところである. したがって, 管理を含めて手探りになる部分が多いのが実状である. それでも加工するうえで心得ておくべきポイントは存在する. ここではそれを現場的な視点から説明する.

6.5.1 トロコイドの確認

カッタを新規に発注する場合, 必ずやっておかなければならないのがトロコイドの確認である. どういうことなのか, 図1を見ながら考えてみよう. シェービングで外歯車を正しく加工するための条件は, 次の2点が守られていることである. ただし, ①・②が同時に成立しない場合は, ①だけを優先させることもある.

① シェービングされた部分の最小径が相手歯車とのかみ合い円径またはマイナーT.I.F.径より小さくなっていること.

② 前加工によって発生した歯底の隅肉に相手歯車の歯先が干渉しないこと.

カッタおよび相手歯車はいずれもトロコイド曲線を描きながら歯溝に進入し, やがて退出する. a)の前加工で形成されたラインと寿命に達したカッタでシェービングされたラインによって発生する段差に着目してみよう. 新品のカッタでは段差が相手歯車が描くトロコイドの内側に入っているので, 相手歯車と段差の干渉は発生しない. ところが寿命に近いカッタで加工した場合は, 相手歯車の歯先が段差に干渉してしまうことがわかる.

その原因を考えてみる. 再研削されたカッタのマイナス転位が進むことは容易に理解できるだろう. その状態で一定のシェービング径を守ろうとすれば, カッタの歯先が描くトロコイドが被削歯車の歯底から遠ざかることになる. そうすると段差が徐々に外径側に寄っていく. これにより, 相手歯車の歯先が段差に干渉するのである.

一方, b)はその対策を行なって, 再研削が進んだカッタでシェービングしても, 相手歯車が段差に干渉しないようにしたようすを示している. 具体的には, 再研削に伴うマイナス転位に見合う分だけカッタの外径を大きくし, シェービング径を小さくしているのである.

これらの確認を行なうために必要な情報は次のとおりである.

・前加工工具の形状と寸法
・シェービングの取りしろ
・被削歯車および相手歯車の諸元

このようなことが起きるので, シェービングカッタを設計・製作する工具メーカーにこれらの情報を出し

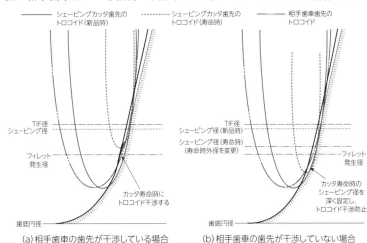

(a)相手歯車の歯先が干渉している場合　　(b)相手歯車の歯先が干渉していない場合

図1 シェービングカッタと相手歯車の挙動の確認[1]

て検討を依頼する必要がある．工具図面を他の工具メーカーに開示することは控えるべきである．したがって，できれば前加工用工具（ホブ，ピニオンカッタなど）とシェービングカッタは同一の工具メーカに発注することが望ましい．

歯底の隅肉の段差を抑えるためにはプロチュバランス付きの前加工工具を採用する方法があるが，万能ではなく，注意すべき点がある．詳細は第6章6.5.2(2)を参考にしてほしい．

余談であるが，歯車を受注して納入するサプライヤーの立場である場合は，顧客に対してこれらの事情を丁寧に説明し，被削歯車と相手歯車の諸元を工具メーカーに開示することについて了解を得ることが望ましい．社内・社外を問わず，そのようなコミュニケーションを小まめにやることによって信頼感を増すことができる．

6.5.2 前加工の精度

(1) 総論

シェービングでは被削歯車はフリーであり，カッタによって強制的に駆動されて連れ回っているだけなので，矯正能力には限界がある．シェービングで仕上げるからいいという安易な考え方は捨てるべきである．ホブやピニオンカッタによる前加工（歯切）の精度を高めておかないと，仕上げ後の精度に悪影響を及ぼす．

歯面のあらさは矯正されるが，歯形誤差，歯溝の振れ，ピッチ誤差は前加工の影響を強く受ける傾向がある．前加工で歯溝の振れがあると，シェービングされた被削歯車には圧力角誤差として残ることが多い．歯形チャートには第4章4.3.4(2)のように，測定部位によって歯先上がりと歯先下がりが混在したデータが表れる．このような事象を抑えるためには，前加工の歯溝の振れを40μm以内に抑えることが必要である．

また，歯切以前にブランク材の加工精度を高めておかなければならない．詳細は第3章3.2.2で説明したので省略するが，加工基準となる内径や端面の精度は注意深く管理する必要がある．

(2) 歯元の前加工形状

被削歯車の歯元の形状が適切でない場合，カッタの歯先が隅肉に食い込むことがある．これにより切削抵抗が急激に上がってカッタの切削作用が阻害され，被削歯車の歯形が崩れる．

これを防ぐためにプロチュバランス付きの前加工工具が活用されている（図2）．これも前加工工具とシェービングカッタとの取り合いを適正にすることにより，歯元隅部の形状を滑らかに仕上げることができる．

ただし，プロチュバランスは万能ではないことを知っておくべきである．プロチュバランスの有無によってカッタとのかみ合い率に差が生じる．プロチュバランス付きの場合はかみ合い率が小さくなる．もともと歯元の歯厚が薄い小モジュールの歯車では，プロチュバランスでアンダカットさせることによって，さ

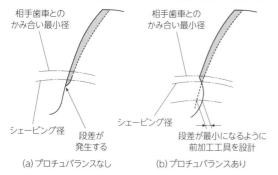

図2　プリシェービング工具による歯元近傍の創成

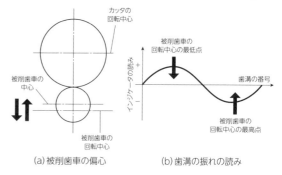

図3　取付けの偏心による歯溝の振れ

らに折損の危険が増す恐れがある.

歯数が小さい場合はもともとかみ合い率が小さいので，アンダカットさせればさらにかみ合い率が低下する.

一方，積極的にプロチュバランスの採用を検討した方がよい場合もある．大モジュールの場合

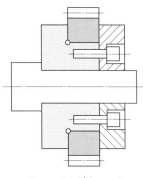

図4　フランジ式アーバ

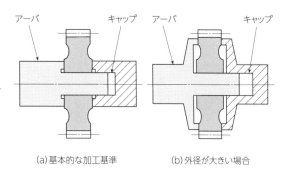

(a)基本的な加工基準　　(b)外径が大きい場合

図5　キャップ式アーバの加工基準の取り方

にはシェービングの取りしろが大きいので，段差も大きくなりやすい．放置すると隅部の亀裂を起点とする破断に直結する恐れがある．プロチュバランスにより，シェービング時の歯元隅部を滑らかに仕上げることを考えるべきである.

6.5.3　治具設計のポイント

治具を製作するうえで特に注意すべきポイントは，取り付けたときの偏心（振れ），倒れを抑えることができる構造とすることである．偏心があると歯溝の振れが大きくなる（図3）．倒れがあると歯形・歯すじのばらつきとして表れる.

穴付き歯車に使用される治具としてはフランジ式，キャップ式などが代表的である．フランジ式（図4）は穴径に対して外径が大きい歯車や生産数が少ない場合に使用される．ボルトで締め付ける場合は，締め過ぎによる変形を防ぐためにトルクレンチを使用することが望ましい.

キャップ式（図5）は通称シェービングアーバと呼ばれ，アーバ（オス側）とキャップ（メス側）の一対からなっている．着脱が容易なので量産向きである．a)のように，組み立てたときの基準となる面を加工基準にするのが理想である．しかし，外径が大きい場合には，たわみを

抑えるために，b)のようにできるだけ外周に近い端面を受ける．ただし，この場合はブランク材を製作するときに，組み立てたときの基準面とシェービングアーバに突き当てる加工基準を同時加工とすることが必要である．また歯切時に発生するバリやカエリなどにより，歯底付近では端面の平面度が悪くなる恐れがある．その影響を回避できるように突き当て面を設計するべきである.

図6はアーバとキャップの設計要領をまとめたものである．製作するときの参考になれば幸いである．量産加工の場合は精度だけでなく，着脱の容易性を考慮して設計することが必要である.

6.5.4　小歯数の歯車の歯形誤差

歯数が小さいとかみ合い率が小さくなるので，

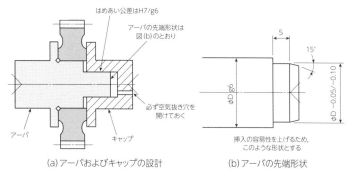

(a)アーバおよびキャップの設計　　(b)アーバの先端形状

図6　キャップ式シェービングアーバの設計要領

表1 カッタの回転方向とテーブルの送り方向の関係

切削方式	上向き削り（アップカット）	下向き削り（ダウンカット）
回転方向と送り方向	被削歯車の送り方向　カッタ　被削歯車　カッタの回転方向	被削歯車の送り方向　カッタ　被削歯車　カッタの回転方向
切込みのプロセス	被削歯車の送り方向 ／ 被削歯車の送り方向	被削歯車の送り方向 ／ 被削歯車の送り方向

シェービングされた歯形は概して中凹となって歯形精度が安定しない．平歯車となると，さらに困ったことになる．現場が抱える難問のひとつである．普通は加工データをもとにカッタの歯形をチューニングするのであるが，かみ合い率が 1.4 を下回ると，それも思いどおりにならないことの方が多い．

そのようなときは表1に示すカッタの回転方向とテーブルの送り方向の関係を逆転すると改善効果が得られることがある．これは理論的に解明できておらず，あくまで筆者の経験則に過ぎないが，試してみるとよい．

カッタの回転方向とテーブルの送り方向の相対関係は，エンドミルなどと同様に上向き削り（アップカット）と下向き削り（ダウンカット）に分かれる．通常は上向き削り（アップカット）になるようにセッティングするのがよいとされている．これは上向き削りの方が食付き時の切り取り厚さが薄いので，切れ味の面ですぐれるためである．実際に同じ力で切り込んだ場合，上向き削りの方が実際に切り込まれる深さが大きいことが知られている．[1]

しかし，かみ合い率が小さくて中凹の歯形になる場合は，むしろ食付き時の切りくず厚さが大きい下向き削りに変えると，切れ味を抑えられるために，わずかながら歯形の中凹が軽減されると考えられる．

上向き削りが適しているというのは原理・原則に合っているからである．ごく一部の例外があるから原理・原則を否定するのではなく，そこに特定の条件が重なったときに例外が生まれると考えるべきである．

6.5.5　歯すじが長い歯車の歯すじ精度

図7は歯すじが長い歯車の事例であり，難加工物の中でも特に悩ましい工作物である．このような場合は，歯形精度以上に歯すじ精度の確保に苦労する．段取りやカッタ交換のときに歯すじ精度が出ず，長時間生産が停止することもある．

カッタを再研削して歯厚が小さくなると，カッタと被削歯車の中心距離が減少する．これによってかみ合い円径も小さくなり，かみ合い円径におけるねじれ角が変化する．したがって，カッタと被削歯車との軸交差角が変化するため，カッタヘッドを旋回させて調整する必要が生じる．これが段取りに手間がかかる原因である．

再研削曲線（第6章 6.6.5）によってカッタの歯厚に対応した軸交差角を記入した再研削管理カードを添付する方法がある．

図8はシェービング盤の内部である．テーブルの静的精度（いわゆる「走り」）が劣化しないように十分に保守をやっておくことがポイントである．歯すじが長い歯車では，軸交差角に応じてカッタヘッドを旋回させて段取りを行なっても，テーブルのわずかな走りの誤差が歯すじ精度に影響する．シェービング盤を新設するときの静的精度以上に，摺動面への切りくずの浸入対策，切削油剤の清浄度管理などの保守管理が重要になる．

工作物の着脱やカッタ交換のときには心押台（テールストック）を移動させるが，これも走りの精度が悪いと，歯すじ精度の再現性が悪くなる．とにかくカッタの精度だけを上げても，現場では通用しないのである．

図7　歯すじが長い歯車

図8　シェービング盤の内部

図9はそれを改善した事例である．リニア軸受けを組み込んだ精密スライド治具をテーブルに固定し，そのうえに心押台を搭載したものである．心押台を搭載した精密スライド治具とテーブルに固定されたベースからなる．スライド治具はベース上を左右に移動させることができ，任意の位置で簡単に固定できるように設計した．精密スライド治具をテーブルに搭載するときは，主軸台と心押台のセンタ同士を結ぶ中心線がテーブルの走りに平行になるように十分調整する．

また，この事例ではかみ合い円径上のねじれ角が一定になるように，歯厚に合わせて基礎円上のねじれ角を変化させて再研削したカッタを使用している．これを精密スライド治具と併用することにより，カッタヘッドを旋回して軸交差角を調整する作業を省略できた。このような泥臭い改善によって，新たな設備投資をせずに段取りやカッタ交換による停止時間を大幅に削減できた。

引用文献
1）三菱マテリアル㈱技術資料　C-008J-H　p.55

6.6　シェービングカッタの再研削と管理

第6章6.4.1で触れたようにシェービングの加工精度は諸々の条件に左右されるので，カッタの歯形をチューニングしない限り，要求を満たすことは困難で

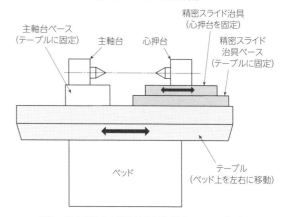

図9　歯すじ精度の段取り容易化(精密スライド治具)

ある．カッタと被削歯車の相関を定量的に求めて良品条件を決めることができないのだ．それこそが加工自体は容易でも，全体として高度な技術と管理が要求される所以である．ここでは一般的な再研削の概要と管理のポイントについて説明する．

6.6.1　管理システムのフロー

単に再研削の設備があればシェービングカッタが使えるようになるというものではない．目標とする歯車精度の設定からカッタ精度規格の設定，再研削，トライアル加工，ライン加工，カッタの在庫管理のシステム，ひいてはそれらを運用するための組織の構築まで

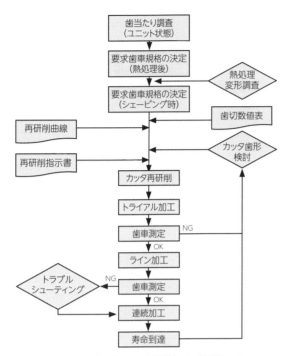

```
┌─────────────────┐
│  歯当たり調査    │
│ (ユニット状態)  │
└─────────────────┘
        ↓
┌─────────────────┐        ╱╲
│ 要求歯車規格の決定│      ╱    ╲
│  (熱処理後)     │     ╱ 熱処理 ╲
└─────────────────┘     ╲変形調査╱
        ↓                ╲    ╱
┌─────────────────┐        ╲╱
│ 要求歯車規格の決定│
│ (シェービング時) │     ┌──────────┐
└─────────────────┘     │ 歯切数値表 │
        ↓               └──────────┘
┌──────────┐                ╱╲
│ 再研削曲線│              ╱    ╲
└──────────┘             ╱カッタ歯形╲
                         ╲  検討  ╱
┌──────────┐             ╲    ╱
│再研削指示書│              ╲╱
└──────────┘
        ↓
┌──────────┐
│ カッタ再研削│
└──────────┘
        ↓
┌──────────┐
│トライアル加工│
└──────────┘
        ↓
┌──────────┐ NG
│  歯車測定 │──→
└──────────┘
        ↓ OK
┌──────────┐
│ ライン加工│
└──────────┘
        ↓
╱╲        ┌──────────┐ NG
トラブル ←─│  歯車測定 │
シューティング└──────────┘
╲╱        ↓ OK
        ┌──────────┐
        │  連続加工 │
        └──────────┘
            ↓
        ┌──────────┐
        │  寿命到達 │
        └──────────┘
```

図1　シェービングカッタの再研削および管理システム

含めた広義の管理が必要である. 図1はそれをフローチャートにしたものである.

「エンジンは生まれ(設計)で決まり, トランスミッションは育ち(製造)で決まる」ということを常々いわれた. 正しいインボリュートになっていれば必ず静粛なユニットができるというわけではない. 歯車箱の変形, シャフトのたわみなどによって, 歯当たりが変わ

るからである. そこで, 実機の運転状態で理想的な働きをさせるための要求項目を歯車単体(完成品)の要求精度(歯形, 歯すじ, 歯厚, ピッチ誤差など)に落とし込むことが第一歩である.

それが把握できて初めて歯車の生産準備に入れるのである. 実際には実機で必要な歯車単体の要求精度から"逆算"することにより, シェービング後(熱処理前の最終の姿)の要求精度に落とし込む. 熱処理によって歯車は変形し, 歯形, 歯すじ, ピッチ誤差, 歯厚が変化する. 熱処理変形調査によってその変化を把握し, シェービング後のねらい品質を決めるのである.

ここで一連の作業のイメージを示した表1によって実際の作業を説明する. まず運転中に振動や騒音が最良となるユニットを分解し, その歯当たりを調べる. このときユニットの組立前に歯車単体の精度データ(歯形, 歯すじ, 歯厚, 歯溝の振れ, ピッチ誤差など)を個体識別ができる状態で残しておくことが必要である.

現場で使える精度規格とするためには許容値を決めなければならないので, ある程度の台数を調査する必要がある. これによって歯車単体の完成状態で必要な精度規格が固まる. ここから最終目的地であるシェービングカッタが備えるべき精度に向けて逆算していくのである.

ほとんどの場合, 歯車には熱処理が施されるので, 変形が避けられない. 加工時(熱処理前)の要求精度を決めるためには, 熱処理変形調査によって変形量を把握することが必須である. 詳細は次項で説明する. そ

表1　ユニット, 歯車単体, シェービングカッタの目標歯形を決めるためのチューニング

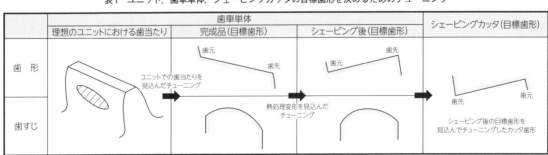

| | 歯車単体 | | | シェービングカッタ(目標歯形) |
	理想のユニットにおける歯当たり	完成品(目標歯形)	シェービング後(目標歯形)	
歯 形				
歯すじ				

れによってシェービング時の要
求精度が決まる.

　そこまでできたら，次はいよ
いよカッタ歯形の検討に入り，
再研削が行なわれる．再研削に
おいては歯形だけでなく，カッ
タ歯厚と外径との関係（歯厚対
応外径）を一定に保つ必要があ
る．それを指示するのが再研削
曲線 [第 6 章 6.6.5 (1)] である.

　再研削されたカッタが 1 回で
ライン加工 OK になることは少
なく，たいていの場合は事前のトライアル加工が必要
である．このサイクルを繰り返すこともある.

　トライアル OK になったカッタには，一点一葉で
カッタ管理カード [第 6 章 6.6.5 (2)] を作成することが
望ましい．管理カードには再研削されたカッタの精度
データやラインでの歯車の加工データ，加工個数が記
録されて再研削に戻るシステムとする.

　このようにして初めてラインでの連続加工が可能に
なるのであり，シェービングが高度な管理を必要とす
る要因になっている.

6.6.2　熱処理変形への対応

(1) 歯車の熱処理変形

　表 2 は熱処理によって歯車がどのように変形する
かを示した一例である.

　まずはオーバボール径あるいはビトウィンピン径な
どの歯厚が最重要項目である．外歯
車を熱処理すると，外歯車はおおむ
ね歯厚が大きくなり，内歯車は小さ
くなる傾向がある．その変化量は歯
車の外郭形状によって異なる．これ
を正確に把握して加工しないと，組
立不能になったり，ユニットとして
正常に作動しないことがある.

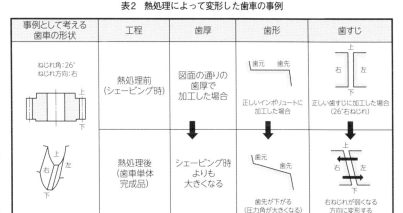

表2　熱処理によって変形した歯車の事例

歯形誤差は歯形形状誤差と歯形勾配誤差の把握が基
本である．歯形勾配誤差は圧力角誤差を意味しており，
熱処理すると歯形データ上で歯先が上がったり下がっ
たりする症状である．この事例では正しいインボ
リュートになるようにシェービングされた歯車が熱処
理によって歯先下がりになっているが，どちらに振れ
るかは外郭形状によって異なる.

　歯すじも熱処理によって変化する．これも正確に把
握しておかないと，歯当たり不良になる．ねじれ角の
誤差は歯すじ誤差として表れる．この場合，ねじれが
変化する方向とその変化量の両方を把握することがポ
イントである．実際には単純にねじれるだけでなく，
テーパがつくなどの複雑な変形を伴うことがある．こ
の事例ではシェービング時に正しい 26° 右ねじれに加
工された歯車が，熱処理後にはねじれが弱くなる方向
に変形している.

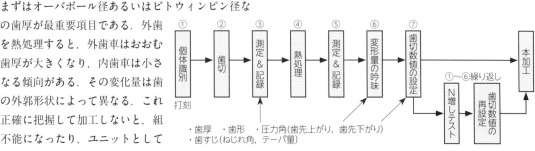

図2　熱処理変形調査の手順

6

シェービング

189

(2) 熱処理変形調査

非常に泥臭い作業であるが，まずは何がどのように変形するのかを見きわめることが第一歩である．この作業を熱処理変形調査という．図2は，その処理順序を示している．

現場では個々の熱処理前の歯車（ソフト品）に通し番号などを打刻し，個体識別が可能な状態で熱処理前の精度を測定してから熱処理炉に投入する．おもな測定項目は歯形誤差，歯すじ誤差，歯厚である．軸物の歯車では軸方向の寸法（長手寸法）の変化や曲りも発生するので，調査項目に加えておくべきである．

熱処理後の歯車（ハード品）も同様に測定し，ソフト品のデータと照らし合わせて変形状態を把握する．変形量の数値だけでなく，表2に示すように変形の方向を把握することが重要である．変形の方向とは歯形（歯先上がり，歯先下がり），歯すじ（ねじれ，テーパ）がどの方向に変形したかを意味する．この変化量および変形の方向を見込んで完成品の目標精度から逆算してシェービング時の歯車の要求精度を決める．

新規プロジェクト立上げにおける熱処理変形調査はかなり大規模になることが多い．熱処理炉内の位置によって変化量が異なることがある．慎重を期すために，数量を増やしたより詳細な調査が必要になる．その場合は，熱処理炉内での位置の識別ができるようにして変化量を確認することが望ましい．いずれも通常の量産品と調査品が混入しないように，隔離および識別の管理を怠ってはならない．

(3) 歯切数値表

熱処理変形調査によって歯車のシェービング時の要求精度が決まったら，それを現場に対して確実に指示する．図3はそのための歯切数値表と呼ばれる作業標準の事例である．ここには歯厚，歯形および歯すじ精度，使用工具の工具番号をはじめとして，機械加工，熱処理，測定に必要なすべての情報が網羅・集約され，工程ごと（前加工，シェービング時，熱処理後完成品）に対比できるようになっている．

特に加工点数が多い現場では，これを確実に運用しないと，トラブルの原因になる．記載内容の変更が必要になった場合，関係部署間（生産技術，工具技術，製造，検査部門など）で確実に最新版を共有できるシステムをつくっておくことが欠かせない．歯切数値表は品質マニュアルによって公式文書として認知し，QC工法書と同等の効力を持たせ，すべての情報を一元管理することが必要である．

部品番号	部品名称	歯数	モジュール	圧力角	外径	工程	オーバーボール径	ボール径	工具名称	工具番号	歯数あるいは条数	ピッチ円上ねじれ	基礎円上ねじれ
1-23456-123-0	GEAR:***	37	4.5	20°	197.6 ±0.1	完成時	φ201.80 0/−0.16					24°00'00" RH	22°28'15" RH
						シェービング時	φ201.64 ±0.02	φ9.0	シェービングカッタ	MS-123	51	24°00'10" RH	22°28'30" RH
						歯切時	φ201.84 ±0.03		ホブ	MH-456	2条	24°00'10" RH	22°28'30" RH
1-23456-456-0	GEAR:***	36	4.5	20°	192.7 ±0.1	完成時	φ197.01 0/−0.16					24°00'00" RH	22°28'15" RH
						シェービング時	φ196.85 ±0.02	φ9.0	シェービングカッタ	MS-123	51	24°00'10" RH	22°28'30" RH
						歯切時	φ197.05 ±0.03		ホブ	MH-456	2条	24°00'10" RH	22°28'30" RH

歯車諸元 ／ 使用工具 ／ ねじれ

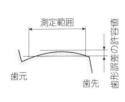

歯形精度の指定（シェービング時）

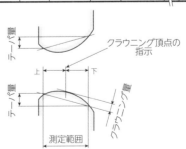

歯すじ精度の指定（シェービング時）

図3　歯切数値表

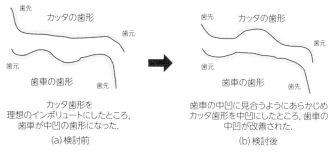

カッタの歯形　　　　　　　　　　　　カッタの歯形

歯車の歯形　　　　　　　　　　　　歯車の歯形

カッタ歯形を
理想のインボリュートにしたところ，
歯車が中凹の歯形になった.

歯車の中凹に見合うようにあらかじめ
カッタ歯形を中凹にしたところ，歯車の
中凹が改善された.

(a) 検討前　　　　　　　　　　　　(b) 検討後

図4　カッタ歯形検討作業のイメージ

図5　シェービングカッタの再研削

6.6.3　カッタ歯形の設定

シェービング時の歯車の要求精度が決まったら，次はいよいよカッタ歯形の設定である．目標歯形を得るためのカッタ歯形を理論的に決めることは不可能である．特にかみ合い率が小さい場合には，歯車の歯形が中凹になることが頻繁にある．しかも，同一のカッタ（同じ製造番号の個体）であっても，再研削をくり返すにつれて最適なカッタ歯形が変化する．ある程度の予測をしたうえで，トライ＆エラーを繰り返すしかない．具体的には図4のように，現場での加工データあるいはトライアル加工のデータを参考にしながらカッタの歯形を決める．これは経験と勘を要するいわゆるカンコツ作業の代表である．

6.6.4　カッタの寿命判定基準

カッタの摩耗は他の加工法に比べて小さいので，寿命判定基準としては適さない．したがって，歯車の精度の劣化や加工状態を参考にして判定することが多い．

歯車による判定基準としてもっとも代表的なものは歯形形状の崩れである．カッタを使い始めるときに管理カードに添付されたトライアル時の歯形と比較しながら，許容される範囲を満たせなくなるタイミングを寿命到達とすることが多い．ほかには以下の判定基準が考えられる．

・バリが大きくなったとき
・切りくずの長さや形状が変化したとき
・加工面にカッタ使用時とは異なる光沢が出たとき
　また，加工状態による判定基準としては以下のものがある．
・カッタ使用開始時とは異なるうなり音が発生する場合
・指定位置まで切込んでも所定の歯厚に達しない場合
　後述する再研削指示書に記載された加工数のデータを蓄積することによって，平均的な寿命を把握することができる．極端に短寿命になった場合には真因を特定して対策する．

6.6.5　再研削のポイント

(1) 再研削の実際

シェービングカッタの再研削はシェービングカッタ研削盤により，わずかな取りしろで歯面を仕上げることによって行なわれる．図5は実際の再研削のようすである．砥石はマーグ式研削盤と同じ動きによって，歯を1枚ずつ割り出して仕上げる．

仕上げしろは前加工の状態にもよるが，表3の数値を一応の目安にすればよい．前加工の精度が悪い場

表3　シェービングの仕上げしろ

モジュール	2.5以下	2.5を越え3.5以下	3.5を越え5.0以下	5.0を越える場合
仕上げしろ	0.06～0.10	0.08～0.12	0.10～0.14	0.12～

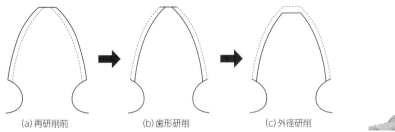

(a)再研削前   (b)歯形研削   (c)外径研削

図6　再研削作業の流れ

図7　工具顕微鏡による歯厚の測定

合に不用意に仕上げしろを増やすと，歯元に発生した段差に相手歯先が干渉したり，歯先面取量が小さくなったりという弊害が生じる．シェービングの目標精度等級に対して，前加工の精度をJIS歯車精度等級で2〜3級以内に抑えることが望ましい．

　再研削の目的は目標とする歯形・歯すじを得るために最適なカッタ歯形を得ることであるが，それと同時にカッタの歯厚と外径の関係を適切に保つことにある．大きい流れを示した図6に沿って実際の手順を説明する．作業は以下の手順によって行なう．

① 指定された測定位置（アデンダム）における再研削前の弦歯厚を工具顕微鏡で測定し，取りしろを確認する．図7に示すように，デジタルスケールが付いていると便利である．

② 片歯面を研削し，同様に再度歯厚を測定する．

③ 反対歯面を研削し，同様に歯厚を測定する．

④ 仕上がりの歯厚に対応する外径を再研削曲線で確認し，外径を研削し，作業を完了する．

⑤ 再研削指示書に仕上がりの弦歯厚と外径を記入する．

⑥ 同様に仕上がりの外径に対応するアデンダムも記入する．

　ここで再研削曲線とは弦歯厚に対応する外径の計算値をグラフ化したものである．図8にその事例を示す．弦歯厚を横軸にしており，対応する外径を知ることができる．歯面を研削して歯厚が小さくなった状態では，シェービングされる径が小さくなってしまい，歯元付近の隅部に干渉することがある．そのため，歯が痩せ

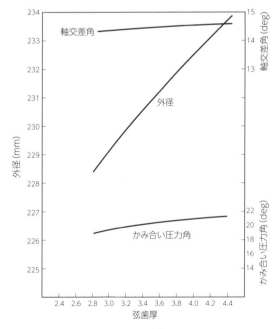

図8　再研削曲線の例

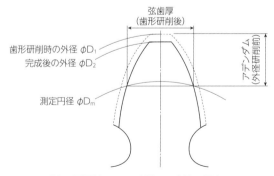

図9　再研削における歯厚および外径の測定

た分だけ外径を小さくし，シェービング径を一定に保つのである．また再研削が進むにつれてかみ合いねじれ角（かみ合い点におけるねじれ角）が変化し，それにつれて段取り時の軸交差角も変化する．再研削後の歯厚に対応する軸交差角は再研削曲線で知ることができる．

順番が前後するが，弦歯厚の詳しい測定手順を図9によって説明する．測定にはデジタルスケール付きの工具顕微鏡を使用する．

① 再研削指示書に指定されたアデンダムに対応する弦歯厚を測定する．

② 歯面の再研削完了後，再研削前と同じアデンダムに対応する弦歯厚を測定する．

③ 外径研削完了後，仕上がり外径を測定する．

(2) 再研削指示書

シェービングカッタには製造番号ごとに一点一葉で再研削指示書を作成する．これを再研削1回ごとに作成し，現物に添付して現場と工具室を移動させる．図10はその一例である．

そこには再研削に必要な諸元，再研削後の歯厚と外径が記載され，カッタ歯形とトライアル時の歯車の歯形が添付される．裏面には加工個数が記入され，現場での使用開始時および終了時における歯車の歯形が添付される．いわばカッタの履歴をすべて記載したカルテのようなものである．工具室ではこれをもとに再研削や在庫管理をおこなうので，非常に重要な帳票である．電子ファイル化して進んだ管理の方法もあるだろうが，いまだに昔ながらの方法を採用している現場が多いのが現実である．

6.6.6　管理のポイント

シェービングカッタは加工できる個数が多いうえ，寿命管理をしっかりやれば10回以上の再研削が可能である．低コストな加工法であるが，高価で製作納期も長いので，管理をしっかりおこなわないと欠品によって生産が止まるリスクがある．

シェービングにおける管理の重要ポイントは加工精度と寿命の監視である．再研削指示書に添付された現場での歯形や加工個数などの生データに気を配り，異常が見られた場合には速やかに対策することが何よりも重要になる．

もうひとつは在庫管理である．高価で使用期間が長い（足が長い）ので，資産計上して管理する．一般のインサートやドリルなどの消耗工具とは一線を画した管理が求められる．納入時には製造番号ごとに帳簿に記載し，資産カードなどを作成し，在庫棚卸しや税務監査にも耐えうるように規定に沿って適正に管理することが欠かせない．むやみに廃棄してはならず，適正な手順を踏むことが必要である．

カッタ	工具番号	GS-287		発行日	2019.11.21
	製造番号	GH-210205	外径	再研削前	213.05
	再研削回数	6		指定値	212.94
被削歯車	製品名称	GEAR : drive		完成値	212.94
	製品番号	1-234-567-1		歯厚測定円径	208.00
弦歯厚	再研削前	4.21		アデンダム	2.75
	完成時	4.15		セレーション深さ	0.65

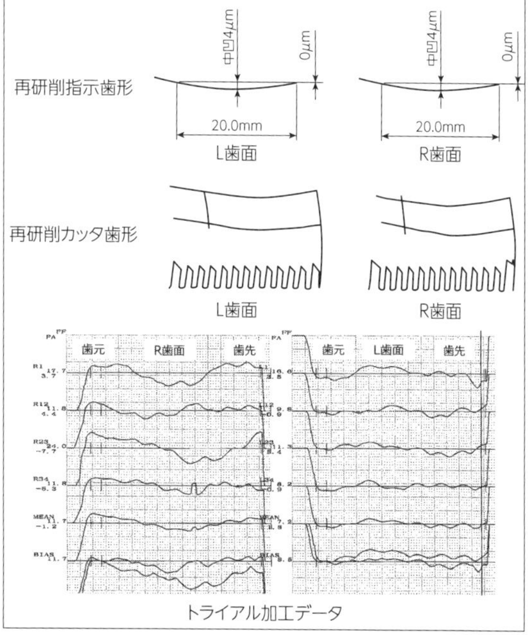

図10　シェービングカッタ再研削指示書および成績書

193

6.7 トラブルシューティング

シェービングは切削機構も工具の管理方法も他の加工法とは大きく異なり，特殊な現場経験が求められる．したがって，トラブルの内容も独特であり，数ある切削加工の中でもトライ＆エラーでの対応という色合いがもっとも強い．これまでの本文と併せて考えて欲しい．

シェービングにおけるトラブル要因と対応法を，次の表に示す．

症　状		おもな要因	方策あるいは着目のポイント
工具	A：欠損／破損	①取りしろ・過大	前加工の歯厚・大．
		②段付き歯車への干渉	ストローク，ダイヤゴナルアングルの不適．
		③バリのかみ込み	前加工時のバリをかみ込んでいないか．
		④歯車のフィレットへの干渉	歯厚対応外径・不適． 前加工の歯厚が大 → 歯元の段差に干渉．
		⑤カッタ研削時の亀裂	研削の切込み深さ → カラーチェックなどで確認．
	B：短寿命	①カッタ仕様	工具材質の見直し
		②再研削回数が少ない	セレーションが浅い．セレーション深さのアンバランス → 左右歯面，歯先と歯元
		③切削油剤の不適	摩耗状態を確認．浸透性・極圧性を考慮して見直し． 清浄度 → タンクの切りくずを清掃．フィルターの見直し．
		④切削油剤の供給量不足	吐出量，吐出圧を上げる． 主配管と切りくず流しを分離． タンク内の切りくずを清掃． 潤滑油，作動油混入の対策．
工作物	C：歯形誤差 　圧力角誤差	①カッタ歯形が不適	トライアル歯形と実加工歯形を吟味し，カッタ歯形の見直しをおこなう．
		②カッタの共用不適	共用の可否を再検討．
		③歯車のフィレットへの干渉	(A-④に準ずる)
		④前加工の歯形不良	ホブ切り，歯車形削りのトラブルシューティング表を参照．
		⑤工作物の取付け不良	ブランク材の精度 → 穴径，穴と端面との直角度，センタ穴(打痕・傷・異物付着)． シェービング時の工作物の偏心，倒れ．
	D：歯面のあらさ	①取りしろ・過大	(A-①に準ずる)
		②歯車のフィレットへの干渉	(A-④に準ずる)
		③切削油剤の不適	(B-③に準ずる)
		④切削油剤の供給量不足	(B-④に準ずる)
	E：歯面の傷	①カッタ歯面のあらさ不良	あらさ向上 → 歯面研削の切込みを見直し．
		②カッタのエッジが摩耗	交換周期の見直し．カッタ歯面のあらさ→(E-①に準ずる)
		③切削油剤の不適	(B-③に準ずる)
		④切削油剤の供給量不足	(B-④に準ずる)
		⑤カッタ再研削時の磁気	研削くずの除去 → 十分な脱磁．

第7章 ブローチ加工

ブローチ加工は19世紀末に登場した加工法であり，自動車部品などの生産に広く使用されている．ここではインボリュートスプラインブローチによる加工の基礎と現場での注意点について説明する．

7.1 ブローチ加工の概要

7.1.1 ブローチ加工とは何か

　ブローチ盤に取り付けた専用のブローチによって平面や穴の内部などの加工を行なう加工法である．ブローチは総形工具であり，徐々に寸法を変化させた多数の切れ刃が配列されている．図1は工作物移動式のブローチ盤による加工のようすである．工作物を押し上げ，結果的にブローチを引き抜きながら工作物を少しずつ削り取って所定の形状に仕上げる．

　図2に示すように，前後に並ぶ刃と刃の段差の量が一刃あたりの切込み深さになる．つまり1枚の刃は工作物1個に対して一度しか仕事をしない．これは他の加工法では見られないブローチ加工の特徴である．

7.1.2 長所と短所

　高能率として大量生産に適しているブローチ加工にも短所はある．その長所と短所を理解することは，次項で説明する適用領域を考えるうえで欠かせない．

⑴ 長所

　①生産性が高い

　ブローチ加工の最大の長所は，圧倒的に高い生産性である．多くの場合，1回通過させれば，加工が完結する一発加工である．たとえば穴の内面を加工する場合，他の加工法では荒・中・仕上げなどに分割する必要があるが，ブローチ加工では1工程で仕上げまで終

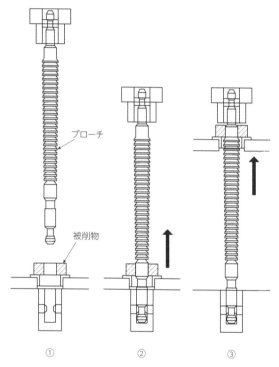

図1　ブローチ加工[1]

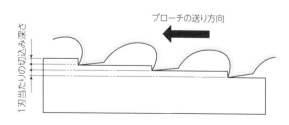

図2　ブローチの切削のようす

わらせることができる．加工自体の所要時間が短いだけでなく，複数の工程を統合できるので，非常に生産性が高い．

②高精度で再現性にすぐれている

ブローチは総形工具であり，管理をしっかり行なえば，高精度かつ均一な品質の製品を大量に生産できる．高い生産性とともに，他の加工法にはない長所である．

③複雑な形状の製品を加工できる

他の加工法では不可能あるいは困難な複雑形状の製品（第3章3.1）を加工できる強みがある．たとえば螺旋状の溝，小径のインボリュートスプラインなどはブローチ加工を除き，現実的な生産性を持つ加工法がない．ただし，切削する方向（ブローチの刃が移動する方向）に対して一定の形状であることが条件である．

④仕上げ面あらさがすぐれている

数十μmずつの取りしろを持つ多数の刃で仕上げるので，仕上げ面あらさが非常によいことも長所の一つである．安定して6S〜25Sに仕上げることができる．

⑤作業に熟練を要しない

作業自体は工作物をセットして，起動ボタンを押すだけである．熟練を要しないので，初心者でも従事できることが長所である．通常は工作物を治具に確実に

クランプする必要があるが，インボリュートスプラインブローチなどの内面ブローチでは，切削荷重によって確実に保持されるので，固定する必要がない．

(2) 短所

① 設備や工具が高価である

ブローチ盤やブローチが非常に高価で転用ができないため，小量生産では採算が取れないことが多い．特にブローチ盤は高価なので，固定費の増大につながる．

ここで扱うインボリュートスプラインブローチにしても，ピニオンカッタ，スカイビングという選択肢がある．後述する棲み分けを考慮して工法を決めることが望ましい．

② 工具が専用設計になる

ブローチは工作物の形状に合わせて専用設計される．したがって，設計変更に対する自由度がない．特にインボリュートスプラインブローチでは工作物の熱処理変形量を綿密に調査したうえで，ブローチ加工時の寸法を決めることが不可欠である．

③ 自働化がむずかしい

ロボットによる工作物の着脱や自動搬送を含む自働化ラインにブローチ加工を組み込もうとすると，困難が多い．その理由はブローチに付着した切りくずの処理，前後の工程との切削油剤の混入などの問題があるからである．自働化のためには，これらの問題を解決する必要がある．

7.1.3　他の加工法との棲み分け

図3に示すように，ブローチ加工が適用されるような量産現場におけるものづくりのあるべき姿は「安価でコンパクトでフレキシブルな設備・工具による安定生産」である．汎用の工作機械と切削工具で生産できれば，それを上回るものはない．ブローチ加工は大量生産の分野で不動の地位を占めているものの，近ご

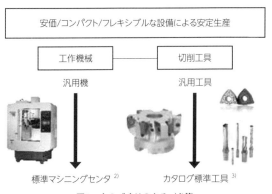

安価/コンパクト/フレキシブルな設備による安定生産

工作機械 ── 切削工具

汎用機　　　　　　　汎用工具

標準マシニングセンタ[2)]　　カタログ標準工具[3)]

図3　ものづくりのあるべき姿

ろその領域の一部をミーリングやギヤスカイビングに置き換える動きがある。ここではそこにおのずと生まれる棲み分けについて考える。

インボリュートスプラインでは従来はブローチ加工が主流であり、試作などの小量生産の場合はピニオンカッタによる加工という棲み分けが行なわれていた。近ごろ、工作機械とプログラミングの急速な進歩により、スカイビングで加工する事例が増えている。

ブローチ、ピニオンカッタ、スカイビングカッタの三者を厳密に切り分けて数学の公式のように示すことは不可能である。表1は棲み分けを判断するための要素を整理したものである。判断材料が複雑に絡み合っている状況で正しい選定を求められる場面に立たされることが多い。そのようなときには、何を優先させるべきかを整理し、ぶれない軸を持っておくことが欠かせない。

図4は選定の目安を示している。頭を整理するための手法の一例と考えればよい。工具を製作できないと話にならないので、第一優先すべき判断材料として工作物の内径（＝工具の製作可能範囲あるいは製造実績）を縦軸に置いた。

ブローチ加工の持ち味が最大に発揮される領域は大量生産であり、他の加工法と決定的な差が出るのが生産数である。したがって、次に優先すべき判断材料として生産数を横軸に置いた。

このようにして最初の絞り込みを行ない、そこから表1を参考にして投資金額、償却年数、工具費、加工時間、作業者の熟練度などを加味して選定するのがよい。生産数が大量であっても、生産継続が短期間の場合には、投資金額が高いブローチ加工の採用を避けるということも考えなければならない。

インボリュートスプラインブローチは工作物の内径が価格にストレートに響くが、他の加工法は影響を比較的受けにくい。したがって、工作物の内径は加工法

表1　加工法を選定するための要因（インターナルインボリュートスプライン）

1次（物理的要因）	2次（生産要因）	3次（経済要因）	4次（その他の要因）
縦軸 工作物の内径 ・工具製作の可否	**横軸** 生産数	設備投資金額	再研削の設備
工作物の形状 ・クランプの難易度 ・干渉の有無	生産継続期間 ・長期か短期か	償却年数	熟練度
	要求サイクルタイム vs. 加工時間	工具費 ・イニシャルコスト ・ランニングコスト	
	段取り時間	管理コスト	

の選定に大きく関わる。ちなみにブローチ、スカイビングカッタ、ピニオンカッタ（ディスク形あるいはベル形）の直径1mmあたりの価格を比較すると、5：1.5：1というのが一応の目安のようである。現場の技術者としては、何事においてもそのような相場を知っていることが望ましい。

引用文献
1) 三菱マテリアル㈱ 技術資料　C-008J-H　p.87
2) 東洋精機工業㈱ 提供
3) ㈱タンガロイ 提供

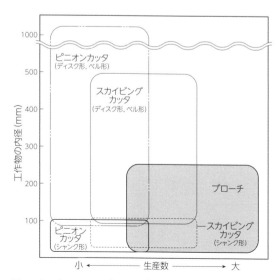

図4　インボリュートスプラインブローチと他の加工法（棲み分け）

7.2 インボリュートスプライン ブローチの構造

7.2.1 全体の構造

図1は代表的なインボリュートスプラインブローチである. 全体の構造と各部の名称を図2に示す. シャンク, 刃部, 後部シャンクからなっている.

7.2.2 シャンクと後部シャンク

シャンク部には前つかみ部と呼ばれる部位があり, ブローチ盤のプルヘッド pull head で保持してブローチを引っ張ることによって加工が行なわれる. 前つかみ部の端から第1刃までの部分をシャンクと呼ぶ.

後部案内から後つかみ部の端までを後部シャンクと呼ぶ. 後つかみ部は, 引き抜いて加工を行なう場合, 加工後のブローチをブローチ盤のリトリービングヘッド (= retrieving head) でつかんで引き上げ, 元の位置まで戻す役目を持っている.

余談であるが, Retrieve という単語は耳慣れなくても, ゴールデン・レトリバーという犬は多くの人が知っているだろう. もともとは狩猟犬で, 名前は「獲物を回収してくる犬」という意味を持っている. ブローチのリトリービングも加工が終わったブローチを回収して原点に戻すという意味で, 語源は同じである.

つかみ部の形状・寸法は JIS B 4237 に細かく規定されており, 前つかみ部はピン形, コッタ形, 丸首形, ねじ形の4種類, 後つかみ部は丸首形, 台形溝形の2種類とされている. インボリュートスプラインブローチには丸首形が一般的である.

7.2.3 前部案内および後部案内

前部案内は第1刃のすぐ前に設けられている. 真っ先に工作物の下穴に入り, 第1刃が位置ずれを起こさないように正しくガイドする役目を持っている. 前部案内の長さは最低でも工作物の切削長以上とする. 図3のように, 途中に逃げ部がある場合には, その長さを切削長に加算しておく必要がある. 後述するチップルームの容積を検討するときとは異なるので, 注意が必要である.

後部案内は最終刃のすぐ後ろに設けられている. 工作物から最終刃が完全に抜けるまでの間, 正しくガイドする役目を持っている. 直径は丸刃の仕上げ刃の寸法のうち公差の下限値, 長さは直径と同じとする. 後部案内の長さが短いと, 精度が安定しない.

7.2.4 刃部の形状

刃部には荒刃, 中仕上刃, 仕上刃が配置されており,

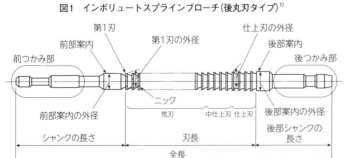

図1 インボリュートスプラインブローチ(後丸刃タイプ)[1]

図2 インボリュートスプラインブローチ各部の名称[2]

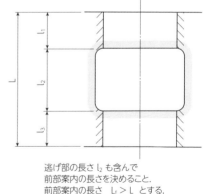

逃げ部の長さ l_2 も含んで
前部案内の長さを決めること.
前部案内の長さ $l_1 > L$ とする.

図3 前部案内の長さを決めるための切削長の考え方

それらを合わせた長さが刃長になる.

(1) 丸刃付きブローチ

インボリュートスプラインの場合，刃溝と内径の同心度が重視されることが多い．したがって，歯溝だけでなく内径も同時に仕上げるために，歯溝を削らない丸刃と呼ばれる内径仕上げ専用の刃を設ける．丸刃はスプライン刃の前，後ろあるいは交互に配置され，1本のブローチで歯溝と内径を同時に切削する．丸刃付きブローチは，丸刃の配置によって表1に示す4種類に分類できる.

表1 丸刃付きインボリュートスプラインブローチ

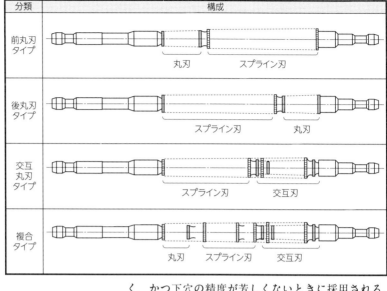

分類	構成
前丸刃タイプ	丸刃　スプライン刃
後丸刃タイプ	スプライン刃　丸刃
交互丸刃タイプ	スプライン刃　交互刃
複合タイプ	丸刃　スプライン刃　交互刃

① 前丸刃タイプ

特に下穴の精度がよくないときに採用される．刃部の前に配置した丸刃で下穴を仕上げから歯溝を切削するタイプである.

② 後丸刃タイプ

もっとも一般的なタイプであり，スプライン刃の後ろに丸刃を配置する．歯溝を切削してから内径を仕上げる．小径スプラインの加工に採用されることが多い.

③ 交互丸刃タイプ

前半はスプライン刃のみ，後半はスプライン刃と丸刃が交互に配置されている．特に歯溝と内径との同心度が要求される場合に適している.

④ 複合タイプ

前丸刃，スプライン刃，交互刃の順に配列されている．歯溝と内径の同心度が厳し

く，かつ下穴の精度が芳しくないときに採用される．ただし，限られた刃長の範囲内にすべての機能を収めなければならないので，ブローチ盤のストローク，刃のピッチ，チップルームの容積に注意が必要である.

(2) 刃部の形状と機能

ブローチの代表的な刃形を図4に示す．すくい面，逃げ面が交わる部分が切れ刃として機能し，すくい面と背面からなる空間が刃溝を形成する.

この刃溝が切りくずを収納するチップルームになる．1回の切削で発生する切りくずをすべてチップルームに収めて排出する必要がある．したがって，チッ

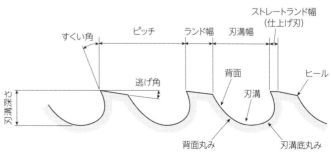

図4 ブローチの刃形と各部の名称

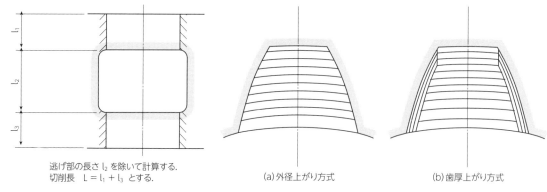

図5　ピッチを決めるための切削長の計算

逃げ部の長さ l_2 を除いて計算する.
切削長　$L = l_1 + l_3$ とする.

(a) 外径上がり方式　　　　(b) 歯厚上がり方式

図6　代表的な切削方式

プルームの容積を決める各部の形状・寸法・角度が非常に重要である. また, それ以上に断面形状が滑らかにつながっていなければならない. 不連続な部分があると, 切りくずが引っかかり, スムーズに収納されない. 再研削のときもこれを守らないと, 切れ刃の破損につながる.

　外径, 側面には逃げが設けられており, すくい面を再研削して歯厚が小さくなった分だけ外径も小さくなるようにできている. 外径の減少は工作物の公差の範囲内に収まるように設計される.

① ピッチ

　切れ刃のピッチはチップルームの容積を左右する重要な諸元である. 一般には式(1)を目安に決めることが多い. 切削長 L は図5のように, 逃げ部の長さを除いて計算する. 前述の前部案内の長さを決めるときの切削長の考え方とは異なる.

　係数 k は一般的に 1.2 〜 1.6 とする. このとき L/P

が整数にならないようにピッチを決めることが重要である. また, L/P が 2.0 を下回ると, 刃が1枚しか切削していない瞬間が発生し, 切削状態が不安定になる. そのため, 加工精度が悪くなるので注意が必要である.

$$P = k \times \sqrt{L} \qquad (1)$$

② 切削方式と切削量

　切込みの方法には複数のプロセスがあるが, 図6はその一例である. a)の外径上がり方式は歯厚が一定で, 仕上げ刃に向かって外径が徐々に増えていく. 歯厚が一定なので溶着しやすいが, 工作物のガイド性に優れる. また, 再研削後でも歯厚の変化が少ないことが長所である. インボリュートスプラインブローチに限らず, もっとも一般的に採用されるタイプである.

　b)の歯厚上がり方式は, ブローチの歯形がダイレクトに転写される. 工作物の歯形全体を同時に仕上げるので, 歯形精度にすぐれる. また歯形に不連続面がないので, 仕上げ面あらさも良好である. その反面, 外径上がり方式に比べるとブローチの製作に工数がかかる. したがって, 採用にあたっては必要性とコストを十分に検討することが欠かせない.

　前後の刃の段差の量がそのまま一刃あたりの切削量になり, 工作物の材質, 硬さ, ブローチ盤の容量などによって決まる. 通常は数十 μm であり, 荒刃では大

表2　標準的なすくい角と外周逃げ角

被削材質	すくい角	外周逃げ角	
		荒刃	仕上げ刃
高抗張力鋼	10〜15°	2°	1°
中抗張力鋼	13〜18°	2°	1°
鋳鉄	8〜10°	2°	1°
アルミ合金	18〜20°	3°	1°30′

きくし，仕上げ刃に近づくにつれて徐々に少なくする．最終刃付近の数枚の刃の切削量は，変形除去の意味を持たせてゼロにするのが一般的である．

③ すくい角

次項（第7章7.3）で説明するが，ブローチ加工は非常にデリケートである．すくい角は切削性能を大きく左右する重要な諸元である．被削材質に適した標準的なすくい角を表2に示す．小さ過ぎると切削抵抗が上がって変形や加工面のむしれを生じる．逆に大き過ぎると刃先の欠損や背分力への配分割合が増えることによる工作物の変形につながる．

④ 逃げ角

工作物とブローチの歯面との接触面積が大きくなると，仕上げ面にむしれが発生しやすくなる．ブローチの外周には逃げ角が設けられているが，他の工具よりも小さい数値とするのが一般的である．

その理由は，逃げ角が大きいと再研削による寸法変化が大きくなるからである．また，再研削量のばらつきによって各刃の切削量にもばらつきが生じることがある．おおむね表2のとおりに設計されているブローチが多い．アルミ合金の場合でも鋼や鋳鉄用と同等の逃げ角が採用されているブローチも見られる．仕上げ刃の逃げ角は荒刃の1/2とするのが一般的な設計のようである．

側面逃げ角をつけることは製造上の都合により困難である．したがって，通常は側面逃げ角を設けない．仕上げ面がむしれるなどの不具合がある場合は，一部だけランドを残すなどの対策をすることがある．

引用文献
1) ㈱不二越 提供
2) 三菱マテリアル㈱ 提供

参考文献
三菱マテリアル㈱ 技術資料 C008-J

7.3 切削機構

7.3.2 金属が削れる仕組み

そもそも硬い金属がさくさく削れるのはなぜだろう．図1は工具の刃先が切り込んで工作物を切削しているようすである．刃先が当たることによって金属内部の境界面にすべりが発生する．この現象をせん断といい，これが繰り返されることによって切削が可能になる．地下のプレートが動いて他のプレートの下に潜り込むことによって地震が発生するのと似ている．工具は硬ければいいというものではない．刃先がせん断に耐えなければ削れないので，硬さと同時に靭性（強さ）が必要である．

工具の送り方向と切りくずのせん断面とのなす角度をせん断角という．せん断角は被削材質，工具のすくい角，切削油剤の有無によって異なる．図2はせん断角の大小による切りくず形状の違いを示している．せん断角が小さいとせん断面が長くなるので，切りくずが厚くなって切削抵抗が大きくなる．逆にせん断角が大きくなると，切りくずが薄くなって切削抵抗が小さくなる．

ブローチの切削機構は，この説明がもっともよくはまる．一般に被削材質が軟らかい場合は硬い場合よりも切りくずのカール径が大きくなる傾向がある．

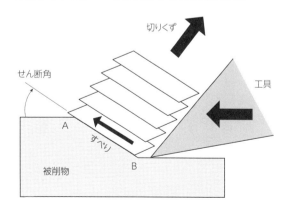

図1　金属が切削できる仕組み

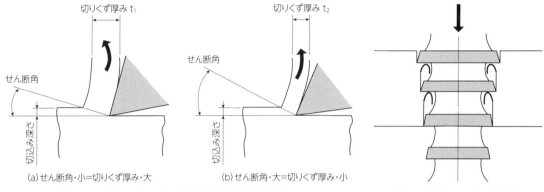

(a) せん断角・小=切りくず厚み・大

(b) せん断角・大=切りくず厚み・小

図2　せん断角と切りくずの形状（切込み深さが同じ場合）

図3　内面ブローチによる切削

7.3.2　ブローチの切削機構

　図3はインボリュートスプラインブローチを含む内面ブローチによる切削のようすを示している．その切削機構はこのような2次元切削のモデルにもっとも近い．ブローチはこのようにして発生させた切りくずをすべてチップルームに収納して排出しなければならない．そこにブローチ加工のむずかしさがある．

　図4は1枚の刃から生み出される切りくずの体積とチップルームの容積との関係を示している．ブローチの切りくずは切削長の1/2から1/4と短くなり，その厚さが2～4倍に達する．一般にチップルームの容積は切りくずの体積の6倍以上が必要とされる．ただし，これはあくまで目安であり，背面丸み，刃溝底丸みをはじめとする刃溝の断面形状が正しいことが必要

条件である．

　図5 a)のように，チップルームの容積が十分に確保されている場合には，切りくずはスムーズに収納される．また外側に突っ張る力が少なくなるので，切削抵抗の上昇を抑えることができる．

　一方，図5 b)のようにチップルームの容積が十分でない場合，切りくずが突っ張ってしまい，収納力が足りなくなる．最悪の場合，切れ刃が破損する．

7.3.3　切削抵抗

　図6のように，ブローチに働く切削力は主分力と背分力の成分からなっている．ブローチ加工はそのバランスのうえに成り立っている．背分力が大きくなると，内径が拡大したり，後述するスプリングバックが

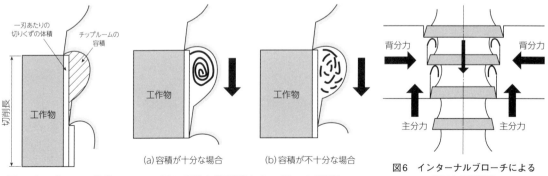

図4　チップルームの設計

(a)容積が十分な場合　(b)容積が不十分な場合

図5　切りくずの体積とチップルームの容積

図6　インターナルブローチによる加工と切削抵抗

起きやすくなる．摩耗が大きくなった状態で切削を継
続した場合も同様である．

　すくい角を大きくすると切削抵抗は小さくなる．し
かし，必要以上にすくい角を大きくすると，背分力に
配分される割合が大きくなることがある．そうなると
同様に内径拡大やスプリングバックを起こすことがあ
る．第7章7.2.4に示したすくい角を標準とするべき
である．このように，ブローチ加工は制約が多いので，
その切削機構は他の加工に比べても非常にデリケート
である．

参考文献
・大学講義切削加工　竹山秀彦　丸善
・三菱マテリアル㈱　技術資料　C008-J
・NACHI-BUSINESS Machining NEWS　Vol.9 A1
　November/2005
・日本電産マシンツール㈱　技術資料

7.4　ブローチの精度

　工具の歯形がそのまま工作物に転写されることがイ
ンボリュートスプラインブローチ（以下，単にブロー
チとする）の特徴である．その精度はJIS B 4239に規
定されている．JISの規定には解説まで書かれている
わけではないので，読んだだけでは理解できないこと
が多い．大事なことは，規定されている内容の意味や
背景を理解することである．ここではそれを補足しな
がら説明する．

7.4.1　振れ

　全長が長くなるブローチで最初に押えなければなら
ないのは，振れ精度である．歯形が正確に製作されて
いても，振れがあっては工作物の精度を確保できない．
納入時の振れ精度が規格を満たしていても，保管状態
が悪ければ曲りが生じ，振れ精度が悪くなる．ここで
解説する他の3項目とは異なり，“生まれ”だけでな
く“育ち”が重要なのが振れ精度である．

　振れの測定は図1のように行なう．精密定盤の上
で両センタ台によってブローチを支持する．前部案内
および切れ刃の外周にダイヤルゲージを当て，ブロー
チをゆっくり回しながら指針の動きを読む．読みの最
大値と最小値の差を振れの数値とする．このとき，ブ
ローチの中心軸に対してダイヤルゲージを直角に当て
ないと測定誤差が大きくなる．

　ブローチの全長によって3区分（500mm以下，
500mmを超え1,000mm以下，1,000mmを超えるもの）
に分かれて振れの公差値が規定されている．しかし，
公差値の等級は規定されておらず，全長の各区分ごと
に一律になっている．

7.4.2　歯形誤差

　ブローチの歯形誤差は少々特殊な方法で測定され
る．歯幅が小さいため，歯形を直接測定することは困
難である．そのため，後つかみ部に試験片（ダミーの
テストピース）を取り付け，ブローチと同時に歯形研

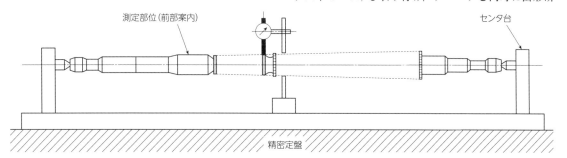

図1　振れの測定方法

測定部位（前部案内）　　　　　　　　　　　　　　　　　　　　　　　センタ台

精密定盤

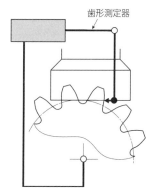

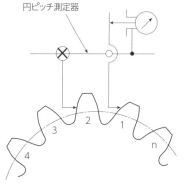

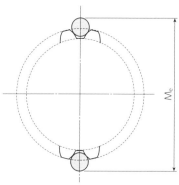

図2　歯形誤差の測定方法　　　　図3　ピッチ誤差の測定方法　　　　図4　歯厚の測定方法

削をおこなう．その試験片を歯形測定器に取り付けて
歯形の測定をおこなう．図2は歯形測定のようすを
示しているが，ピニオンカッタの場合と同様である．

　歯形精度の公差値はモジュールの大きさによって6
区分に分かれて規定されている．振れ精度と同様に等
級は決められておらず，モジュールの各区分ごとに一
律になっている．しかし，歯形の負（マイナス）側の誤
差は，検査範囲内において，歯丈の中央付近を基準と
して，許容値の1/3を超えてはならないという規定が
ある．

　顧客がブローチの歯形を検査することは困難である
し，現実的ではない．ブローチの検査成績書に試験片
の測定データを添付してもらうか，一歩進んでも試験
片そのものの添付を依頼するのがよい．

7.4.3　累積ピッチ誤差

　ブローチのピッチ誤差は工作物に直接転写されるの
で，非常に重要な測定項目である．JIS B 4239ではピッ
チ円径5区分，モジュール6区分の計30区分に分か
れて累積ピッチ誤差の精度規格が規定されている．し
かし，その考え方はブローチの精度規格の中でもっと
も複雑で理解しにくい．

　図3は測定のようす，表1は個々の測定結果から
累積ピッチ誤差を算出するための手順を示している．

　歯形測定に使用した試験片を円ピッチ測定器に取付
け，すべての隣り合う歯①について順次ダイヤルゲー
ジの読み②を記録し，隣り合うピッチの相互差の絶対
値③を求める．その最大値が隣接ピッチ誤差の測定値
になる．

　次にダイヤルゲージの読みの累
積値④を求める．個々の累積値④
から読みの平均値を引いたものの
最大値と最小値の差をもって累積
ピッチ誤差の測定値とする．

7.4.4　歯厚

　2個の測定ピンを歯溝に挿入
し，図4のように外側の最大径

表1　累積ピッチ誤差の算出方法

①歯の番号	②ダイヤルゲージの読み	③b_i	④読みの累積値	⑤e_i
1と2	a_1	$b_1=\mid a_1-a_2\mid$	$c_1=a_1$	$e_1=c_1-d$
2と3	a_2	$b_2=\mid a_2-a_3\mid$	$c_2=a_1+a_2$	$e_2=c_2-2d$
・・・	・・・	・・・	・・・	・・・
iとi+1	a_i	$b_i=\mid a_i-a_{i+1}\mid$	$c_i=a_1+a_2+\cdots+a_i$	$e_i=c_i-id$
・・・	・・・	・・・	・・・	・・・
nと1	a_n	$b_n=\mid a_n-a_1\mid$	$c_n=\sum_{i=1}^{n}a_1$	$e_n=c_n-nd$

隣接ピッチ誤差の測定値=b_iの最大値
累積ピッチ誤差の測定値=$e_1\cdots e_n$の最大値と最小値の差　　　　読みの平均値 $d=\dfrac{C_n}{n}$

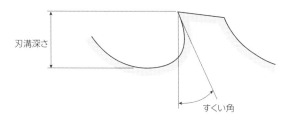

図5　すくい角，刃溝深さの測定

を挟んで測定する．許容差は一律に − 0.02 〜 0mm という マイナス公差で規定されている．

7.4.5　その他の精度

　ブローチは刃溝を再研削するので，すくい角と刃溝深さは重要な管理項目である（**図5**）．いずれも測定方法の規定はなく，現場で工夫しているのが実情である．測定方法の事例は第 7 章 7.6.2 で紹介する．すくい角の許容値は一律に ± 1° 30′ と規定されている．

　刃溝深さも一律に規定されており，0 〜 +0.5 というプラス公差となっている．

参考文献
インボリュートスプラインブローチ　　JIS B 4239

7.5　加工のポイント

　ブローチによるインボリュートスプラインの加工には，第 7 章 7.1 で説明したような特徴がある．これらの制約条件が独特のむずかしさを生む要因になっている．工具だけでは解決しないことが多く，ブランク材，切削条件などの面も含めた対応が必要である．ここでは加工のポイントについて現場的な視点から説明する．

7.5.1　前加工の精度

　インボリュートスプラインのブローチ加工はブランク材をブローチ盤に固定せずに，置いて行なうことが多い．ブランク材は切削抵抗によって押さえつけられて把持される．したがって，ブランク材の精度が非常に重要になる．ポイントになる精度を**表1**にまとめた．

　抑えるべきポイントは下穴の内径精度，下穴と加工基準面の直角度である．特に工作物がブローチ盤にすわって加工基準になる面とブローチが通る下穴の中心との直角度をいかによくするかが最大のポイントである．これらが守られなければ，精度のよいスプラインは望めない．旋削工程でしっかり管理するべきである．

7.5.2　切削条件

　ブローチ加工はほぼ 2 次元切削なので，送り量が切削速度になる．切込み深さは前後の刃の段差で決まってしまう．したがって，切削条件として議論になるのは切削速度だけである．

　ブローチ加工の切削速度は 6 〜 10m/min というのが一般的である．その範囲内で鋼ではやや低め，鋳鉄やアルミ合金では高めというのがおよその相場である．

表1　ブランク材が備えるべき加工精度

部位	備えるべき加工精度	想定される加工上の不具合現象
下穴	内径精度	┈ 理想のブランク材の形状　━ 加工誤差があるブランク材の形状 内径・小　　内径・大 ・前部案内の進入不可　・スプライン歯溝および小径の偏心 ・ブローチ第1刃の損傷
	真円度	下穴・楕円 ・前部案内の進入不可 ・ブローチ第1刃の損傷 ・スプライン歯溝および小径の偏心 ・上下・左右でスプリングバック量の差が発生
加工基準面	下穴中心に対する直角度	直角度不良 ・前部案内の進入不可 ・ブローチ第1刃の損傷 ・スプライン歯溝および小径の偏心 ・上下・左右でスプリングバック量の差が発生

最近は40m/min近い切削速度での加工もあるようだが，それでも時速に換算すれば2.4km/hであるから，人が歩くよりも遅い．相変わらずの低速加工である．それでも高能率加工の代表の座にすわれるのは，スプラインから小径までを一気に同時加工できてしまうからである．

低速加工の利点は発熱の心配がないことである．その一方で，最大の問題点は溶着，構成刃先が仕上げ面のあらさに悪影響を及ぼすことにある．

7.5.3　スプリングバック

アルミ合金のような延性がある被削材料をリーマで仕上げる場合，穴が縮小する現象は頻繁に経験する．図1はそのメカニズムを示したものである．加工中の切削抵抗の背分力成分によって変形した穴は一旦拡大するが，工具が抜けて背分力から解放されると元に戻ろうとする．これによって穴が縮小するのである。この現象をスプリングバックという．

内面ブローチ加工では肉薄の工作物が多いので，アルミ合金だけでなく，鋼でも見られる現象である．

スプリングバックの対策で大事なことは，まず症状を正確に把握することである．肉厚によっては，図2のように変則的なスプリングバックが発生することもある．

対策としては，荒刃および仕上げ刃の前半に取りし

ろを多く配分し，それぞれの後半は少なくして変形を除去する方法がとられる．

7.5.4　切削油剤の選定と管理

ブローチ加工は低速加工であるがゆえ，切削油剤としてもっとも重視すべき性能は潤滑性である．したがって，鋼では極圧性に優れる活性タイプの不水溶性が推奨される．粘度は$10 \sim 15mm^2/sec$（40℃）のものが適しているが，後述する切りくず流しの役割も持たせなければならないので，バランスがむずかしい．

ブローチは寸法を安定させるという観点から逃げ角を小さくしているので，低速加工であっても刃先に切削油剤が浸透しにくい．浸透させることだけを考えるのであれば，低粘度の切削油剤を選定するのがよいが，それでは潤滑性が低くなり，かえって摩耗や溶着を起こしやすくなる．

さらに警戒すべきことは潤滑油，作動油，前工程の切削油剤の混入である．他の油剤が混入すると，粘度がさらに上がる（ドロドロになる）．それによって極圧効果が減少して潤滑性が低下するため，ブローチの摩耗が大きくなる．したがって，仕上げ面あらさが悪くなる．

特に前工程の水溶性切削油剤が混入すると，ブローチ加工用の油剤の粘度が上がり，極圧性が低下するので要注意である．また，工作物やクーラントタンクに

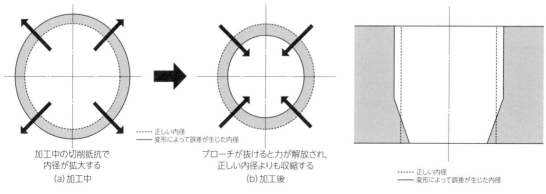

　　　加工中の切削抵抗で　　　　　　　ブローチが抜けると力が解放され，
　　　　内径が拡大する　　　　　　　　　正しい内径よりも収縮する
　　　　　（a）加工中　　　　　　　　　　　　　（b）加工後

------- 正しい内径
――― 変形によって誤差が生じた内径

図1　スプリングバック

------- 正しい内径
――― 変形によって誤差が生じた内径

図2　変則的なスプリングバック

錆が発生する原因になる．ブローチ加工の前に工作物に付着した油剤を除去するなどのきめ細かい管理が必要である．

　また，粘度が上がることによって切りくずの洗浄が困難になる．この点からも仕上げ面あらさに悪影響を及ぼすことになる．水溶性に比べれば管理が比較的容易とされる不水溶性であるが，他油の混入対策や後述する切りくずの除去という面の管理は重要である．これらのメカニズムをまとめると，図3のようになる．

　ブローチ加工の切りくずは厚く大きい．不水溶性は粘度もあるので，相当量の切削油剤が切りくずに付着して持ち出される．その量を抑えることも，コストダウンのための現場改善のテーマである．

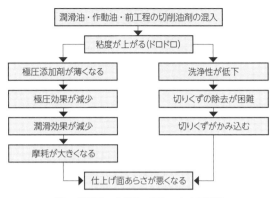

図3　潤滑油・作動油の混入による悪影響

7.5.5　切りくずの除去

　ブローチに関するトラブルの中でもっとも多いのは，切りくずに関するものである．チップルームは切りくずを収納するのに十分な容積となるように設計されている．しかし，加工後のブローチの刃溝には，図4のように多くの切りくずが付着していることが多い．これが残ったまま加工を継続すると，チップルームに切りくずが詰まってしまう．それによって刃の欠損が発生する．ブローチの刃はそれぞれに数十μmの取りしろを持つように設計されているが，刃が1枚でも欠損すると，仕事ができなくなった前の刃の取りしろが後続の刃に加算されることになるからである．

　ブローチに付着した切りくずの除去は，頭が痛い問題である．切りくず流しのために切削油剤を大量に供給することはよく行なわれているが，不十分である．図5に示す半割にした円弧状のブラシでブローチを包むようにセットし，これによって切りくずを除去する方法が比較的効果があ

る．毛先の強度を変えたブラシを何種類か試作し，現場に合った仕様を決めるのがよい．

　供給する切削油剤に切りくずが混入すると，これが刃溝に巻き込まれ，仕上げ面あらさの悪化や切れ刃の欠損を招きやすい．回収した切削油剤をフィルターやストレーナのようなものを通してクリーンな状態にしてから供給することが必要である．同様の理由で，クーラントタンクの定期清掃をおこなうなどの管理を確実におこなうことも欠かせない．

　大半の切りくずはブローチ盤内に落ちるが，これがクーラントタンクに行かないようにすることも大事である．切りくずが落下する部分に傾斜をつけ，さらに切削油剤がかかって流され，回収されるようにしておく．これはブローチ盤の発注時の仕様打ち合わせや納入立ち合いのときのチェックポイントとして，決めておくべきである．

図4　切りくずが付着したブローチ

図5　切りくず除去用ブラシ

7.6　ブローチの再研削と管理

インボリュートスプラインブローチは，他の歯切工具と比べても特に高価であり，管理をしっかり行なわないと，コストを引き上げる原因になってしまう．また取扱いに注意しないと，加工精度にも影響する．ここでは再研削を含めた現場での管理について説明する．

7.6.1　工具寿命の設定

ブローチの寿命判定基準は，逃げ面摩耗幅で0.2mmを目安とするのがよい．再研削をおこなう場合には最大逃げ面摩耗幅で判断するが，製造現場では以下の基準をもとに逃げ面摩耗幅を決めることが多い．

①仕上げ面あらさが悪くなったとき
②スプラインゲージの通り側が通らなくなったとき
③切削荷重が増大したとき
④スプラインの抜け際にバリが出たとき

工具寿命の判定に複雑な判断が必要になると，なかなか定着せず，再研削の時期を逸して多大な損失を招くことがある．したがって，①〜④のような五感でわかる判定基準から最大逃げ面摩耗幅を決め，さらにそれを総切削個数（総切削長）に置き換えて運用すれば，比較的ぶれない判定基準にすることができる．未熟練者の集団で安定して製品をつくり続けるためには，現場で管理しやすい寿命判定基準のような細部にも配慮

することがポイントである．

工具寿命は諸々の条件によるので一概に示すことはむずかしいが，鋼の場合なら総切削長で15m以上は欲しいところである．

7.6.2　再研削のポイント

ブローチの再研削はすくい面を軸方向に追い込むことによっておこなわれる．すくい面摩耗より逃げ面摩耗の方が大きいので，逃げ面摩耗幅をよく観察して摩耗を取り切る最低限の取りしろとすることが重要である．

歯厚を決める歯面（側面）には逃げ角を設けないことが多い．その理由は，①新品時と再研削後も含めて製品寸法を安定させるため，②製造の都合上，逃げ角をつけるのが困難であることの2点が挙げられる．逃げ角がないため，理論上は有効使用刃幅のようなものはなく，強度が保てれば使用可能である．強度の面からの使用限界を工具メーカーと打ち合わせて決めておくことが望ましい．

図1は実際の再研削のようすである．すくい面に砥石を当て，刃溝間のピッチを守りながらひとつずつ研削する．図2は砥石とすくい面との関係を示したものでる．このとき，砥石の円錐面の母線をブローチの中心軸を含む断面に一致させることが重要なポイントになる．円錐面の母線とブローチの中心軸に直角な断面とのなす角が，すくい角 γ に等しくなるように砥

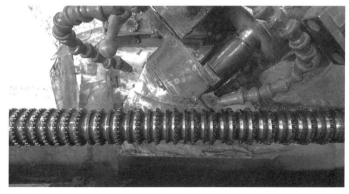

図1　インボリュートスプラインブローチの再研削

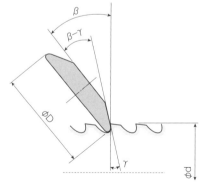

図2　すくい面と砥石の関係

石軸を正確に傾ける．これらの注意点を守ることが正しい再研削のポイントである．

砥石の直径は以下の式(1)によって求められるが，使用しているうちに小さくなる．したがって，実測した砥石直径から

図3　すくい角の測定(サーフェスブローチ)

逆算して常に砥石軸の傾斜角 β を調整する必要がある．厳密にはブローチの直径も部位ごとに異なるが，すくい角の公差幅が ± 1° 30′ であることを考えれば，無視しても問題ない程度である．

$$D = 0.85 \times d \times \frac{\sin(\beta - \gamma)}{\sin \gamma} \qquad (1)$$

D：砥石の直径
d：ブローチの直径
β：砥石軸の傾斜角
γ：すくい角

再研削されたブローチの検査項目のうち，現場でもっとも重要なものはすくい角である．インボリュートスプラインブローチは長大であることが多いので，すくい角を現場で効率よく測定することはむずかしい．砥石の段取りに任せてすくい角を測定していない現場も多いが，やはり何らかの方法で確認するべきであろう．

よく使用されているのはすくい角測定用ゲージである．厳密な測定にはならないが，刃溝にゲージを当てるだけなので，容易に確認が可能である．

図3はタッチプローブを利用してすくい角を測定しているようすである．タッチプローブは測定器ではないので，これを工具の精度測定に使用するのは本来の役割を逸脱しているが，それを理解したうえでこのような方法によって簡易的に確認することも行なわれている．

x：インジケータの読み
y：ブローチ研削盤の移動量
γ：すくい角
$\gamma = \tan^{-1}(x/y)$

図4　ブローチのすくい角測定

写真の対象工具はサーフェスブローチであるが，インボリュートスプラインブローチでも同様に測定できる．測定の方法とすくい角の算出方法を図4に示す．点A，Bのポイントで測定し，図中の計算式によってすくい角を求める．これは比較的正確で作業も容易である．

再研削後の検査で注意を要する点としては刃溝形状の確認がある．すくい角が正確に出ていても，図5のように刃溝が不連続な断面になっていると，チップルーム内で切りくずがスムーズに滑らない．それによって切りくず詰まりが発生し，欠けなどの原因になる．したがって，拡大鏡などによって十分に確認することが必要である．

切れ刃はすくい面と逃げ面が交わる線に沿って形成される．したがって，いずれの面のあらさが悪くても，シャープな切れ刃にならず，拡大して観察すれば，ぼろぼろになっていることが多い．その状態で使用すると，微小なチッピングから欠損に至ることがある．JIS B 4239では，すくい面のあらさは 0.8a (0.8s) と規定されているが，あらさはよくしておくに越した

段差

図5　刃溝内部の段差

209

図6　ブローチの梱包(木箱)

図7　ブローチの保管

7.6.3　管理のポイント

　インボリュートスプラインブローチは他の工具に比べて外径の割に全長が長く，重量物であることも多い．特に加工精度に直接影響する曲りを嫌う．長期保管する場合にも曲りが生じないように十分な配慮が必要である．

　納入時には木箱などの頑丈な梱包状態で納入されることが多い(図6)．外側が頑丈なだけではダメで，内部でぐらつかないように緩衝材などで固定できる仕様になっていることが必要である．運搬する場合には落下や衝突の防止に十分な配慮をする．

　また，大型の研削砥石は立てて保管するのが常識であるが，重量物となるブローチも同様である．専用のラックに後つかみ部を引っかけ，ぶら下げて保管する(図7)．寝かせたまま保管すると，自重による曲りで精度の低下を招くことがあるので，避けるべきである．ラックは地震や車両の衝突があっても転倒しないように，重心を十分に考慮して設計する．ブローチが抜け出さないように，外れ止めの金具を設けることが望ましい．

ことはない．あらさ測定器での測定は困難なので，標準あらさ標準片との比較が基本である．あらさがよければ，切りくずがスムーズに流れてチップポケット内に収納されやすくなり，トラブルのリスクを下げることができる．

　研削焼け，チッピングや摩耗の取り残しがないかを入念にチェックする．摩耗が残っていると，所定の寿命に達しないばかりか，さらに程度が悪い損傷につながる恐れがある．最後に脱磁をおこなう．

　保管にあたっては平坦な場所を選び，高温・多湿な環境に置くことは避けるべきである．

　インボリュートスプラインブローチは高額工具でかつ長期間にわたって使用するので，資産計上して管理する．そのうえで，シェービングカッタと同様に，ブローチの製造番号ごとに一点一葉で図8のような管理カードを用意する．そこに再研削回数，再研削量，総加工数の履歴を残す仕組みを作っておくことが望ましい．製作納期が長いので，発注タイミングを逃さないようにするためにも，このようなきめ細かい管理が欠かせない．

参考文献
・三菱マテリアル㈱　技術資料　C008-J
・日本電産マシンツール㈱　技術資料

ブローチ	工具番号	GB-118
	製造番号	MBQ-05042107
	使用限界残存刃幅	1.8mm
加工部品	名称	GEAR ; drive
	製品番号	1-234-567-1
	発行日	2016.11.14
	集配棚	東5-18

残存刃幅

再研削回数	再研削量(mm)	残存刃幅(mm)	加工数(pcs/reg)	再研削日	返却日
新品時		2.4	7,560		2017.1.18
1	0.20	2.2	8,370	2017.3.20	2017.5.16
2					
3					

図8　インボリュートスプラインブローチ管理カードの事例

7.7　トラブルシューティング

　ブローチ加工が他の加工法に対してユニークなことは，1回の加工で発生する切りくずをすべてチップルームに収納する必要があることである．その点はドリルも同じであるが，切りくずを連続的に排出しながら加工する点で，ブローチ加工とは異なる．したがって，ブローチ加工のトラブルシューティングのポイントは切りくずの制御にある．

　ブローチ加工におけるトラブル要因と対応方法を以下に示す．

	症　状	おもな要因	方策あるいは着目のポイント
工具	A：逃げ面摩耗 すくい面摩耗	①コーティング	耐摩耗性にすぐれた硬質皮膜の採用.
		②切削油剤の不適	摩耗状態を確認し，潤滑性を考慮して見直し.
		③切削油剤の供給量不足	吐出量，吐出圧を上げる. 主配管と切りくず流しを分離. タンク内の切りくずを清掃. 潤滑油，作動油混入の対策.
	B：欠損／破損	①切りくず詰まり	チップルームの容積不足. 刃溝断面形状の不連続部（段差＝再研削時に注意）. 加工後の切りくず付着 → ブラシ，切削油剤などにより物理的に除去.
		②一刃の切削量・過大	一刃あたりの切込み量(μT量)見直し. 刃溝ピッチ不適. ブローチ設計時に対して切削長が増えた.
		③第1刃の欠損	下穴径・小 → インボリュートスプラインブローチの場合は特に要注意. 素材寸法の異常(型ダレによる) → インボリュートスプラインブローチは下穴を加工するので，これは心配ない.
		④素材硬度	硬さ，組織の調査 → 季節要因による素材品質の変動.
		⑤切削油剤の不適	(A-②に準ずる)
		⑥切削油剤の供給量不足	(A-③に準ずる)
		⑦再研削時の焼け・割れ	再研削の切込み深さ・過大
工作物	C：ビトウィンピン径・大 小径・大	ブローチ寸法	オーバピン径・大 研削バリ スプライン刃あるいは丸刃の偏心 ブローチの曲がり → 保管方法を見直し.
		工作物のむしれ	潤滑不足 →(A-②・③に準ずる)
	D：ビトウィンピン径・小 小径・小	ブローチ寸法	オーバピン径・小
		切れ味不良	交換周期の見直し 再研削 → 砥石の粒度，結合度の見直し.
		スプリングバック	低剛性or薄肉の工作物 → 仕上げ刃の刃数 or 切込み深さを見直し.
		切削熱	冷却後の縮小→(A-③に準ずる)
	E：むしれ	①逃げ面への溶着	(A-②に準ずる)
		②刃先の摩耗	(A-③に準ずる)
		③刃先のシャープさ・不足	すくい角の見直し→ 大きくしてみる. 再研削時のすくい面あらさ不良
		④切削油剤の不適	(A-②に準ずる)
		⑤切削油剤の供給量不足	(A-③に準ずる)
	F：バリ／かえり	①逃げ面への溶着	(A-②に準ずる)
		②刃先の摩耗	(A-③に準ずる)
		③刃先のシャープさ・不足	すくい角の見直し → 大きくしてみる. 再研削時のすくい面あらさ不良

索引

7
ブローチ加工

あとがき

　大学卒業後に入社して間もなく生産技術部に配属され，2年目に歯車加工技術の担当を仰せつかった．上司から「これを持ち帰って家で勉強しろ」と命じられたのが，電話帳のように分厚く難解な「歯車便覧」．それを広げながら，日々悪戦苦闘した．

　何度読んでも満足に理解できず，結局は現場の実戦でぶつかったり転んだりしながら「ああ，こういうことだったのか」と少しずつわかっていった．そのくり返しで徐々に仕事が面白くなっていったというのが実態である．

　本書を執筆しようと思った動機は，その私自身が苦しんだ部分をできるだけわかりやすい形にして遺したいと考えたからである．

　自分の居場所がないこと，学校でも実社会でも人間にとってこれ以上つらいことはない．仕事の重要性や面白さという居場所を見つけられずに蕾のまま散っていく若い技術者を見ると，心が痛む．本人の辛抱が足りないと責めるのは簡単だが，本当に辛抱が必要なのは育てる側．そういうことは育てる側に回って初めて気づくのだ．

　背中を押してくれる人は現れるが，目指すべき頂上を見出して踏み出すのは自分自身である．漠然とでもいいから全体像や目指すべきゴールが見えて，実社会における自分の立ち位置や役割を意識できるように自分自身で努力することが何よりも大事だ．自分とは何で，どこへ向かうべきか問い続ければ必ず見えてくる．アンジェラ・アキの歌そのものである．そうするとヤル気スイッチが押され，仕事は必ず面白くなる．　指導者の役目はそれを理解させることである．

　経験を重ねて徐々に見えてきたものをそのままバッグに詰め込んでタイムマシンに乗り，もう一度新入社員や新任課長に戻れたらどれだけ素晴らしいだろうか．若い社員や学生と接しながら，そんなことを考えている．

　「Tの字形人間になれ」というのが中3のときの担任だったH先生（故人）の口癖．専門分野だけに偏るなということを，晩年までいわれた．浅くてもいいから専門外のことにも積極的に触れておくことによって懐が深くなり，いずれ大輪の花が咲くという意味である．

　これもまた，今になって「ああ，そういうことだったのか」と言葉の重みを痛感している．切削技術者といえども，削りの知識だけで生きられるわけではない．政治・経済・歴史・文学のように技術とは無関係と思える素養が人としての幅を広げ，奥を深くしてくれる．

　年齢を重ねるにつれて，時間の経過は加速度的に速く感じられるようになるものだ．比較的ゆったりと時間が流れている若い時分に，誤魔化さず逃げずにいろいろなことに挑戦し，ときに跳ね返されたとしてもどんどん吸収してほしいと思う．

　入口で足踏みしている技術者のためにドアを開く役目，自分とは何かを問う役目を本書が少しでも果たせれば，この上ない喜びである．

人生とかけてトイレットペーパーと解く
その心は・・・
終わりに近づくほど速く回ります

2022年4月26日　石川雅之 〜 広島県呉市にて

[著者プロフィール]

石川雅之
（いしかわ・まさゆき）

1956年，東京都出身．早稲田大学理工学部機械工学科卒業．

荻野工業株式会社執行役員，株式会社広島機工社長を兼任中．精密工学会，自動車技術会会員．

いすゞ自動車株式会社で生産技術（機械加工），切削工具技術，製造（機械加工・熱処理・組立），品質管理（パワートレイン系ユニット全般），品質保証（車両）の現場経験を積む．その後，株式会社タンガロイに移り，工具技術，マーケティングを担当．

切削加工をベースとする生産ラインの立上げを中心に，現場改善，販売戦略，人事評価システムなどのコンサルティングで国内・海外における豊富な経験を持つ．プレゼンテーション指導，社外講習会の講師としても，わかりやすく現場目線の指導で定評がある．次代のものづくりを担う学生の教育にも熱心で，各大学で教壇に立っている．

趣味は登山，スキー，カヤックなどのアウトドア全般．料理好きの一面があり，特に南米生活で身につけたシュハスコ（ブラジリアンバーベキュー）は，自動機を設計・自作するなどプロ級．

「歯車加工入門」 （定価はカバーに表示してあります）

2022年9月2日　初版第1刷発行

大河出版
taiga

著　者　石　川　雅　之

発行者　金　井　實

発行所　株式会社 大 河 出 版

〒101-0046 東京都千代田区神田多町2-9-6田中ビル6階
　　　　TEL 03-3253-6282（営業部）
　　　　　　 03-3253-6283（編集部）
　　　　　　 03-3253-6687（販売企画部）
　　　　FAX 03-3253-6448
　　　　Eメール：info@taigashuppan.co.jp
　　　　郵便振替　00120-8-155239 番

表紙カバー製作
本文組版　　　株式会社カヴァーチ

印　刷・製　本　株式会社エーヴィスシステムズ